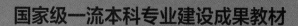 **国家级一流本科专业建设成果教材**

 教育部高等学校材料类专业教学指导委员会规划教材

金属界面理论与应用

Theory and Applications of Metal Interfaces

李小武 石 锋 颜 莹 编著

 化学工业出版社

·北京·

内容简介

金属材料中的界面对其力学行为以及物理与化学特性具有重要的影响，系统学习并掌握金属界面理论及应用的相关知识，是从事传统材料性能提升以及新型高性能材料研发工作的重要基础。《金属界面理论与应用》是材料科学与工程专业的基础理论教材，全书共分 6 章，其中第 1～3 章着重介绍界面研究的物理基础，包括界面热力学、界面结构和界面电子状态；第 4、第 5 章介绍界面的一些基本过程，如界面扩散、界面形核与长大；第 6 章主要以案例的形式介绍金属界面在实际工程研究中的应用。每章在介绍经典界面理论的基础上，归纳和总结近些年在金属界面研究中取得的最新研究成果，进而对经典理论进行适时的完善和修正。

编写本书的目的是拓宽材料科学与工程专业本科生、研究生以及工程技术领域专业技术人员对金属界面基础理论及其实际应用的全面认识。因此，本书可作为材料科学与工程专业或相关专业的教材，也可用作从事材料界面相关研究的科研人员或技术人员的参考书。

图书在版编目(CIP)数据

金属界面理论与应用/李小武，石锋，颜莹编著.—北京：化学工业出版社，2024.2

ISBN 978-7-122-44636-7

Ⅰ.①金⋯ Ⅱ.①李⋯②石⋯③颜⋯ Ⅲ.①金属-界面-高等学校-教材 Ⅳ.①TG113.1

中国国家版本馆 CIP 数据核字（2024）第 000929 号

责任编辑：王 婧 杨 菁　　　　　　文字编辑：苏红梅　师明远
责任校对：杜杏然　　　　　　　　　装帧设计：张 辉

出版发行：化学工业出版社
　　　　　（北京市东城区青年湖南街 13 号　邮政编码 100011）
印　　装：三河市双峰印刷装订有限公司
787mm×1092mm　1/16　印张 14¾　字数 366 千字
2024 年 3 月北京第 1 版第 1 次印刷

购书咨询：010-64518888　　　　　　售后服务：010-64518899
网　　址：http://www.cip.com.cn
凡购买本书，如有缺损质量问题，本社销售中心负责调换。

定　　价：59.00 元

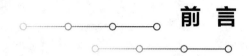

前　言

　　金属材料中的界面，如晶界、孪晶界、堆垛层错、反相畴界、相界面等，对材料的力学行为以及物理与化学特性有着重要的影响。目前，随着各类先进金属材料（包括微米、纳米尺度材料）的不断深入研发，人们发现它们的力学以及物理和化学特性常表现出与传统材料明显的偏差或不同，这往往与材料表现出的新的界面效应密切相关。近年来，人们对材料中的界面行为又有了诸多新的认识，并提出了与界面结构有关的一些新理论。因此，有必要对金属材料界面研究中已取得的新的实验和理论结果进行系统的归纳和总结，进而对传统经典的材料界面基础理论进行适时的完善或修正。

　　另外，目前工程技术领域对材料科学与工程专业人员的需求，不仅要具备扎实的专业理论知识，还要具备与时俱进的学习能力，即能及时掌握本领域的最新研究进展。但专业课学时减少等原因导致学生对理顺传统经典理论和新研究理论之间的衔接出现困难，《金属界面理论与应用》这本教材将结合相关的基础理论及本领域的最新研究进展，分别对金属材料界面研究的前沿领域做专题论述，内容主要涵盖：界面热力学以及界面结构的最新发展理论、界面扩散和形核与长大等有关的理论及最新的工程应用以及金属界面的工程应用。这些知识的掌握对于提升材料科学与工程专业学生研究界面结构对材料力学以及物理与化学特性的影响是十分必要的，同时也为进一步研发新型结构和功能材料提供强有力的理论与实验基础。

　　全书内容共分 6 章。第 1~3 章着重介绍界面研究的物理基础，即界面热力学、界面结构和界面的电子状态，既包括对经典基本理论的介绍，也包括对界面研究方面取得的最新研究成果的归纳和总结，尤其是界面研究新理论的创新点以及与经典理论的衔接关系；在明确界面结构的基础上，第 4、第 5 章介绍界面结构对界面扩散、界面形核和长大影响的基本理论，以及近期研究取得的最新进展，拓宽对界面理论的认识；在上述内容的基础上，第 6 章结合具体实例，重点介绍金属界面在实际工程研究中的应用，如晶界工程在改善材料耐腐蚀性以及力学性能方面的应用等。

　　本书的编著者为东北大学材料科学与工程学院石锋副教授（第 4~6 章）、颜莹副教授（第 1~3 章）以及李小武教授（负责全书各个章节的修改和补充）。本书在编写过程中，参考和引用了一些文献和资料，谨此向这些作者表示深深的感谢！特别要感谢中国科学院金属研究所张广平研究员为本书的第 6.4 节（纳米层状金属材料界面及应用）提供了撰写初稿和指导！另外，东北大学材料科学与工程学院对本书的编写和出版给予了大力支持并提供了出版经费的资助，在此一并表示衷心的感谢！

　　由于编者学识水平所限，加之时间仓促，书中缺点在所难免，敬请读者批评指正！

编著者

2023 年 2 月

目 录

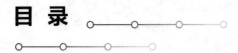

第 3 章　界面的电子状态 / 91

第 4 章　界面扩散 / 116

第 5 章　界面形核与长大 / 145

第 6 章　金属界面工程及应用 / 169

附录Ⅰ　蒸汽相饱和蒸汽压与界面曲率半径的关系 / 224

附录Ⅱ　溶质饱和浓度与界面曲率半径的关系 / 226

附录Ⅲ　立方晶系一些不同 Σ 值的 CSL 转换矩阵 / 228

第1章
界面热力学

按界面两边物质存在的状态，一般把金属固相与气相之间的分界面称为自由表面，固相之间的分界面称为界面。金属材料界面是材料基础研究的重要对象，从晶体几何学观点看，界面是三维点阵按周期规律排列的不连续分界面，它是几何面，但材料科学研究的界面是指相邻两相间的过渡区，它不是厚度为无穷小的几何面，而是厚度小到原子尺寸量级的二维相。界面表现出许多不同于三维块体相的特性，但主要影响整个块体的性能，如增加界面面积会改善材料的力学性能及促进固态相变等。

在材料内部，面缺陷的产生会提高材料的能量。因此，本章首先介绍界面特性的主要热力学参数——界面能及其与体系热力学参数的关系、界面区的物质特性、界面曲率对两相平衡体系物理参量的影响、合金在平衡条件下的界面及显微组织、界面能各向异性对晶体形貌和显微组织的影响、小尺度材料表面诱发的尺寸效应以及界面热力学模型及其应用。本章重难点包括物质在界面的过剩量与界面能关系；界面曲率对两相平衡熔点、饱和蒸汽压及溶质饱和浓度的影响；界面的结构和能量对显微组织形貌的影响；小尺度材料尺寸效应的微观机制以及延缓或改善材料外在尺寸效应的方法。目的是加深对材料显微组织与界面之间关系的理解。

1.1　界面能及其与体系热力学参数的关系

对于实际体系，随着晶粒尺寸的减小，界面的作用常常变得十分重要。因此，必须引入描述界面特性的热力学参数，即界面能（或比界面能）。界面能 γ 就是恒温、恒容和恒化学位下形成单位界面面积时自由能的增量，即

$$\overline{\gamma} = \frac{F^{\mathrm{I}}}{A} \tag{1-1}$$

式中　γ——界面能，$\mathrm{J/m^2}$；

　　F^{I}——界面的总自由能，J；

　　A——界面的总面积，$\mathrm{m^2}$。

一般情况下，γ 的微分表达式为

$$\gamma = \frac{\mathrm{d}F^{\mathrm{I}}}{\mathrm{d}A} \tag{1-2}$$

界面能一般多以界面张力表示。界面张力 σ 定义为在恒温、恒容和恒化学位条件下，形成新界面单位面积所需做的功，即

$$\sigma = \frac{W^{\mathrm{I}}}{A} \tag{1-3}$$

式中　σ——界面张力，J/m^2 或 N/m；

　　　W^I——界面的总可逆功，J。

一般情况下，σ 的微分表达式为

$$\sigma = \frac{dW^I}{dA} \tag{1-4}$$

根据热力学第一和第二定律，未考虑界面作用时，对于纯物质单相或多种物质组成不变的封闭体系，当从一个平衡状态转变为另一个平衡状态时，且只考虑体积功时，内能变化

$$dU = dQ - dW = TdS - PdV \tag{1-5}$$

式中　dU——体系内能增量；

　　　dQ——环境给体系的热量；

　　　dW——体系对环境做的功；

　　　T——体系温度；

　　　S——体系熵；

　　　P——体系压力；

　　　V——体系体积。

根据体系状态函数（如内能 U、焓 H、熵 S、自由能 F、自由焓 G）与可直接测量参量（如 P、V、T）之间的关系

$$\left. \begin{array}{l} H = U + PV \\ F = U - TS \\ G = H - TS \end{array} \right\} \tag{1-6}$$

由式(1-5) 和式(1-6)得体系自由能和自由焓的变化表达式分别为

$$dF = -SdT - PdV \tag{1-7}$$

$$dG = -SdT + VdP \tag{1-8}$$

由式(1-4) 和式(1-5)得界面内能的增量

$$dU^I = dQ^I + dW^I = TdS^I + \sigma dA \tag{1-9}$$

由式(1-6)可得界面自由能的变化

$$dF^I = dU^I - TdS^I \tag{1-10}$$

将式(1-9) 代入式(1-10)，整理得

$$\sigma = \frac{dF^I}{dA} \tag{1-11}$$

因此，界面张力可看作单位面积的自由能，即界面能与界面张力大小相等、量纲一致。界面张力亦可同样想象为作用于单位长度上的力[1]，以 U 形金属丝上的液膜为例，如图 1-1 所示。

对液膜施加的拉力 F 做的功为

$$dW^I = Fdx \tag{1-12}$$

由式(1-4) 和式(1-12)得

$$F = \frac{dW^I}{dx} = \frac{\sigma dA}{dx} \tag{1-13}$$

$$dA = 2l dx \tag{1-14}$$

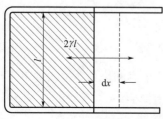

图 1-1　液膜反抗表面张力做功

将式(1-14) 代入式(1-13)，整理得

$$\sigma = \frac{F}{2l} \tag{1-15}$$

即界面张力的单位也为 N/m。

对于多组分且组成有变化的体系，除考虑体系 T 和 P 外，还要考虑各组分（$1,2,\cdots,$ k）物质量（$n_1,n_1,\cdots,n_k$）变化对体系状态函数的影响。此时，体系自由焓的变化

$$\mathrm{d}G = \left(\frac{\partial G}{\partial T}\right)_{P,\sum n_i}\mathrm{d}T + \left(\frac{\partial G}{\partial P}\right)_{T,\sum n_i}\mathrm{d}P + \sum_{i=1}^{k}\left(\frac{\partial G}{\partial n_i}\right)_{T,P,n_j}\mathrm{d}n_i$$

$$= -S\mathrm{d}T + V\mathrm{d}P + \sum_{i=1}^{k}\left(\frac{\partial G}{\partial n_i}\right)_{T,P,n_j}\mathrm{d}n_i \tag{1-16}$$

在等 T、等 P 下，除组分 i 以外，保持其他组分数量不变，加入 1 摩尔 i 组分引起的体系容量性质 X 的改变，称为 i 组分某种性质的偏摩尔量 $\overline{X}_i$，即

$$\overline{X}_i = \left(\frac{\partial X}{\partial n_i}\right)_{T,P,n_j} \tag{1-17}$$

故 i 组分的偏摩尔自由焓为

$$\overline{G}_i = \left(\frac{\partial G}{\partial n_i}\right)_{T,P,n_j} = \mu_i \tag{1-18}$$

式(1-18) 又称为 i 组分的化学位 μ_i[2]。

因此，式(1-16) 写成

$$\mathrm{d}G = -S\mathrm{d}T + V\mathrm{d}P + \sum_{i=1}^{k}\mu_i\mathrm{d}n_i \tag{1-19}$$

同样，体系内能和体系自由能的变化表达式为

$$\mathrm{d}U = T\mathrm{d}S - P\mathrm{d}V + \sum_{i=1}^{k}\mu_i\mathrm{d}n_i \tag{1-20}$$

$$\mathrm{d}F = -S\mathrm{d}T - P\mathrm{d}V + \sum_{i=1}^{k}\mu_i\mathrm{d}n_i \tag{1-21}$$

考虑到界面作用时，式(1-19)、式(1-20) 和式(1-21) 改写为

$$\mathrm{d}G = -S\mathrm{d}T + V\mathrm{d}P + \gamma\mathrm{d}A + \sum_{i=1}^{k}\mu_i\mathrm{d}n_i \tag{1-22}$$

$$\mathrm{d}U = T\mathrm{d}S - P\mathrm{d}V + \gamma\mathrm{d}A + \sum_{i=1}^{k}\mu_i\mathrm{d}n_i \tag{1-23}$$

$$\mathrm{d}F = -S\mathrm{d}T - P\mathrm{d}V + \gamma\mathrm{d}A + \sum_{i=1}^{k}\mu_i\mathrm{d}n_i \tag{1-24}$$

此外，由式(1-6) 可得

$$G = F + PV \tag{1-25}$$

对于界面区，有

$$G^{\mathrm{I}} = F^{\mathrm{I}} + PV^{\mathrm{I}} \tag{1-26}$$

物理学上的界面是一厚度很小的过渡区，V^{I} 很小，因而在式(1-26) 中，PV^{I} 项可以忽略不计。因此，在界面研究中，对界面自由能和界面自由焓不加以区别。

1.2 界面区的物质特性

1.2.1 吉布斯界面热力学方法

将两个块体相之间存在的一个很薄的过渡区简称为界面或界面相。在过渡区内，物质的特性在垂直界面方向上随空间坐标发生变化。实际界面并无明显确定的边界，但为了热力学处理方便，引入一个无厚度的数学几何分界面，界面两侧的 α 和 β 相在其存在的整个空间范围内保持均匀，在界面处产生的特性数值差作为界面特性，这就是吉布斯界面热力学方法[3]。

对于平界面的体系，其内能、熵、物质的量均是两个块体相 α、β 和一个界面相 I 三个相应物理量的总和。体系任一个参量

$$Q = Q^{\mathrm{I}} + Q^{\alpha} + Q^{\beta} \tag{1-27}$$

式中　Q^{I}——界面特性；

Q^{α}、Q^{β}——Q 在 α 和 β 相中的数值。

所以 $$Q^{\mathrm{I}} = Q - (Q^{\alpha} + Q^{\beta}) \tag{1-28}$$

根据式(1-28)，可得到界面的各种热力学参量值，如 U^{I}、S^{I}、F^{I}、G^{I} 和 n^{I}。

式(1-28) 两边同时除以界面的总面积 A，得

$$q^{\mathrm{I}} = \frac{Q^{\mathrm{I}}}{A} = \frac{1}{A} \left[Q - (Q^{\alpha} + Q^{\beta}) \right] \tag{1-29}$$

式(1-29) 表示在厚度极小的界面区，各种热力学参量在单位面积上的过剩量。

各种界面过剩量的数值可正和可负，如偏析有正偏析和负偏析，两相共存体系中正的界面自由能，即 $Q > Q^{\alpha} + Q^{\beta}$，将导致界面的稳定，而负的或零界面自由能，即 $Q \leqslant Q^{\alpha} + Q^{\beta}$，将有利于界面区的扩展，最终一相完全分散到另一相中。

1.2.2 吉布斯吸附方程及表面张力方程

物质在界面的过剩量，即物质在界面的吸附量，可由式(1-23) 推导出。其推导过程如下[3]：

界面区内能的增量可写成

$$\mathrm{d}U^{\mathrm{I}} = T\mathrm{d}S^{\mathrm{I}} - P\mathrm{d}V^{\mathrm{I}} + \gamma\mathrm{d}A + \sum_{i=1}^{k} \mu_i^{\mathrm{I}} \mathrm{d}n_i^{\mathrm{I}} \tag{1-30}$$

界面区 $P\mathrm{d}V^{\mathrm{I}}$ 项可忽略不计，在恒温、恒压和恒化学位条件下，对式(1-30) 积分，得

$$U^{\mathrm{I}} = TS^{\mathrm{I}} + \gamma A + \sum_{i=1}^{k} \mu_i^{\mathrm{I}} n_i^{\mathrm{I}} \tag{1-31}$$

对式(1-31) 微分，得

$$dU^{\mathrm{I}} = T\,dS^{\mathrm{I}} + S^{\mathrm{I}}dT + \gamma\,dA + A\,d\gamma + \sum_{i=1}^{k} n_i^{\mathrm{I}}\,d\mu_i^{\mathrm{I}} + \sum_{i=1}^{k} \mu_i^{\mathrm{I}}\,dn_i^{\mathrm{I}} \tag{1-32}$$

由式(1-30) 和式(1-32)，得

$$S^{\mathrm{I}}dT + A\,d\gamma + \sum_{i=1}^{k} n_i^{\mathrm{I}}\,d\mu_i^{\mathrm{I}} = 0 \tag{1-33}$$

式(1-33) 两边同除以界面总面积 A，得

$$d\gamma = -s^{\mathrm{I}}dT - \sum_{i=1}^{k} \Gamma_i^{\mathrm{I}}\,d\mu_i^{\mathrm{I}} \tag{1-34}$$

式中　s^{I}——熵的界面过剩量，$s^{\mathrm{I}} = \dfrac{S^{\mathrm{I}}}{A}$。

Γ_i^{I}——单位面积界面具有的 i 组分物质量，$\Gamma_i^{\mathrm{I}} = \dfrac{n_i^{\mathrm{I}}}{A}$。

式(1-34) 称为吉布斯吸附方程，由于推导过程中对界面和研究的组分未附加限制条件，故该方程适用于各种界面。

在恒 T 和恒 P 下，式(1-34) 变为

$$d\gamma = -\sum_{i=1}^{k} \Gamma_i^{\mathrm{I}}\,d\mu_i^{\mathrm{I}} \tag{1-35}$$

式(1-35) 称为吉布斯表面张力方程。界面的过剩量与界面所在位置有关，如恒温和恒压下的二元体系，有

$$d\gamma = -\Gamma_1^{\mathrm{I}}\,d\mu_1^{\mathrm{I}} - \Gamma_2^{\mathrm{I}}\,d\mu_2^{\mathrm{I}} \tag{1-36}$$

式中　Γ_1^{I}、Γ_2^{I}——两组分在界面上的过剩量。

一般取溶剂 1 过剩量为零的面为界面，即 $\Gamma_1^{\mathrm{I}} = 0$ 的面，此时溶质在界面上的吸附就是对溶剂的相对吸附。因此式(1-36) 变为

$$\Gamma_2^{\mathrm{I}} = -\left(\frac{\partial \gamma}{\partial \mu_2^{\mathrm{I}}}\right)_{T,P} \tag{1-37}$$

1.2.3　表面张力与温度的关系

对于单组元体系，$\Gamma_1^{\mathrm{I}} = 0$，则式(1-34) 变为 $\dfrac{\partial \gamma}{\partial T} = -s^{\mathrm{I}}$，温度的升高导致平界面的粗糙化，即 $s^{\mathrm{I}} > 0$，故 γ 具有负的温度关系；而形成固溶体的双组元体系，则有

$$d\gamma = -s^{\mathrm{I}}dT - (\Gamma_1^{\mathrm{I}}\,d\mu_1^{\mathrm{I}} + \Gamma_2^{\mathrm{I}}\,d\mu_2^{\mathrm{I}}) \tag{1-38}$$

以 $\Gamma_1^{\mathrm{I}} = 0$ 的面为界面，则

$$\frac{d\gamma}{dT} = -s_2^{\mathrm{I}} - \Gamma_2^{\mathrm{I}}\frac{d\mu_2^{\mathrm{I}}}{dT} \tag{1-39}$$

在体系组成不变和恒压时，由式(1-8) 得

$$\frac{d\mu_2^{\mathrm{I}}}{dT} = \frac{d\overline{G}_2^{\mathrm{I}}}{dT} = -s_2^{\mathrm{I}} \tag{1-40}$$

代入式(1-39)，得

$$\frac{\mathrm{d}\gamma}{\mathrm{d}T} = -s_2^{\mathrm{I}}(1-\Gamma_2^{\mathrm{I}}) \tag{1-41}$$

随着温度的升高，组元 2 在晶粒内的溶解度增大，故 $s_2^{\mathrm{I}} < 0$。这表明此时 γ 具有正的温度关系。

1.3 界面曲率对两相平衡体系物理参量的影响

1.3.1 界面曲率对力学平衡条件的影响

当 α 和 β 两相间的界面为平界面时，热力学平衡条件为

$$T^{\alpha} = T^{\beta} = T^{\mathrm{I}} = T \tag{1-42}$$

$$P^{\alpha} = P^{\beta} \tag{1-43}$$

$$\mu_i^{\alpha} = \mu_i^{\beta} \tag{1-44}$$

当处于平衡状态的 α 和 β 两相间的界面弯曲时，式(1-42) 的热平衡条件仍成立。

由 α 和 β 相以及弯曲界面 I 组成的平衡体系，式(1-43) 力学平衡条件不再成立[3]。此时，假定 α 和 β 相组成及体系总体积不变，则有

$$\mathrm{d}F^{\alpha} = -S^{\alpha}\mathrm{d}T^{\alpha} - P^{\alpha}\mathrm{d}V^{\alpha} \tag{1-45}$$

$$\mathrm{d}F^{\beta} = -S^{\beta}\mathrm{d}T^{\beta} - P^{\beta}\mathrm{d}V^{\beta} \tag{1-46}$$

$$\mathrm{d}F^{\mathrm{I}} = -S^{\mathrm{I}}\mathrm{d}T^{\mathrm{I}} + \gamma\mathrm{d}A \tag{1-47}$$

$$\mathrm{d}V = \mathrm{d}V^{\alpha} + \mathrm{d}V^{\beta} = 0 \tag{1-48}$$

恒 T 下，总的自由能变化

$$\mathrm{d}F = \mathrm{d}F^{\alpha} + \mathrm{d}F^{\beta} + \mathrm{d}F^{\mathrm{I}} = -(P^{\alpha} - P^{\beta})\mathrm{d}V^{\alpha} + \gamma\mathrm{d}A \tag{1-49}$$

恒 T 和恒 V 下，体系平衡判据为 $\mathrm{d}F = 0$，则式(1-49) 演变为

$$(P^{\alpha} - P^{\beta}) = \frac{\gamma\mathrm{d}A}{\mathrm{d}V^{\alpha}} \tag{1-50}$$

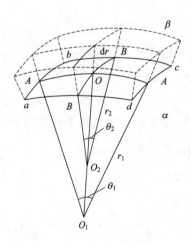

图 1-2 所示由 α 和 β 相组成的平衡体系中任一具有 r_1 和 r_2 主曲率半径弯曲界面 I 上的截面 $abcd$。

在界面上任取一点 O，截面 $abcd$ 的面积

$$A_1 = r_1\theta_1 r_2\theta_2 \tag{1-51}$$

截面 $abcd$ 沿通过 O 点的法线向 β 相中移动 $\mathrm{d}r$，则截面面积变为

$$A_2 = (r_1 + \mathrm{d}r)\theta_1(r_2 + \mathrm{d}r)\theta_2 \tag{1-52}$$

故截面的面积增量

$$\mathrm{d}A = A_2 - A_1 = (r_1 + r_2)\theta_1\theta_2\mathrm{d}r = \left(\frac{1}{r_1} + \frac{1}{r_2}\right)A_1\mathrm{d}r \tag{1-53}$$

图 1-2 α 和 β 相组成的平衡体系中任一具有 r_1 和 r_2 主曲率半径弯曲界面 I 上的截面 $abcd$[3]

截面的体积增量

$$\mathrm{d}V^{\alpha} = A_1\mathrm{d}r \tag{1-54}$$

将式(1-53)和式(1-54)代入式(1-50),得

$$\Delta P = P^{\alpha} - P^{\beta} = \gamma\left(\frac{1}{r_1} + \frac{1}{r_2}\right) \tag{1-55}$$

式(1-55)即为杨-拉普拉斯(Young-Laplace)方程,它是毛细现象的基本公式[1]。

当 $r_1 = r_2 = r$ 时,截面为球面,式(1-55)演变为

$$\Delta P = \frac{2\gamma}{r} \tag{1-56}$$

式(1-56)表明,如果两相平衡的界面是弯曲的,界面张力产生垂直界面的分量,使界面两侧产生压力差,此差值与界面的曲率半径成反比。

对于由 α 和 β 相以及弯曲界面 I 组成的平衡体系,式(1-44)相间物质迁移平衡条件也不再成立[3]。此时,假定体系的总物质的量和总体积不变,即

$$\left.\begin{array}{l} dn^{\alpha} + dn^{\beta} = 0 \\ dV^{\alpha} + dV^{\beta} = 0 \end{array}\right\} \tag{1-57}$$

在恒 T 下,则有

$$dF^{\alpha} = -P^{\alpha}dV^{\alpha} + \sum\mu^{\alpha}dn^{\alpha} \tag{1-58}$$

$$dF^{\beta} = -P^{\beta}dV^{\beta} + \sum\mu^{\beta}dn^{\beta} \tag{1-59}$$

$$dF^{I} = \gamma dA \tag{1-60}$$

体系总的自由能变化

$$\begin{aligned} dF &= dF^{\alpha} + dF^{\beta} + dF^{I} \\ &= -P^{\alpha}dV^{\alpha} - P^{\beta}dV^{\beta} + \gamma dA + \sum\mu^{\alpha}dn^{\alpha} + \sum\mu^{\beta}dn^{\beta} \end{aligned} \tag{1-61a}$$

将式(1-57)代入式(1-61a),得

$$dF = -(P^{\alpha} - P^{\beta})dV^{\alpha} + \gamma dA + \sum(\mu^{\alpha} - \mu^{\beta})dn^{\alpha} \tag{1-61b}$$

将式(1-50)代入式(1-61b),并利用体系处于平衡的条件 $dF = 0$,得

$$\sum(\mu^{\alpha} - \mu^{\beta})dn^{\alpha} = 0 \tag{1-62}$$

即

$$\mu^{\alpha} = \mu^{\beta} \tag{1-63}$$

因此,弯曲界面相间物质迁移平衡的条件仍然是两相的化学位相等,但式(1-63)两边的化学位是在不同压强下的函数值,所以它的物理意义与式(1-44)是有区别的。

1.3.2 界面曲率对两相平衡体系物理参量的影响

利用式(1-55)和式(1-63),可推导出界面曲率半径对固液平衡熔点、固汽平衡汽相的饱和蒸汽压以及固液平衡溶质饱和浓度的影响[3]。

(1) 界面曲率 C 对固相 S 和熔体 m 平衡参量熔点的影响

对于固相 S 和熔体 m 平衡体系,式(1-63)和式(1-55)分别写成

$$\mu^{S}(P^{S}_{(C)}, T) = \mu^{m}(P^{m}_{(C)}, T) \tag{1-64}$$

$$P^{S}_{(C)} = P^{m}_{(C)} + \gamma\left(\frac{1}{r_1} + \frac{1}{r_2}\right) \tag{1-65}$$

将式(1-65)代入式(1-64),得

$$\mu^{S}\left[P^{m}_{(C)} + \gamma\left(\frac{1}{r_1} + \frac{1}{r_2}\right), T\right] = \mu^{m}(P^{m}_{(C)}, T) \tag{1-66}$$

假定 $P^{S}_{(C)}$ 和 $P^{m}_{(C)}$ 都与平界面体系的相平衡压强 P 相近,故压力差有

$$\Delta P = \gamma\left(\frac{1}{r_1} + \frac{1}{r_2}\right) \ll P \tag{1-67}$$

故可将式(1-66)两边的化学位分别按 P 用级数展开,略去高阶项。

$$\mu^{S}\left[P_{(C)}^{m}+\gamma\left(\frac{1}{r_1}+\frac{1}{r_2}\right),T\right]=\mu^{S}(P,T)+\left[P_{(C)}^{m}-P+\gamma\left(\frac{1}{r_1}+\frac{1}{r_2}\right)\right]\left(\frac{\partial\mu^{S}}{\partial P}\right)_T \tag{1-68}$$

在恒 T 和体系组元不变情况下,由式(1-8) 有

$$\mathrm{d}\overline{G_i}=v^i\,\mathrm{d}P \tag{1-69}$$

即

$$\left(\frac{\partial\mu^{S}}{\partial P}\right)_T=v^{S} \tag{1-70}$$

式中　　v^{S}——固相的摩尔体积。

式(1-68) 演变为

$$\mu^{S}\left[P_{(C)}^{m}+\gamma\left(\frac{1}{r_1}+\frac{1}{r_2}\right),T\right]$$

$$=\mu^{S}(P,T)+\left[P_{(C)}^{m}-P+\gamma\left(\frac{1}{r_1}+\frac{1}{r_2}\right)\right]v^{S} \tag{1-71}$$

同理,由式(1-66) 右边可得

$$\mu^{m}(P_{(C)}^{m},T)=\mu^{m}(P,T)+(P_{(C)}^{m}-P)v^{m} \tag{1-72}$$

式中　　v^{m}——熔体的摩尔体积。

将式(1-71) 和式(1-72) 代入式(1-66),得

$$(P_{(C)}^{m}-P)(v^{m}-v^{S})=\gamma v^{S}\left(\frac{1}{r_1}+\frac{1}{r_2}\right) \tag{1-73}$$

根据克拉珀龙方程

$$\frac{\mathrm{d}P}{\mathrm{d}T}=\frac{\Delta H}{T_m\Delta V} \tag{1-74}$$

式(1-73) 演变为

$$\frac{\Delta H}{T_m}[T_m-T_{(C)m}]=\gamma v^{S}\left(\frac{1}{r_1}+\frac{1}{r_2}\right) \tag{1-75}$$

式中　　ΔH——摩尔熔化热;

T_m——平界面时的熔点;

$T_{(C)m}$——界面曲率为 C 时的熔点,$C=\dfrac{1}{r_1}+\dfrac{1}{r_2}$。

式(1-75) 称为吉布斯-汤姆孙关系式。

若固相为球形,则 $r_1=r_2=r$。此时,式(1-75) 可简化为

$$\frac{\Delta H}{T_m}[T_m-T_{(C)m}]=\frac{2\gamma v^{S}}{r} \tag{1-76}$$

令 $T_m-T_{(C)m}=\Delta T_m$,则式(1-76) 可改写为

$$\Delta T_m=\frac{2\gamma v^{S}T_m}{\Delta Hr} \tag{1-77}$$

可见,对于给定的物质,弯曲界面造成的熔点变化与其曲率半径成反比。

(2) 界面曲率 C 对固相 S 和蒸汽相 V 平衡时蒸汽相饱和蒸汽压的影响

用 (1) 中类似的方法可推导出固相 S 和蒸汽相 V 平衡时蒸汽相饱和蒸汽压与界面曲率 C 的关系,即开尔文公式:

$$RT\ln\frac{P_{(C)}}{P}=\gamma v^{\mathrm{S}}\left(\frac{1}{r_1}+\frac{1}{r_2}\right) \tag{1-78}$$

对于球面界面，$r_1=r_2=r$，式（1-78）简化为

$$RT\ln\frac{P_{(C)}}{P}=\frac{2\gamma v^{\mathrm{S}}}{r} \tag{1-79}$$

式中　P、$P_{(C)}$——平界面和界面曲率为 C 时体系的相平衡压强。

式（1-78）的推导过程见附录Ⅰ[3]。开尔文公式表明，小粒子具有较高的饱和蒸汽压。在物理气相沉积过程中，通过控制蒸汽压，可形成尺寸细小的沉积物。

（3）界面曲率 C 对固相 S 和溶液 L 平衡时溶质饱和浓度的影响

用（1）中类似的方法可推导出固相 S 和溶液 L 平衡时溶质饱和浓度与界面曲率 C 的关系，即

$$RT\ln\frac{N_{(C)}}{N}=\gamma v^{\mathrm{S}}\left(\frac{1}{r_1}+\frac{1}{r_2}\right) \tag{1-80}$$

式中　N、$N_{(C)}$——平界面和弯曲界面体系的平衡浓度。

式（1-80）推导过程见附录Ⅱ[3]。对于球面界面，$r_1=r_2=r$，式（1-80）简化为

$$RT\ln\frac{N_{(C)}}{N}=\frac{2\gamma v^{\mathrm{S}}}{r} \tag{1-81}$$

式（1-80）和式（1-81）表明，随着界面曲率半径的减小，其平衡浓度提高。

1.4　合金在平衡条件下的界面及显微组织

单相合金中的晶粒、复相合金中的第二相形貌等取决于界面的结构与能量，显微组织形貌必须满足界面能最低的热力学条件。本节主要描述比界面能 γ 为常数时，单相、复相和三相合金的界面张力平衡及其显微组织。

1.4.1　单相合金的界面及组织

单相合金中，球状晶粒的总界面能 γA（A 为界面面积）最小，但球状晶粒无法填充金属占据的整个空间；另外，球面弯曲使晶界产生移动驱动力，晶界发生移动。因此，晶粒稳定形状不是球形。晶粒的十四面体组合模型较接近实际情况，如图 1-3 所示。垂直于该模型的一个棱边作截面图，则其为等边六角形网络，如图 1-4 所示。此时，所有的晶界均为直线，晶界间的夹角均为 120°，这是晶粒稳定形状的两个必要条件。

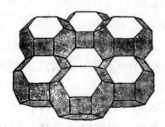

图 1-3　晶粒的平衡形状——十四面体[4]

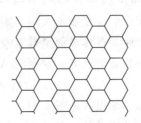

图 1-4　二维晶粒的稳定形状[4]

图 1-5 所示为二维坐标中晶界曲率与不同晶界边数的晶粒形状。晶界边数小于 6 的较小

晶粒，如正四边形晶粒，无法同时满足上述两个条件，晶界若平直，其夹角为 90°，小于120°，难达到平衡；反之，保持 120°夹角，晶界势必向内凹［见图 1-5(a)］，但第一个条件又不能满足，这就会使晶界自发的向内迁移，以趋于平衡。而晶界平直后，其夹角又将小于120°，这就又需内凹，如此反复，此晶粒只能逐步缩小，直至消失为止。晶粒边数为 6 时，晶界平直，且夹角为 120°［见图 1-5(b)］，晶界处于平衡状态。而晶界边数大于 6 的较大晶粒，如正十二边形晶粒，相邻界面间夹角为 150°，要使其变为 120°，晶界势必向外凹［见图 1-5(c)］。但是这样必使晶界自发地向外迁移以趋于平直，而一旦平直后其夹角又将大于120°，这就又需向外凹，如此反复，此晶粒便会不断长大，直至达到晶粒稳定形状。

图 1-6 所示为黄铜在不同温度下晶粒尺寸随保温时间的变化，可见在 700～850℃较高温度下，随保温时间延长，晶粒的长大速度下降，这与晶界平直化有关。

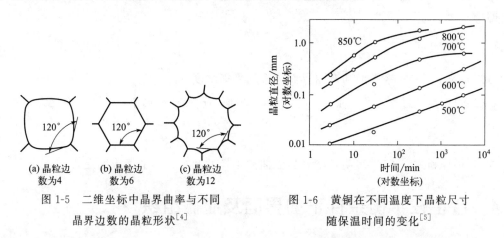

(a) 晶粒边   (b) 晶粒边   (c) 晶粒边
数为4   数为6   数为12

图 1-5 二维坐标中晶界曲率与不同
晶界边数的晶粒形状[4]

图 1-6 黄铜在不同温度下晶粒尺寸
随保温时间的变化[5]

因此，晶粒正常长大时，弯曲晶界趋向于平直，即晶界向其曲率中心方向移动，以减小表面积，降低表面能；另外，三个晶粒晶界夹角不等于 120°时，则晶界总是向角度较锐的晶粒方向移动，力图使三个夹角都趋于 120°。实际情况是由于各种原因，晶粒不会长成规则的六边形，但它仍符合晶粒长大的一般规律。

1.4.2 复相合金的界面及组织

由基体和第二相组成的复相合金中，第二相可从基体晶粒内部、晶界、界棱或界角上析出，其平衡形状取决于界面能和应变能的综合影响。第二相与基体的界面可分为具有较小及较大畸变的共格、半共格和非共格三种结构。

1.4.2.1 晶粒内部析出的第二相[6]

当第二相引起应变能不大时，则主要考虑界面能的影响，第二相的平衡形状应使界面能最低。当第二相与基体界面呈具有较小畸变的共格或完全非共格结构时，球形第二相的表面积最小，总的界面能最低，如固溶 Al-3.0％（原子分数）Ag 合金在时效初期析出的共格球形富银 G. P. 区（见图 1-7）以及淬火 Al-20.5％（原子分数）Cu 合金在 350℃保持 2min 析出的非共格球形 θ 相（见图 1-8）等；当第二相与基体的界面为半共格时，第二相的两个平界面与基体保持半共格，其余周边部分则为非共格界面，此时形成针状（板片状）的第二相，如固溶 Al-3.0％（原子分数）Ag 合金在 580℃时效 2h 后由 G. P. 区演变成的针状 γ′相（见图 1-9）、淬火 Al-2.5％（原子分数）Cu 合金在 280℃退火沉淀出的大量针状 θ′相（见

图 1-10）。

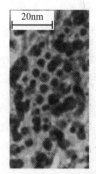

图 1-7　固溶 Al-3.0％（原子分数）Ag 合金在
时效初期析出的共格球形富银 G.P. 区[7]

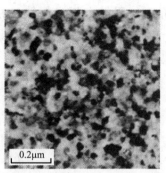

图 1-8　淬火 Al-20.5％（原子分数）Cu 合金在
350℃保持 2min 析出的非共格球形 θ 相[8]

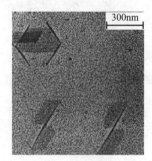

图 1-9　固溶 Al-3.0％（原子分数）Ag 合金经 580℃
时效 2h 后形成的少量针状 γ′相[7]

图 1-10　淬火 Al-2.5％（原子分数）Cu 合金在
280℃退火沉淀出的大量针状 θ′相[9]

　　当第二相引起较大的应变能时，第二相的平衡形状应受界面能和应变能的综合影响。当第二相与基体的界面为具有较大畸变的共格结构时，第二相形状取决于第二相与基体切变弹性模量的大小。若两者的切变弹性模量相同且各向同性，应变能与析出物形状无关；若两者的切变弹性模量不同，硬的第二相为球形，软的第二相为蝶形，以使应变能最低。当第二相与基体的界面为非共格时，由于第二相与基体比容不同，第二相析出会产生体积错配度 $\Delta = \dfrac{\Delta V}{V}$。应变能 ΔG_S 与 Δ 有如下关系

$$\Delta G_S = \frac{2}{3} G \Delta^2 V f\left(\frac{c}{a}\right) \tag{1-82}$$

式中　G——基体的切变弹性模量；

$f\left(\dfrac{c}{a}\right)$——形状因子，其与析出物的长度 c 和半径

　　a 之比 $\dfrac{c}{a}$ 有关，如图 1-11 所示。

　　在其它条件相同下，球形第二相的 $f\left(\dfrac{c}{a}\right)$ 最大，有

最大的应变能；蝶形（薄扁球形）第二相的 $f\left(\dfrac{c}{a}\right)$ 最

小，应变能最低；针状第二相的应变能介于两者之间。

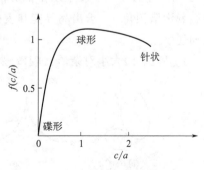

图 1-11　$f\left(\dfrac{c}{a}\right)$ 与 $\dfrac{c}{a}$ 关系[6]

因此，在体积错配度较大时，蝶形第二相具有最低的应变能。

1.4.2.2 界面与界棱上析出的第二相

(1) 第二相与基体界面为非共格结构

当第二相 β 形成于 α 相界面上时，β 相的形状取决于 α 相两个晶粒间的夹角 θ。图 1-12 显示了 α 相两晶粒与 β 相晶粒的界面交界处界面张力平衡，图中界面交接线垂直于纸面，则平衡时在交接点 O 处界面张力有下面关系

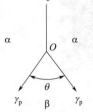

$$\gamma_g = 2\gamma_p \cos\frac{\theta}{2} \tag{1-83}$$

式中 γ_g——晶界能；

       γ_p——相界能；

       θ——两面角或接触角。

式 (1-83) 可写成

图 1-12   α 相两晶粒和
β 相晶粒的界面交界
处界面张力平衡

$$\cos\frac{\theta}{2} = \frac{\gamma_g}{2\gamma_p} \tag{1-84}$$

可见，θ 角的大小取决于晶界能与相界能之比，且相界能不能小于晶界能的一半。

第二相 β 的形貌以及在 α 相晶界上的分布与二面角 θ 的关系如图 1-13 所示[3]。

① $\dfrac{\gamma_g}{2\gamma_p} \geqslant 1$ 时，$\theta = 0$，第二相全部将基体的晶界区铺满，两相有很好的润湿性 [见图 1-13(a)]；

② $\dfrac{\sqrt{3}}{2} \leqslant \dfrac{\gamma_g}{2\gamma_p} < 1$ 时，$0 < \theta \leqslant 60°$，第二相在基体三晶粒的交界处有形成三角棱柱体的趋势，随着两面角的减小，第二相铺展得越开 [见图 1-13(b) 和图 1-13(c)]；

③ $\dfrac{1}{2} \leqslant \dfrac{\gamma_g}{2\gamma_p} < \dfrac{\sqrt{3}}{2}$ 时，$60° < \theta \leqslant 120°$，第二相在基体的三晶粒交界处沿晶界部分地渗进去 [图 1-13(d)]；

④ $\dfrac{\gamma_g}{2\gamma_p} < \dfrac{1}{2}$ 时，$120° < \theta < 180°$，第二相在基体晶粒交界处形成孤立的袋状，与母相有脱离的倾向；

⑤ $\theta = 180°$ 时，两晶粒的取向完全一致，晶界消失，第二相呈球状 [见图 1-13(e)]。

式 (1-84) 并未涉及晶体的结构，故它适用于包括不相溶的液相与固相间的平衡。利用式 (1-84) 还可以从实验上求出晶界能和相界能之比。若将此式用于自由表面，可由测出的热腐刻沟槽顶角 θ，求出晶界能和表面能的关系。此时，应将式 (1-84) 中的 γ_p 换成固体的表面能 γ_S。

γ_g 和 γ_p 的大小对杂质比较敏感，很容易受杂质的影响，所以有时通过掺杂来调整材料

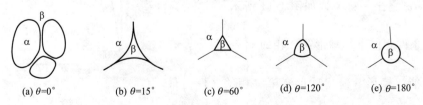

(a) θ=0°   (b) θ=15°   (c) θ=60°   (d) θ=120°   (e) θ=180°

图 1-13   在不同两面角下，第二相 β 的形貌及在 α 相晶界上分布的示意图

中各相间的分布，如在 Cu-Bi 合金中，随着 Pb 的加入，相界能提高，降低了相界的附着作用，使之较难润湿。

第二相在基体中的分布对材料性质有着重要影响，如金属和合金中存在氧化物杂质相时，当 γ_g/γ_p 值使 $\theta > 60°$，氧化物会在晶界处呈孤立的袋状或柱状分布，此时，它们对材料的电阻无太大影响。当 $\theta < 60°$，氧化物在晶界上铺展开分布，由于氧化物都是绝缘体，电子在材料中运动到晶界处，会遇到势垒而受阻。若 $\theta \approx 0°$，则晶界处大部分被氧化物遮住，电阻会明显增大。在热敏电阻材料等多相陶瓷中，可能发生类似的情况。

当第二相 β 形成于 α 相界棱上时，呈四面体的 β 相在 O 点处，有 3 个是 2 个 α 晶粒与 1 个 β 晶粒形成的界面，其界面张力为 $\gamma_{\alpha\alpha\beta}$，1 个是 3 个 α 晶粒的界面，其界面张力为 $\gamma_{\alpha\alpha\alpha}$，如图 1-14 所示。3 个界面张力为 $\gamma_{\alpha\alpha\beta}$ 相等，所以 3 个角 χ 相等。角 χ、φ 和两面角 θ 间存在下面的关系，即

$$\cos\frac{\chi}{2} = \frac{1}{2\sin\dfrac{\theta}{2}} \tag{1-85}$$

$$\cos(180° - \phi) = \frac{1}{\sqrt{3}\tan\dfrac{\theta}{2}} \tag{1-86}$$

当 $\theta = 180°$、$\chi = 120°$、$\phi = 90°$ 时，β 相为球形；当 $\theta = 120°$、$\chi = \phi = 109°28'$，β 相为曲面四面体，而 α 相的 4 根界棱从 β 相曲面四面体的 4 个顶点发射出来，见图 1-15(a)；当 $\theta = 60°$、$\chi = 0°$、$\phi = 180°$，β 相沿界棱伸展，形成网络状骨架，见图 1-15(b)；当 $\theta = 0°$，β 相沿 α 相的晶界铺展，其截面图形状与图 1-13(a) 形状相同。

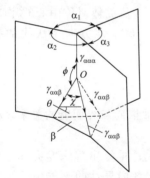
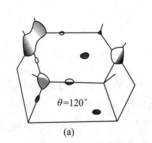
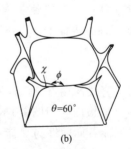

图 1-14　α 相界棱上析出的第二相 β[6]　　　　图 1-15　α 相界棱上析出的第二相形貌[6]

（2）第二相与基体间界面为共格或半共格结构

界面两侧的 α 晶粒有不同的位向，β 相与第一个 α 晶粒形成共格或半共格界面，与第二个 α 晶粒形成光滑弯曲的非共格界面，如图 1-16 所示。

1.4.3　三相界面交界处的界面张力平衡

当三相共存体系达到平衡时，在界面的交界处存在力学平衡。图 1-17 所示为三个不同相晶粒相交处界面张力的平衡关系图，其界面交接线与图 1-17 的画面相垂直且交于 O 点，γ_1、γ_2、γ_3 分别表示晶粒 2-3、1-3、1-2 交界面的张力，α_1、α_2、α_3 为界面夹角。

作用于 O 点的界面张力彼此平衡，即

$$\left.\begin{array}{l} \gamma_1 \sin(180-\alpha_3) = \gamma_3 \sin(180-\alpha_1) \\ \gamma_2 \sin(180-\alpha_3) = \gamma_3 \sin(180-\alpha_2) \end{array}\right\} \tag{1-87}$$

因此，得

$$\frac{\gamma_1}{\sin\alpha_1} = \frac{\gamma_2}{\sin\alpha_2} = \frac{\gamma_3}{\sin\alpha_3} \tag{1-88}$$

图 1-16　部分共格与部分非共格界面的 β 相形貌[6]　　图 1-17　三相界面交界处界面张力的平衡

1.5　界面能各向异性对晶体形貌和显微组织的影响

在晶体中，原子排列的情况是随晶面而异的，这决定了界面能的各向异性。界面能的各向异性通常用 γ 能极图以及 Wulff 结构图来表示。在界面能各向异性的情况下，晶体的平衡形状仍是界面能最低。当基体中析出第二相时，第二相的形貌将是应变能和界面能的复杂函数。应变能与界面能的比值一般随第二相尺寸的增大而提高[10]。当第二相尺寸较小时，界面能占主导。

1.5.1　γ 能极图和 Wulff 结构

Wulff 定理指出一定体积的宏观晶体平衡形状是由与取向有关的表面自由能决定的，同时也给出了确定晶体几何形貌的方法。具体做法如图 1-18 所示，从晶体对称中心 O 作出引向任意方向的晶面法线矢径，如 OA，OB，$\cdots$，其长度 h_i 正比于该方向为法线的晶面（Wulff 平面）界面能 γ_i，即

$$\frac{\gamma_1}{h_1} = \frac{\gamma_2}{h_2} = \cdots = \frac{\gamma_i}{h_i} = 常数 \tag{1-89}$$

集合这一直线族端点 A、$B\cdots$所得的一个多边形，即表示出晶面取向与界面能的关系，称为晶体的 γ 能极图，即图 1-18(a) 中实线部分。

界面能各向同性的 γ 能极图为球状，这是一个极端的情况；重复出现深度尖谷是另一极端情况，中间情况是两个圆球相交，如图 1-19 所示。界面能各向异性的 γ 能极图具有各种不同特征。

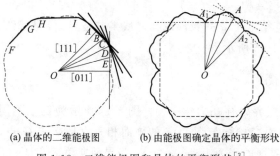

(a) 晶体的二维能极图　　(b) 由能极图确定晶体的平衡形状

图 1-18　二维能极图和晶体的平衡形状[3]

—— 表面自由能的能极图；…… Wulff 平面；---- Wulff 结构

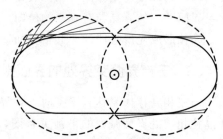

图 1-19　两个圆球相交形成的 γ 能极图及其 Wulff 结构

界面能极图给出后，可以按它划分界面的类型[3]。γ 曲面上的最低点（尖点）处，界面能的微分不连续，数学上将这种点称为奇异点，对应于奇异点的界面能最低，其晶面称作奇异面。一般来说，奇异面是密排面。奇异面的特点是具有原子尺度的光滑性，没有台阶，因而对可见光具有良好的镜面反射特性。由于具有较低的界面能，它在热力学上比较稳定。取向与奇异面接近的面称为邻位面。如果邻位面上的原子全部准确位于由该面晶体学指数所规定的几何平面上，引起的晶格畸变很大，进而提高了界面能和体系总能量。反之，如果界面由与该邻位面相近的奇异面平台和低指数晶面台阶构成，如图 1-20 所示，则避免了过分的晶格畸变。虽然界面的总面积增加了，但界面能和体系的总能量会降低。因此，邻位面通常是台阶化的，低能电子衍射研究证明了这一点。从能量的角度考虑，邻位面也是相当稳定的。尽管邻位面不是理想光滑的，但仍具有镜面反射能力。与奇异面交角 θ 足够大的界面称为非奇异面，其特点是台阶高度 h 和台阶长度 l 相近，因而台阶的密度很高。这类界面的界面能实际上保持常量。

在 γ 能极图上，每点作出垂直矢径的直线平面（Wulff 平面），去掉这些直线（平面）相重叠的区域，剩下的体积最小的多边形，与晶体的平衡形状相似，如图 1-18（b）所示的平衡多边形，即 Wulff 结构。

Wulff 结构是限于描述不存在体积应变能和均匀形核的平衡形状。图 1-21 所示为几种 Wulff 结构。与球状略有偏离，平衡形状各处圆滑的如图 1-21（a）表示；γ 图中具有很大的各向异性，平衡形状出现尖锐棱角，其 Wulff 结构如图 1-21（b）所示；γ 图上能量尖点所形成的小面彼此由连续曲面光滑地交接，其 Wulff 结构如图 1-21（c）所示。图 1-21（a）和（c）显示了所有的界面位向，而图 1-21（b）、（d）和（e）具有明显的台阶，有些界面位向未示出。

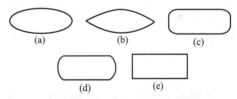

图 1-20　由台阶和奇异界面构成的邻位界面[11]　　　图 1-21　几种 Wulff 结构[3]
θ—邻位面和奇异面间夹角；h—台阶高度；l—台阶长度

可见，Wulff 结构取决于 γ 能级图的具体形式，可以包含刻面、光滑的弯曲界面以及各种边和角。

由上面的作图法可知，$\gamma(n)$ 轨迹是三维空间中的一个封闭曲面，而二维截面称作 γ 曲线。也可采用与上述程序相反的途径，即测量晶体平衡形状上所有界面的 h_i 值，就能得到 $\gamma(n)$ 图。

1.5.2　界面的刻面化和界面的转动

当奇异面具有足够低的比界面能可以补偿刻面化引起的界面面积增加时，较大且平直的界面易于形成刻面化的"山丘或峡谷"结构，形成这种结构可以使界面局域平衡[11]。

图 1-22 所示为嵌入在 NiO 基体中 Cu 晶体的刻面化形状。温度的降低或元素在晶界处的偏聚会促进平界面的刻面化，如当温度从室温升到 230℃ 时，Al 中 Σ3 非对称＜111＞倾

斜晶界的刻面化消失，见图 1-23(b) 和（c)。而当 Bi 在 Cu 晶界偏聚后，平直的 Cu 晶界发生刻面化，见图 1-23(d) 和（e)。

界面能的各向异性还会促使界面转到界面能更低的位向，此转动是靠原子的逐个迁移来完成。图 1-24 所示为长度为 l 的平界面 OP 上的力平衡，P 点为此晶界与其它晶界相交的结点。若 P 点不动，O 点移动一小距离 Δy，则作的功为 $F_y \Delta y$。由于界面转动一个角度，界面位向改变，界面能的变化为 $l \dfrac{\mathrm{d}\gamma}{\mathrm{d}\theta} \Delta \theta$，此能量变化与 F_y 力作的功相等，即

$$F_y \Delta y = l \frac{\mathrm{d}\gamma}{\mathrm{d}\theta} \Delta \theta \qquad (1\text{-}90)$$

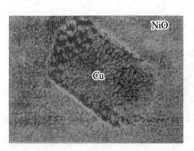

图 1-22　嵌入在 NiO 基体中 Cu
晶体的刻面化形状[11]

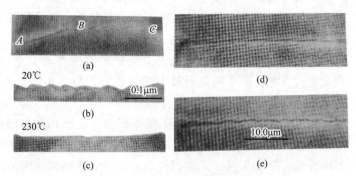

图 1-23　（a）Cu 中 A 和 B 间为平直晶界，B 和 C 间的
晶界发生刻面化；（b）室温 Al 中 $\Sigma 3$ 非对称<111>倾斜晶界的刻面化；
（c）230℃消除 Al 中 $\Sigma 3$ 非对称<111>倾斜晶界的刻面化；（d）Cu
的平直晶界；（e）Bi 在 Cu 晶界偏聚产生的晶界刻面化[11]

由于 $\Delta y = l \Delta \theta$，故

$$F_y = \frac{\mathrm{d}\gamma}{\mathrm{d}\theta} \qquad (1\text{-}91)$$

当界面为低界面能位向时，界面不转动，而当界面处于较高界面能位向时，F_y 驱使界面转动，包含 $\dfrac{\mathrm{d}\gamma}{\mathrm{d}\theta}$ 的项称为"扭转项"。

当界面能各向异性时，式(1-88) 不适用，界面会转到界面能更低的位向，从而影响界面交界处的平衡构型，如图 1-25 所示。γ_1、γ_2、γ_3 分别表示晶粒 2-3、1-3、1-2 交界面的张力，其界面交界线与图 1-25 的画面相垂直且交于 O 点。总的界面能

$$(\gamma A)_O = \gamma_1 OR + \gamma_2 OS + \gamma_3 OT \qquad (1\text{-}92)$$

当 O 点移动一小距离至 P 点时，界面转动后的界面能

$$(\gamma A)_P = \gamma_1 PR + \left[\gamma_2 + \frac{\mathrm{d}\gamma_2}{\mathrm{d}\theta_2}\Delta\theta_2\right] PS + \left[\gamma_3 + \frac{\mathrm{d}\gamma_3}{\mathrm{d}\theta_3}\Delta\theta_3\right] PT \qquad (1\text{-}93)$$

当界面能差为零时，过程达到平衡，由式(1-92) 和式(1-93) 得

$$\gamma_1(PR-OR) + \gamma_2(PS-OS) + \frac{\mathrm{d}\gamma_2}{\mathrm{d}\theta_2}\Delta\theta_2 PS + \gamma_3(PT-OT) + \frac{\mathrm{d}\gamma_3}{\mathrm{d}\theta_3}\Delta\theta_3 PT = 0 \quad (1\text{-}94)$$

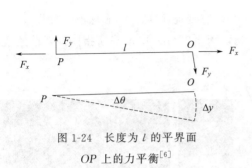

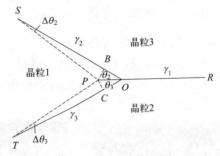

图 1-24　长度为 l 的平界面
OP 上的力平衡[6]

图 1-25　界面能各向异性对界面交界处
平衡构型的影响[6]

因 OP 为无穷小量，所以近似有

$$\left.\begin{array}{l}PS-OS=-OB=-OP\cos\theta_2\\PT-OT=-OC=-OP\cos\theta_3\\PS\Delta\theta_2=PB=OP\sin\theta_2\\PT\Delta\theta_3=PC=OP\sin\theta_3\end{array}\right\}\qquad(1\text{-}95)$$

将式(1-95)代入式(1-94)，得

$$\gamma_1-\gamma_2\cos\theta_2-\gamma_3\cos\theta_3+\frac{\mathrm{d}\gamma_2}{\mathrm{d}\theta_2}\sin\theta_2+\frac{\mathrm{d}\gamma_3}{\mathrm{d}\theta_3}\sin\theta_3=0\qquad(1\text{-}96)$$

式(1-96)后两项表示界面能随取向的变化。当界面能各向同性，后两项为零，此式与式(1-88)等同。Al 和 Zn 晶界的扭转项为平均晶界能的 $0\sim0.3$，在半共格及共格界面中，此项的值将较高。

1.5.3　基体中第二相的平衡形貌

当第二相引起应变能不大，且第二相界面正好处于界面能的尖点位向时，可能形成全部由低能界面包围起的几何多面体，如含钛钢中的氮化钛就是由 {100} 面组成的立方体[6]。图 1-26 为一些研究者在钢中观察到的 TiN 粒子。

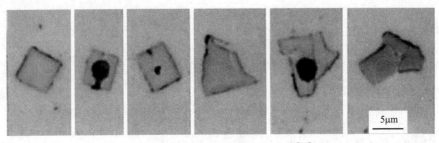

5μm

图 1-26　钢中观察到的 TiN 粒子[12]

当第二相引起较大应变能，且基体弹性模量各向异性时，由基体与第二相点阵常数

（a_α 和 a_β）不同在相界面上产生的错配度 $\delta = \dfrac{a_\beta - a_\alpha}{a_\alpha}$ 对析出物的形状有重要影响[6]。当 $\delta \leqslant$ 15%时，相界面能保持共格结构。此时，若 $\delta < 5\%$，应变能不大，形成球形，如图 1-27 所示；若 $\delta \geqslant 5\%$，形成凸透镜状（蝶形），见图 1-28，图 1-28(b) 中箭头所指的成对凸透镜状析出相为在 G. P. 区附近析出的 δ' 相和 G. P. 区。

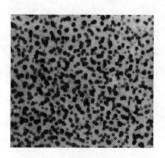

图 1-27　固溶 Al-4.5%
（原子分数）Ag 合金经 100℃/
1h 时效后析出的球形富银
G. P. 区[13]（×130000）

(a) 明场像

200nm

(b) 暗场像

图 1-28　Al-1.6%（质量分数）Li-3.2%（质量分数）
Cu 合金在 220℃/2 天后室温放置 4 个月在 G. P.
区附近析出的 δ' 相[14]

1.5.4　Wulff 法则

在介质均匀的情况下，从晶体对称中心到任意方向的晶面法线矢径长度 h_i 正比于该方向为法线的晶面的界面能 γ_i，如式（1-89）所示。下面对式（1-89）进行证明[3]。

在 i 方向上面积为 A_i 的表面界面能为 γ_i，由晶体对称中心向该表面作垂线，其距离为 h_i。晶体多面体可划分为以 A_i 为底、h_i 为高的许多小棱锥体，其体积为这些小棱锥体体积之和

$$V = \frac{1}{3} \sum_1^i h_i A_i \tag{1-97}$$

由式（1-97）得

$$dV = \frac{1}{3} \sum_1^i A_i dh_i + \frac{1}{3} \sum_1^i h_i dA_i \tag{1-98}$$

体积变化又可写成

$$dV = \sum_1^i A_i dh_i \tag{1-99}$$

将式（1-99）代入式（1-98），得

$$dV = \frac{1}{2} \sum_1^i h_i dA_i \tag{1-100}$$

在晶体生长时，将一个分子由其蒸发源移到晶体上的化学位变化为

$$\Delta\mu = RT\ln\frac{P}{P_\infty} \qquad (1\text{-}101)$$

式中　P——蒸汽压；

　P_∞——蒸发源的饱和蒸汽分压。

若有 n 个分子转移到晶体上，则此过程的能量变化为

$$\Delta G(n) = -n\Delta\mu + \sum_1^i \gamma_i A_i \qquad (1\text{-}102)$$

若分子体积为 v，则 $n = \dfrac{V}{v}$，代入式（1-102），得

$$\Delta G(n) = -\frac{V}{v}\Delta\mu + \sum_1^i \gamma_i A_i \qquad (1\text{-}103)$$

此时，晶体能量的变化

$$\mathrm{d}\Delta G(n) = -\frac{\Delta\mu}{v}\mathrm{d}V + \sum_1^i \gamma_i \mathrm{d}A_i \qquad (1\text{-}104)$$

将式（1-100）代入式（1-104），得

$$\mathrm{d}\Delta G(n) = -\frac{\Delta\mu}{2v}\sum_1^i h_i \mathrm{d}A_i + \sum_1^i \gamma_i \mathrm{d}A_i \qquad (1\text{-}105)$$

平衡时，有

$$\left(\frac{\mathrm{d}\Delta G}{\mathrm{d}A_i}\right)_{A_j,T,\Delta\mu} = 0 \qquad (1\text{-}106)$$

由式（1-105）和式（1-106）得

$$\frac{\gamma_1}{h_1} = \frac{\gamma_2}{h_2} = \cdots\cdots = \frac{\gamma_i}{h_i} = \cdots\cdots = \frac{\Delta\mu}{2v} = 常数 \qquad (1\text{-}107)$$

式（1-107）表明，γ 较小的晶面，其法线长大的速率较小，将在长大过程中扩展。相反，γ 较大的晶面将在长大过程中收缩，以至消失。这个法则称为 Wulff 法则。

1.5.5　温度对平衡形状 Wulff 结构的影响

如图 1-23（b）和（c）所示，对室温下刻面化的晶界加热，刻面化结构消失，由轻微起伏的粗糙界面取代，这是因为加热时，$\Sigma 3$ 界面很容易形成短周期 $\Sigma 3$ 重合位置点阵（CSL）中的小台阶，这个无序化的熵变驱动此过程进行，并且最终界面结构变得完全粗糙。图 1-29 显示了单晶颗粒的 γ 能级图及其平衡形状随温度的变化，随着温度的升高，低温时界面相交形成的棱角 ［见图 1-29（a）］逐渐演变成光滑弯曲的斑块 ［见图 1-29（b）和（c）］，最终界面变成连续弯曲的曲面图 ［见图 1-29（d）］。这表明高温时 γ 的各向异性减弱。

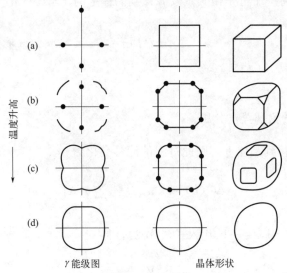

图 1-29　单晶颗粒的 γ 能级图及其平衡形状随温度的变化[11]

1.6　小尺度材料表面诱发的尺寸效应

当体系处于平衡状态时，一定体积的晶体要保持总的表面自由能最小。表面自由能由表面内能 ΔU 和表面熵 ΔS 两部分组成，单位面积表面能 $\gamma = \dfrac{\Delta U - T\Delta S}{A}$。表面内能的产生源于表面原子键数减少，这导致表面原子比晶体内部原子具有较高的内能，它是组成表面自由能的主要部分；表面熵包括振动熵和组态熵，表面原子键数的减少导致振动频率较低，故振动熵增加。另外，表面上易于形成空位和吸附原子，故表面的组态熵也将增加。这两部分熵皆降低表面的自由能。由于表面熵为正值，所以表面内能大于表面自由能。因此，表面降低其自由能的唯一途径是减少其表面上的原子数目，即将表面面积缩小至最小值，此时达到平衡态[15]。这就是一个晶体总有维持其表面面积达到最小值趋势的原因。

1.6.1　镜像力

对于晶体内部的位错，其能量与它在晶体中的位置无关。刃型位错的弹性能

$$E_{\mathrm{el}} = \frac{Gb^2 l}{4\pi(1-\nu)}\ln\left(\frac{R}{r_0}\right) \tag{1-108}$$

式中　G——剪切模量；

b——柏氏矢量的模；

l——位错的长度；

ν——泊松比；

R——位错的弹性应力场涉及的距离；

r_0——位错中心区的半径。

螺型位错的弹性能

$$E_{\mathrm{el}} = \frac{Gb^2 l}{4\pi}\ln\left(\frac{R}{r_0}\right) \tag{1-109}$$

从式(1-108)和式(1-109)可见，当位错离表面的距离小于 R 时，因弹性变形区域变小，导致位错的弹性能下降。位错越靠近表面，其弹性能越小。因此，距离表面小于 R 的位错都有向表面移动的趋势。为了描述这种移动趋势，设想近表面位错受到一个力的作用，这个力称为"镜像力"。

为了计算"镜像力"，以晶体表面为对称面，设想在距表面为 r 的位错的对称位置引入一个同类型、异号的位错，两条位错线同向，其柏氏矢量分别为 $\boldsymbol{b}$ 和 $\boldsymbol{b}'$，且 $\boldsymbol{b}' = -\boldsymbol{b}$。与近表面位错异号同类型并对称于表面的设想位错称为镜像位错。所谓镜像力等于镜像位错对近表面位错的作用力，如作用在近表面右螺型位错上的镜像力 $F = \dfrac{Gb^2}{4\pi r}$。因此，镜像力的作用使晶体中近表面区域的位错都有移动到表面的趋势，这对于提高块状晶体表面的耐磨性是有益处的。但对于小尺度材料，位错移动到晶体表面的湮灭会导致"越小越弱"现象（见 1.6.2 节）。

1.6.2　金属材料外在尺寸效应的微观机理

近些年，随着微电机械系统（micro-electromechanical system，MEMS）的发展，元器件趋于小型化，对小尺度材料的需求不断提高。随着小尺度材料表面所占整体材料份额的增加，材料的力学行为表现出与块体材料的明显不同[16-19]。

早在 20 世纪 20 年代，人们在材料制备时发现了材料几何尺寸对力学性能的影响[20]，随后在纳米、亚微米、微米、亚毫米，甚至毫米尺度材料的力学行为研究中都发现了这种几何尺寸效应现象[16,21-23]。为揭示其机理，建立了多种理论模型，表 1-1 列出了几种典型的材料力学行为几何尺寸效应理论。

表 1-1　典型的材料力学行为几何尺寸效应理论

理论	主要变形机制	主要影响因素	材料尺寸范围、形状、加载方式等	强化或弱化
晶界激活[23]	晶界变形	晶间裂纹、晶界滑移、沿晶界和表面扩散起主导作用	厚度小于 60nm Cu 薄膜	弱化
位错饥饿理论[16,20,24]	与位错形核、运动、钉扎、湮灭等有关，尤其在表面区域	材料内部无缺陷	直径小于 3μm 金属晶须	越小越强
		表面区域位错源缺乏	纳米、亚微米圆柱	
较小位错源理论[25-26]		位错源截断模型（位错被晶内的点和在表面终止处点钉扎，位错源变短）	直径不大于 0.5μm 微柱	
位错平均自由程理论[22]		位错自由运动路径变长	直径 0.06～1.0mm Cu 单晶丝	随尺寸减小，易滑移阶段延长
表面层理论[27-30]		表面形成氧化物层或表面受到约束	直径 5～200μm Al 丝；受衬底约束薄膜	越小越强
		表面自由干净，表面区域的位错密度低于内部	离散位错动力学模拟	满足饥饿，越小越强；不满足饥饿，越小越弱
应变梯度理论[31-33]		变形不均匀诱发高密度几何必要位错	弯曲、扭转、压痕变形引发非均匀形变	尺寸越小，非均匀变形越明显，尺寸效应突出

续表

理论	主要变形机制	主要影响因素	材料尺寸范围、形状、加载方式等	强化或弱化
微观统计平均尺寸效应理论[34-36]	与位错运动、湮灭、表面晶粒特性等有关	极少数几个晶粒，甚至一个晶粒决定材料力学行为	纯Cu微压缩、有限元及三维应变梯度模型模拟	无应变梯度且表面自由干净，越薄越弱，实验数据比较分散

由于研究者选用的材料几何尺寸范围、加载方式、表面状态以及内部缺陷密度等不同，所以每种理论的关注点也不一样。但从表 1-1 可以发现，表面自由干净材料的力学性能随几何尺寸减小主要表现出两种现象：一种是"越小越强"，另一种是"越小越弱"。

对于以位错滑移为塑性变形机制的材料来说，当材料内部具有充足的位错源时，材料外在尺寸的减小会影响到与塑性流变有关的位错增殖和储存，进而诱发材料外在尺寸效应的发生。"越小越弱"现象主要出现在一些亚微米、微米、亚毫米，甚至毫米尺度的材料中，其发生主要与表面晶粒的低强度[19,37-40]、表面层晶粒受到较弱约束[41-42] 以及自由表面是位错陷阱[30] 等因素有关。图 1-30 所示为不同晶粒尺寸铜箔的抗拉强度随铜箔厚度的变化情况。可以看出，随着铜箔减薄，抗拉强度下降，且晶粒尺寸越小，抗拉强度开始下降的铜箔厚度越小[19]。图 1-31 所示为粗晶纯铝板材拉伸性能随板材厚度的变化。显然，屈服强度 σ_{YS} 对厚度未显示出强烈的依赖性，但抗拉强度 σ_{UTS} 和均匀应变 ε 随着板材减薄而下降，尤其板厚减小到 0.5mm 以后，σ_{UTS} 的下降更加明显[43]。

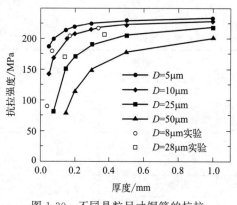

图 1-30　不同晶粒尺寸铜箔的抗拉
强度随箔厚度的变化[19]

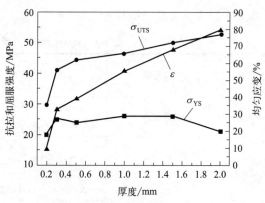

图 1-31　粗晶纯铝板材拉伸性能
随板材厚度的变化[43]

在纳米和一些亚微米尺度材料中通常发生"越小越强"现象，主要是源于在这种尺度的材料中，位错源数目较少[44-47]、位错源尺寸较小[25-26] 以及小尺度材料对位错运动的约束[23]。图 1-32 所示为 Cu(100) 单晶压缩屈服强度随微柱直径的变化，可见，当微柱直径从 1700nm 降到 90nm 时，其屈服强度从 74MPa 左右提高到 1243MPa，且 TEM 观察表明试样中的位错从多滑移逐渐过渡到小样品中的单滑移，表明小试样中的位错源在减少[47]。图 1-33 给出了不同取向 Cu 单晶屈服强度随试样尺寸的变化，显然，随试样尺寸减小，屈服强度明显提高[26]。

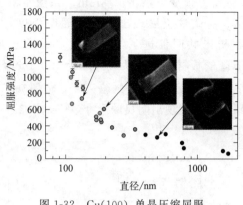

图 1-32　Cu(100) 单晶压缩屈服
强度随微柱直径的变化[47]

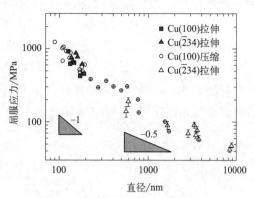

图 1-33　不同取向 Cu 单晶屈服强度
随试样尺寸的变化[26]

1.6.3　延缓或改善材料外在尺寸效应的方法

为了延缓小尺寸材料尺寸效应的发生或抑制"越小越弱"现象,一些研究者通过对材料的表面进行氧化处理[48]、在材料表面形成涂层[49]、对材料进行预变形[43,50-51]、在材料中析出具有一定纵横比的第二相[51] 或进行辐照处理[16] 等,提高了小尺寸材料的强度或延缓了尺寸效应的发生。图 1-34 为铝箔在不同热处理条件下抗拉强度随箔厚的变化。可见,在相同铝箔厚度下,不论是在室温还是在 100℃拉伸,空气中热处理铝箔的抗拉强度均高于真空中热处理铝箔的抗拉强度,这与空气热处理在铝箔表面形成的氧化层有关[48]。多晶铝表面沉积钨以及心部填充后,其屈服强度高于相同厚度表面未处理铝的屈服强度,如图 1-35所示[49]。总之,在材料表面形成氧化层或涂层抑制了位错在表面的湮灭,强化了表面层,进而提高了材料的强度。

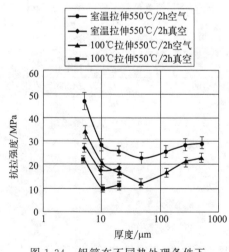

图 1-34　铝箔在不同热处理条件下
抗拉强度随箔厚的变化[48]

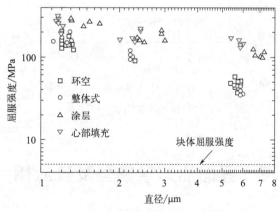

图 1-35　多晶铝在不同条件下屈服
强度随直径的变化[49]

对粗晶纯铝进行一定程度的预变形,改善了材料内部的微观结构,促进了位错间的相互作用,这不仅提高了 2.0～0.3mm 厚板材的均匀应变,而且减小了 σ_{UTS} 开始急剧下降的板材厚度值，即从退火状态的 0.5mm 下降到疲劳预变形后的 0.3mm，如图 1-36 所示[43]；当钼合金单晶被预应变到 11％时，360nm 的微柱仍展现出块体的屈服强度，如图 1-37 所示[50]；预变形与一定纵横比的第二相析出共同促进了 Al-4.0％（质量分数）Cu 合金板材强度的大幅提高，且 σ_{UTS} 开始急剧下降的板材厚度值从时效态的 1.0mm 降到预疲劳后的 0.6mm，如图 1-38 所示[51]；辐照提高了单晶 Cu 圆柱的缺陷密度，辐照缺陷与位错间较强的相互作用使单晶 Cu 柱直径小于 400nm 时才展现出明显的尺寸效应，如图 1-39 所示[16]。

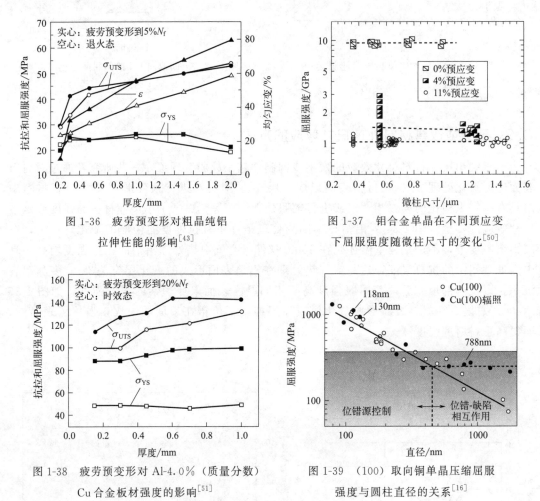

图 1-36　疲劳预变形对粗晶纯铝　　　　图 1-37　钼合金单晶在不同预应变
拉伸性能的影响[43]　　　　　　　　下屈服强度随微柱尺寸的变化[50]

图 1-38　疲劳预变形对 Al-4.0％（质量分数）　　图 1-39　（100）取向铜单晶压缩屈服
Cu 合金板材强度的影响[51]　　　　　　　　强度与圆柱直径的关系[16]

1.7　界面热力学模型及其应用

界面对材料的性能起着至关重要的作用，但由于界面结构的复杂性和难观测性，一些与界面结构有关的材料现象有时无法得到合理的解释。随着先进表征设备特别是球差校正透射电镜的发展，再加上功能强大的计算机模拟，建立界面热力学模型，为界面结构及其对材料特性影响的研究提供了广阔的前景。

Meiners 等[52] 在超净条件下研究了沉积 Cu 薄膜中的晶界，首次在纯 Cu 中通过实验直接观察到两种不同结构的晶界相共存且可相互转变，如图 1-40 所示。所谓"晶界相"可定义为与邻接块体相处于热力学平衡状态，具有稳定和有限厚度（通常为 0.2～2.0nm）的晶界层。该结果证实了半个世纪以来晶界可以在纯金属中发生相变的基本假设，为解释晶粒异常生长、液态金属脆化等材料现象提供了新视角，并为将晶界相变视为材料设计元素开辟了新途径。图 1-41 显示了 Liu 等观察到的 WC-Co 硬质合金在 WC 表面界面相的形成、长大和转变，研究还发现通过调整晶界的稳定性可以提高硬质合金的断裂韧性和强度[53]。

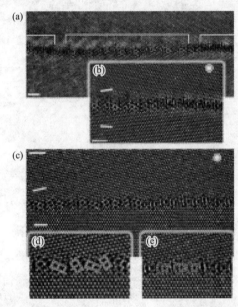

图 1-40　两种不同晶界相变的高角环形暗场扫描透射电镜图像[52]

（a）约 48°取向差近对称 Σ19b [11$\bar{1}$] 倾转晶界相变图，界面为（178），与对称取向倾斜偏差约 1°，两种晶界相分别用红色和蓝色表示；（b）右边晶界相变放大像显示两个边界结构单元差异；（c）约 47°取向差近 Σ19b [11$\bar{1}$] 晶界上的晶界相变，下和上晶粒边界面分别为（011）和（279）；（d）和（e）近边界两种结构晶界相图像（图中标尺皆为 1nm）

　　胡标等[54] 对界面热力学模型进行了详细的归纳和总结，如 Song 等结合状态方程（EOS）和准谐波 Debye 近似（QDA）算法构建了纳米晶界的热力学模型，阐明了晶界过剩能与晶粒非线性生长的关系；Wynblatt 和 Chatain 提出了一种规则溶液晶格模型来描述二元合金晶界上的多层吸附，证明了晶界预湿转变线的存在；Tang 等和 Mishin 等采用扩散界面模型描述了晶界预熔和预湿转变；美国加利福尼亚大学学者基于 Wynblatt-Chatain 模型建立了多元合金的界面热力学模型来描述晶界相的形成及其稳定性，先后构筑了 W-M（$M=$Co、Ni、Fe、Pd）、Mo-Ni、Ni-Bi 等二元系，W-Ni-M（$M=$Fe、Co、Cr、Zr、Nb、Ti）三元系以及 Mo-Si-B-M（$M=$Ni、Co、Fe）四元系的晶界 λ（热力学参数）相图来表示晶界无序化的热力学趋势；Wang 和 Kamachali 计算了 Fe-Mn-M（$M=$Cr、Ni、Co）、Fe-Cr-Ni 和 Fe-Cr-Co 等三元合金体系的密度基的晶界相图。

　　这里重点介绍耦合晶界预熔/预湿的明锐唯象界面热力学模型和基于密度场的晶界热力学模型[54]。耦合晶界预熔/预湿的明锐唯象界面热力学模型是基于扩散界面模型建立起来的，主要描述二元合金中的晶界吸附（预湿）和界面无序（预熔）。最近，研究者们将该模

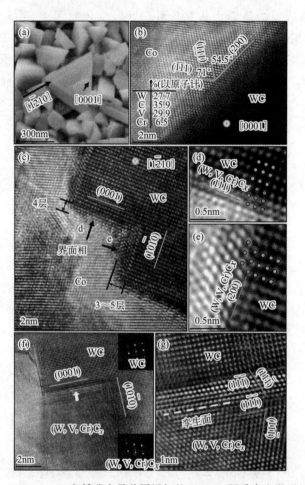

图 1-41　VC、Cr_3C_2 和低碳含量共同添加的 WC-Co 硬质合金微观组织[53]

(a) 带有刻面的 WC 颗粒；(b) 在 WC [0001] 方向观察到的界面相，图中插有能量色散 X 射线谱分析结果；

(c) 在 WC [11$\bar{2}$0] 方向观察到的界面相；(d) 和 (e) 在 WC 的 (0001) 和 (10$\bar{1}$0) 面上的

(W，V，Cr)C_x 相，与图 (c) 对应；(f) 界面相的长大，图中插有 WC 和

(W，V，Cr)C_x 相的快速傅里叶变换花样；(g) 图 (f) 中箭头显示的区域放大像

型与 CALPHAD（CALculation of PHAse Diagrams）方法相结合，对二元材料体系的预熔/预湿进行预测，并且通过高分辨电镜和烧结实验验证了模型的预测。

（1）明锐唯象界面热力学模型

明锐唯象界面热力学模型将无序的晶界相视为一种受限的类液相界面膜，对于二元合金而言，亚固相准液相晶间膜的过剩自由能 $\sigma^x(h)$ 可表示为

$$\sigma^x(h) = \Delta G_{amorph}^{(vol)} h + 2\gamma_{cl} + \sigma_{interfacial}(h) \tag{1-110}$$

式中　$\Delta G_{amorph}^{(vol)}$——形成过冷液相的体积自由能；

　　　　h——晶间膜厚度；

　　　　γ_{cl}——晶体-液相界面能；

　　　　$\sigma_{interfacial}(h)$——界面势，表示晶间膜较薄时 2 个界面的相互作用，包括所有短程和长程界面作用，以 $h=+\infty$ 为参考，根据定义，满足 $\sigma_{interfacial}(+\infty)=0$ 和 $\sigma_{interfacial}(0)=\gamma_{GB}^{(0)}-2\gamma_{cl}=-\Delta\gamma$，其中，$\gamma_{GB}^{(0)}=\sigma^x(0)$，表示没有任何吸

附和无序的纯净晶界的过剩自由能，一般与平衡 γ_{GB} 不同，$\Delta\gamma$ 为界面能的变化。

在固相线以下，准液相晶间膜稳定存在的条件是界面能的降低能补偿形成晶间膜所需要消耗的能量，即

$$-\Delta\gamma f(h) > \Delta G_{amorph}^{(vol)} h \tag{1-111}$$

式中　$f(h)$——定义的无量纲界面系数，$f(h)=1+\sigma_{interfacial}(h)/\Delta\gamma$，满足边界条件 $f(0)=0$ 和 $f(+\infty)=1$。

当热力学平衡时，晶间膜采用平衡厚度（h_{eq}），该厚度与式(1-110)中全局最小值相对应，即：$d\sigma^x(h)/dh|_{h=h_{eq}}=0$。由于界面势或界面系数确切的形式通常是未知的，$h_{eq}$ 很难量化。因此，引入热力学参数 λ，用来衡量实际或平衡晶间膜厚度：

$$\lambda \equiv -\Delta\gamma/\Delta G_{amorph}^{(vol)} \equiv (\gamma_{GB}^{(0)}-2\gamma_{cl})/\Delta G_{amorph}^{(vol)} \tag{1-112}$$

λ 可通过将块体 CALPHAD 热力学数据与统计界面热力学模型相结合进行量化。将计算的等 λ 线叠加到块体相图上来表示晶界无序的热力学趋势。尽管这些晶界 λ 相图并没有很好地定义转变线和临界点，但是它们能够有效地预测二元或多元合金在高温时晶界的无序化趋势。构建具有转变线和临界点的严格晶界相图将是下一步研究工作的重点。

（2）基于密度场的晶界热力学模型

在晶界处，原子被迫适应两相邻晶粒不相容的晶格，这导致晶界处原子密度与块体相完全不同。基于密度场的晶界热力学模型中认为晶界边际（靠近块体）处的密度与块体接近，因此，$\rho=1$，而晶界中心处密度 $\rho^{GB}<1$。若忽略构型熵的贡献，常规熔体模型中由混合引起的含密度场的 Gibbs 自由能 $\Delta G_{mix}(X_B,\rho)$ 可表达为：

$$\Delta G_{mix}(X_B,\rho) \approx \rho^2 \Delta H_{mix}^{Bulk} - T\Delta S_{mix}^{Bulk} \tag{1-113}$$

式中　　X_B——组元 B 在基体相中的摩尔分数；
ΔH_{mix}^{Bulk} 和 ΔS_{mix}^{Bulk}——基体相的混合焓和混合熵，可通过 CALPHAD 方法得到该参数。

此模型中还考虑由浓度梯度产生的能量项。在 A-B 二元系中常规固溶体（solid solution, SS）含密度场的 Gibbs 自由能表达式 $G_{SS}(X_B,\rho)$ 如下：

$$G_{SS}(X_B,\rho)=X_A G_A(\rho)+X_B G_B(\rho)+\Delta G_{mix}(X_B,\rho)$$
$$=X_A G_A(\rho)+X_B G_B(\rho)+\rho^2\Delta H_{mix}^{Bulk}-T\Delta S_{mix}^{Bulk}+\kappa_X(\nabla X_B)^2/2 \tag{1-114}$$

式中　　X_A——组元 A 在基体相中的摩尔分数；
$G_A(\rho)$ 和 $G_B(\rho)$——组元 A 和 B 含密度场的 Gibbs 自由能；
κ_X——梯度系数，通过原子模拟计算得到。

通过式(1-114)可以研究晶界相平衡和偏析。当 $\rho=1$ 时，则为均匀块体的 Gibbs 自由能，即：

$$G_{SS}^{Bulk}(X_B^{Bulk},\rho=1)=X_A^{Bulk}(H_A^{Bulk}-TS_A^{Bulk})+$$
$$X_B^{Bulk}(H_B^{Bulk}-TS_B^{Bulk})+\Omega X_A^{Bulk}X_B^{Bulk}-T\Delta S_{mix}^{Bulk} \tag{1-115}$$

式中　X_A^{Bulk} 和 X_B^{Bulk}——组元 A 和 B 在块体相中的摩尔分数；
H_A^{Bulk} 和 H_B^{Bulk}——组元 A 和 B 在块体相中的焓；

S_A^{Bulk} 和 S_B^{Bulk}——组元 A 和 B 在块体相中的熵；

Ω——混合焓系数，可通过 CALPHAD 方法获得。

目前，研究者们已尝试建立了一些二元和三元合金体系的晶界相图，包括可预测晶界无序化趋势的晶界 λ 相图和含密度场的晶界相图，进而描述晶界行为与块体成分的关系。图 1-42 显示了构建的 W-Ni-Fe 三元系 1673K 等温晶界 λ 相图示意图及高分辨 TEM 像[54]。

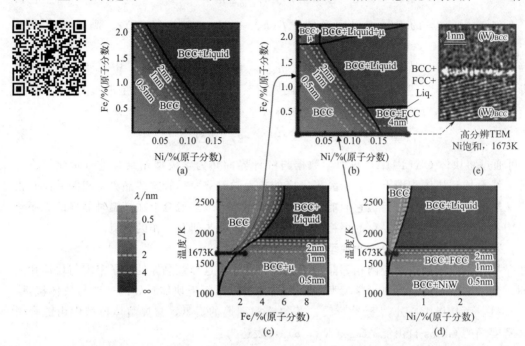

图 1-42　W-Ni-Fe 三元系 1673K 等温晶界 λ 相图示意图及高分辨 TEM 像[54]

（a）未考虑第二相析出的 W-Ni-Fe 三元系晶界 λ 相图；（b）考虑第二相析出的 W-Ni-Fe 三元系晶界 λ 相图；（c）相应的 W-Fe 二元系晶界 λ 相图；（d）相应的 W-Ni 二元系晶界 λ 相图；（e）准液态晶间膜的高分辨 TEM 图

（λ—衡量实际或平衡晶间膜厚度的参数，nm；Liquid—液相；FCC 和 BCC—面心和体心立方）

多元合金的晶界相图可以描述晶界处合金元素间的关系，这为晶界调控提供了一种新的策略。但在晶界工程框架内，需要将界面热力学模型与原子模型相结合，以提供晶界能、晶界迁移、扩散系数、内聚强度、滑动阻力等重要的界面信息，从而达到材料设计的目的。

思考题

1. 何谓界面能和界面张力？它们之间有怎样的关系？

2. 界面自由能与界面能有何区别？在什么情形下，两者相等？

3. 吉布斯界面热力学方法的要点是什么？此方法有何优点？

4. 用吉布斯界面热力学方法推导出吸附（或偏聚）的热力学表达式？如何理解界面的过剩量？

5. 界面力学平衡的表达式是什么？它在形成材料的组织结构方面有什么作用？

6. 与平界面相比，相平衡的热力学条件在弯曲界面条件下如何变化？其物理意义有何不同？

7. 界面曲率对熔点、饱和蒸汽压、溶解度有何影响？

8. 区分奇异面、邻位面和非奇异面有何学术和实际意义？

9. 证明 Wulff 法则，并说明其物理意义。

10. 实际显微组织中为何观察不到四叉界棱的存在？

11. 小尺度材料表现出的"越小越强"与"越小越弱"的主要机理是什么？采用哪些方法可延缓或改善材料外在尺寸效应的发生？

12. 界面热力学模型在材料结构和特性的研究方面有何作用？

参考文献

[1] 亚当森 A W. 表面的物理化学：上册 [M]. 顾惕人，译. 北京：科学出版社，1984.

[2] 程兰征，韩世纲. 物理化学 [M]. 上海：上海科学技术出版社，1980.

[3] 闻立时. 固体材料界面研究的物理基础 [M]. 北京：科学出版社，2011.

[4] 崔忠圻. 金属学与热处理 [M]. 北京：机械工业出版社，1994.

[5] Callister W D Jr. Fundamentals of Materials Science and Engineering [M]. 5 版. 北京：化学工业出版社，2002.

[6] 潘金生，全健民，田民波. 材料科学基础 [M]. 北京：清华大学出版社，2011.

[7] Ciach R. Advanced light alloys and composites [M]. Netherlands：Kluwer Academic Publishers，1998.

[8] Cantor B，Chan R W. Precipitation of equilibrium phases in vapour-quenched Al-Ni，Al-Cu and Al-Fe alloys [J]. Journal of Materials Science，1976，11 (6)：1066-1076.

[9] Li O，Johnson E，Johansen A，et al. Composition and precipitation inhomogeneities in melt-spun Al-Cu and Al-Zn ribbons [J]. Journal of Materials Science，1993，28 (3)：691-699.

[10] Johnson W C，Cahn J W. Elastically induced shape bifurcations of inclusions [J]. Acta Metallurgica，1984，32 (11)：1925-1933.

[11] Sutton A P，Balluffi R W. 晶体材料中的界面 [M]. 叶飞，顾新福，邱冬，等译. 北京：高等教育出版社，2014.

[12] Du J，Strangwood M，Davis C L. Effect of TiN particles and grain size on the charpy impact transition temperature in steels [J]. Journal of Materials Science & Technology，2012，28 (10)：878-888.

[13] Graiss G，Shinoda R，Habib N. Internal friction due to G-P zones in pure Al-16wt％Ag and Al-16wt％Ag-0.2wt％Fe-0.1wt％Si alloys [J]. Journal of Materials Science，1991，26 (13)：3675-3679.

[14] Yoshimura R，Konno T J，Abe E，et al. Transmission electron microscopy study of the evolution of precipitayes in aged Al-Li-Cu alloys：the θ' and T_1 phases [J]. Acta Materialia，2003，51 (14)：4251-4266.

[15] 刘国勋. 金属学原理 [M]. 北京：冶金工业出版社，1980.

[16] Kiener D，Hosemann P，Maloy S A，et al. In situ nanocompression testing of irradiated copper [J]. Nature Materials，2011，10 (8)：608-613.

[17] Kim J Y，Greer J R. Tensile and compressive behavior of gold and molybdenum single crystals at the nano-scale [J]. Acta Materialia，2009，57 (17)：5245-5253.

[18] Uchic M D，Dimiduk D M，Florando J N，et al. Sample dimensions influence strength and crystal plasticity [J]. Science，2004，305 (5686)：986-989.

[19] Molotnikov A，Lapovok R，Davies C H J，et al. Size effect on the tensile strength of fine-grained copper [J]. Scripta Materialia，2008，59 (11)：1182-1185.

[20] Brenner S S. Tensile strength of whiskers [J]. Journal of Applied Physics，1956，27 (12)：1484-1491.

[21] Howard C，Frazer D，Lupinacci A，et al. Investigation of specimen size effects by in-situ microcompression of equal channel angular pressed copper [J]. Materials Science & Engineering A，2016，649 (1)：104-113.

[22] Suzuki H，Ikeda S，Takeuchi S. Deformation of thin copper crystals [J]. Journal of the Physical Society of Japan，1956，11 (4)：382-393.

［23］ Zhang G P，Sun K H，Zhang B，et al. Tensile and fatigue strength of ultrathin copper films ［J］. Materials Science & Engineering A，2008，483-484：387-390.

［24］ Greer J R，Oliver W C，Nix W D. Size dependence in mechanical properties of gold at the micro scale in the absence of strain gradients ［J］. Acta Materialia，2005，53（6）：1821-1830.

［25］ Parthasarathy T A，Rao S I，Dimiduk D M，et al. Contribution to size effect of yield strength from the stochastics of dislocation source lengths in finite samples ［J］. Scripta Materialia，2007，56（4）：313-316.

［26］ Kiener D，Minor A M. Source truncation and exhaustion：insights from quantitative in situ TEM tensile testing ［J］. Nano Letters，2011，11（9）：3816-3820.

［27］ Janssen P J M，de Keijser T H，Geers M G D. An experimental assessment of grain size effects in the uniaxial straining of thin Al sheet with a few grains across the thickness ［J］. Materials Science & Engineering A，2006，419（1-2）：238-248.

［28］ Tabata T，Fujita H，Yamamoto S，et al. The effect of specimen diameter on tensile behaviors of aluminum thin wires ［J］. Journal of the Physical Society of Japan，1976，40（3）：792-797.

［29］ Arzt E. Size effects in materials due to microstructural and dimensional constraints：a comparative review ［J］. Acta Materialia，1998，46（16）：5611-5626.

［30］ Han C S，Hartmaier A，Gao H J，et al. Discrete dislocation dynamics simulations of surface induced size effects in plasticity ［J］. Materials Science & Engineering A，2006，415（1-2）：225-233.

［31］ Fleck N A，Muller G M，Ashby M F，et al. Strain gradient plasticity：theory and experiment ［J］. Acta Metallurgica & Materialia，1994，42（2）：475-487.

［32］ Stölken J S，Evans A G. A microbend test method for measuring the plasticity length scale ［J］. Acta Materialia，1998，46（14）：5109-5115.

［33］ Nicola L，van der Giessen E，Needleman A. Size effects in polycrystalline thin films analyzed by discrete dislocation plasticity ［J］. Thin Solid Films，2005，479（1-2）：329-338.

［34］ Chan W L，Fu M W，Lu J，et al. Modeling of grain size effect on micro deformation behavior in micro-forming of pure copper ［J］. Materials Science & Engineering A，2010，527（24-25）：6638-6648.

［35］ Bayley C J，Brekelmans W A M，Geers M G D. A three-dimensional dislocation field crystal plasticity approach applied to miniaturized structures ［J］. Philosophical Magazine A，2007，87（8-9）：1361-1378.

［36］ Fülöp T，Brekelmans W A M，Geers M G D. Size effects from grain statistics in ultra-thin metal sheets ［J］. Journal of Materials Processing Technology，2006，174（1-3）：233-238.

［37］ Geiger M，Vollertsen F，Kals R. Fundamentals on the manufacturing of sheet metal microparts ［J］. CIRP Annals，1996，45（1）：277-282.

［38］ Engel U，Eckstein R. Microforming-from basic research to its realization ［J］. Journal of Materials Processing Technology. 2002，125-126：35-44.

［39］ Xu J，Zhu X C，Shan D B，et al. Effect of grain size and specimen dimensions on micro-forming of high purity aluminum ［J］. Materials Science & Engineering A，2015，646（10）：207-217.

［40］ Hug E，Keller C. Intrinsic effects due to the reduction of thickness on the mechanical behavior of nickel polycrystals ［J］. Metallurgical and Materials Transactions A，2010，41（10）：2498-2506.

［41］ Dai C Y，Xu J，Zhang B，et al. Understanding scale-dependent yield stress of metals at micrometre scales ［J］. Philosophical Magazine Letters，2013，93（9）：531-540.

［42］ Raulea L V，Goijaerts A M，Govaert L E，et al. Size effect in the processing of thin sheets ［J］. Journal of Materials Technology，2001，115（1）：44-48.

［43］ Yan Y，Lu M，Guo W W，et al. Effect of pre-fatigue deformation on thickness-dependent tensile behavior of coarse-grained pure aluminum sheets ［J］. Materials Science & Engineering A，2014，600（4）：99-107.

［44］ Greer J R，de Hosson J T M. Plasticity in small-sized metallic systems：Intrinsic versus extrinsic size effect ［J］. Progress in Materials Science，2011，56（6）：654-724.

［45］ Oh S H，Legros M，Kiener D，et al. In situ observation of dislocation nucleation and escape in a submicrometre aluminium single crystal ［J］. Nature Materials，2009，8（2）：95-100.

［46］ Espinosa H D，Prorok B C，Peng B. Plasticity size effects in free-standing submicron polycrystalline FCC films sub-jected to pure tension ［J］. Journal of the Mechanics and Physics of Solids，2004，52（3）：667-689.

［47］ Kiener D，Minor A M. Source-controlled yield and hardening of Cu（100）studied by in situ transmission electron microscopy ［J］. Acta Materialia，2011，59（4）：1328-1337.

［48］ Lederer M，Gröger V，Khatibi G，et al. Size dependency of mechanical properties of high purity aluminium foils ［J］. Materials Science & Engineering A，2010，527（3）：590-599.

［49］ Ng K S，Ngan A H W. Effects of trapping dislocations within small crystals on their deformation behavior ［J］. Acta Materialia，2009，57（16）：4902-4910.

［50］ Bei H，Shim S，Pharr G M，et al. Effects of pre-strain on the compressive stress-strain response of Mo-alloy single-crystal micropillars ［J］. Acta Materialia，2008，56（17）：4762-4770.

［51］ Yan Y，Wang T D，Song Q S，et al. Specimen size effect of tensile behavior of Al-4. 0wt pct Cu alloy sheets：Effects of precipitates and cyclic predeformation ［J］. Metallurgical and Materials Transactions A，2022，53（1）：290-298.

［52］ Meiners T，Frolov T，Rudd R E，et al. Observations of grain-boundary phase transformations in an elemental metal ［J］. Nature，2020，579（3）：375-378.

［53］ Liu X W，Song X Y，Wang H B，et al. Complexions in WC-Co cemented carbides ［J］. Acta Materialia，2018，149（5）：164-178.

［54］ 胡标，张华清，张金，等. 界面热力学与晶界相图的研究进展 ［J］. 金属学报，2021，57（9）：1199-1214.

第 2 章
界面结构

界面是晶体中的一种面缺陷，它对金属材料的性质和发生的转变过程有着重要的影响，如金属材料的强度和断裂等力学行为以及几乎所有的重要动力学现象都不同程度地受到界面的影响。

固体材料的界面分两类：一是同相界面，包括晶界、孪晶界、反相畴界和堆垛层错等；二是异相界面。本章主要介绍描述小角和大角晶界结构的模型、晶界位错的模拟及实验观察结果、小尺度材料晶界结构的尺寸效应以及晶界对塑性变形的贡献；孪生的晶体学及孪生时的原子移动、多级孪晶的形成与演化、孪生动力学与位错-孪晶转变的尺寸依赖性、纳米孪晶材料的强韧化；堆垛层错及其能量对扩展位错宽度和位错滑移方式的影响；反相畴界以及合金中的短程有序对位错滑移方式和合金力学性能的影响；相界面模型以及界面位错的观察。其重难点是描述小角晶界位错分布方程的应用；描述大角晶界结构的模型；不同晶体结构中孪晶的形成条件以及多级孪晶的形成与演化、位错-孪晶转变的尺寸依赖性；堆垛层错以及合金中的短程有序对位错滑移方式和合金力学性能的影响；利用相界面模型分析析出的第二相界面结构。目的是为改进界面结构与力学性能的关系提供强有力的理论与实验基础。

2.1 晶界研究的历史回顾[1-2]

早在 1913 年 Rosenhain 等就提出晶界是连接两个晶粒的非晶薄膜的假设。但人们很快就观察到晶界的很多性质具有各向异性，因此又提出晶界是两相邻晶粒之间的过渡结构，在过渡区内原子也作有序的规则排列。1937 年 Chalmers 发现晶界对滑移的阻力取决于两晶粒的相对取向，随后人们不断观察到晶界能、晶界扩散、晶界迁移和晶界偏聚也随晶粒取向而改变。按照这一思路，人们不断提出了各种晶界结构模型。最早提出的模型中最成功的有两种：一种是 Burgers（1939 年）和 Bragg（1940 年）提出的晶界位错模型，之后又由 Frank（1950 年）和 Bilby（1955 年）加以发展。另一种是 1948 年 Mott 提出的大角晶界的岛屿模型，他认为晶界是由许多原子配置整齐的岛屿及环绕它们的原子配置较为混乱的区域组成。1949 年葛庭燧提出的大角晶界无序群模型与 Mott 模型的概念正好相反。从晶界结构的观点看，这两个模型属于同一类型，但它们都无法解释晶界扩散的各向异性。

早在 1911 年 Friedel 就提出了公共点阵概念，1926 年他发现在立方晶体内绕几个方向转动 180°可产生一个孪晶结构，在孪生结构分界面上的阵点既属于母体又属于子体，他称之为重合位置点阵（coincidence site lattice，CSL）。1966 年 Brandon 在扩展大角晶界 CSL 模型的基础上，提出了完整型位移点阵（displacement shift complete lattice，DSC 点阵）模型。到了 20 世纪 60 年代后期，Bollmann 将 CSL 模型推广为 O 点阵（O-lattice）模型，从而建立了晶体界面的普遍几何理论。位错模型和 CSL 模型都可以归结为 O 点阵模型的特殊情况。

从位错模型到 O 点阵模型都是将原子看作几何点，侧重研究其空间位置的几何特征，因而可将它们称作界面的晶体几何学理论。这些理论在数学方法上是严格的，因而具有普遍性，不仅适用于晶界，还能推广到相界面。然而，这种几何学方法也有局限性。原子之间存在交互作用，它们在空间的分布取决于体系自由能。这一实际状况促使人们从纯粹的几何学分析转向能量分析。通过大量的原子模拟计算和相应的实验观察对比，发现在许多情况下，晶界上甚至没有重位原子，这表明原子弛豫的作用远比保持重位原子重要；此外，还发现晶粒偏离重位取向的刚体相对平移。在所有晶界中，都发现弛豫形成的原子密堆多面体结构单元。这个模型在阐明晶界结构、晶界能和晶界扩散上具有明显的优越性。

2.2　任意晶界的宏观几何自由度

为了描述晶界的几何学，先讨论二维点阵。两个位向彼此相差角度 θ 的点阵，当会合到一起形成晶界时，可有两种方式，如图 2-1 所示。从图 2-1 可见，为了完全确定晶界位置，必须说明：①两点阵的位向 θ；②晶界相对于一个点阵的位向 φ。因此，二维点阵的晶界有 2 个宏观自由度。

为了表示三维晶体之间的晶界面，必须确定晶粒彼此之间的位向和晶界相对于其中某一晶粒的位向。两个晶粒间的相对位向往往可以用某一轴旋转一个（最小）角度 θ 来描述。图 2-2 所示为三维点阵中的晶界。假设沿 x-z 面把晶体切开，右半晶体可以分别绕 x、y、z 各轴发生转动，因此，确定两个晶粒间的相对位向必须给定 3 个自由度。当两晶粒间的位向 θ 固定，晶界的位置由晶界法线的取向确定。若晶界面为 x-z 面［见图 2-2(b)］，该界面既可绕 x 轴转也可绕 z 轴转以改变位向，但绕 y 轴转却不能改变位向。因此要确定两晶粒之间晶界的位向必须给定 2 个角度。描述任意晶界需要 5 个宏观自由度，3 个自由度确定两晶粒间的位向，2 个自由度确定晶界相对于其中某一晶粒的位向。根据相邻晶粒间的位向差 θ 大小不同，一般可将晶界分为两类，位向差小于 15° 的属于小角晶界，而位向差大于 15° 的属于大角晶界。

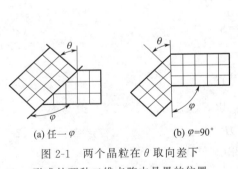

图 2-1　两个晶粒在 θ 取向差下
形成的两种二维点阵中晶界的位置

(a) 任一 φ　　　(b) φ=90°

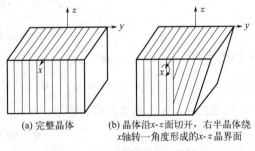

(a) 完整晶体　　(b) 晶体沿 x-z 面切开，右半晶体绕
　　　　　　　　　x 轴转一角度形成的 x-z 晶界面

图 2-2　三维点阵中的晶界

2.3　小角晶界

小角晶界分为倾转晶界和扭转晶界两种类型。假定 u 和 v 分别是获得相邻两晶粒位向的旋转轴和晶界面法线的单位矢量，那么倾转晶界的条件是 $u \cdot v = 0$，而扭转晶界的条件为

$u \cdot v = 1$。小角晶界是两个取向几乎完全重合的晶粒之间的分界面，其位向差低于 $15°$，在晶界面上的错配可以靠位错收纳，位错之间是良好匹配区。所以小角晶界的结构可以用位错模型来描述。

2.3.1 描述小角晶界位错分布的 Bilby-Frank 公式[2-3]

小角晶界位错的分布可用 Bilby 和 Frank 公式来描述。假设晶界两侧的晶体点阵分别为 L_1 和 L_2，它们的取向分别是由任意参考点阵以原点 O（在界面上）经过线性变换 S_1 和 S_2 而获得的，如图 2-3 所示。S_1 和 S_2 可以分别代表转动、膨胀或收缩、切变、对称操作及其组合。$OP = P$ 是晶界上的任意矢量，P 截过位错的柏氏矢量总和为 B^L。假设位错线正向指出纸面，以图 2-3(a) 中的 P 点为起点，沿逆时针作回路 $PB_1A_1OA_2B_2P$，在完整晶体中以 Q_1 为起点，仍沿逆时针作同样的回路 $Q_1Y_1X_1OX_2Y_2Q_2$，这个回路未闭合，由回路终点 Q_2 指向起点 Q_1 的矢量就是所求 B^L。

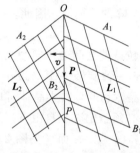
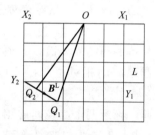

(a) 实际晶体中柏氏回路$PB_1A_1OA_2B_2P$　　(b) 完整晶体中柏氏回路$Q_1Y_1X_1OX_2Y_2Q_2$

图 2-3　推导 Bilby 公式的示意图

由于

$$B^L = Q_2Q_1 = OQ_1 - OQ_2 \tag{2-1}$$

$$P = S_1 \cdot OQ_1 = S_2 \cdot OQ_2 \tag{2-2}$$

$$OQ_1 = S_1^{-1}P, \quad OQ_2 = S_2^{-1}P \tag{2-3}$$

将式(2-3) 代入式(2-1)，得

$$B^L = (S_1^{-1} - S_2^{-1})P \tag{2-4}$$

如果以 L_2 作为参考点阵，则 S_2 为单位矩阵 I，以 S 表示 S_1，式(2-4) 改写为

$$B^L = (S^{-1} - I)P \tag{2-5}$$

式(2-4) 和式(2-5) 称为描述小角晶界位错分布的 Bilby 公式。

如果 Bilby 公式中的线性变换只是一个单纯的转动，即点阵 L_1 和 L_2 分别由参考点阵绕转动轴 u 转动 $+\dfrac{\theta}{2}$ 和 $-\dfrac{\theta}{2}$ 得到，如图 2-4 所示。晶界上的任一矢量 P 截过位错的总柏氏矢量 B^L 为

$$B^L = BA \approx 2\sin\frac{\theta}{2}(P \times u) = \theta(P \times u) \tag{2-6}$$

式(2-6) 即为描述小角晶界位错分布的 Frank 公式。

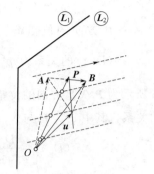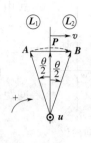

(a) 参考点阵绕 u 转动$+\dfrac{\theta}{2}$ 和$-\dfrac{\theta}{2}$ 得L_1和L_2点阵　　(b) $P \times u$ 与 BA 之间的关系

图 2-4　推导 Frank 公式的示意图

2.3.2　描述小角晶界位错分布的方程及其应用[3-4]

2.3.2.1　描述小角晶界位错分布的方程

一般情况下，任意晶界都可以由三组具有不共面柏氏矢量的位错组成。如果超过三组，则可以有几种组合方式，每种方式都能给出不同的晶界模型。为了求出最佳模型，首先需要求出每种模型的位错总密度，它在一般情况下可以作为晶界能的粗略标志。接着计算每种模型的晶界能，以求出最佳模型。

若晶界已知，就可知道 u、θ 和 v，用式（2-5）或式（2-6）可以确定晶界上任一矢量 P 截过位错的总柏氏矢量 B^{L}。根据晶体结构和 B^{L} 可设定界面上有几组位错，每组位错由具有相同柏氏矢量且相互平行的等距离位错线组成。设第 i 组位错每根位错线的柏氏矢量为 b^{i}，位错线正向单位矢量为 ξ^{i}，在晶界上且垂直于第 i 组位错线的矢量为 N^{i}，定义

$$N^{i} = \frac{1}{D^{i} 2\sin\dfrac{\theta}{2}}(v \times \xi^{i}) \qquad (2\text{-}7)$$

而 N^{i} 的模为

$$N^{i} = \frac{1}{D^{i} 2\sin\dfrac{\theta}{2}} \qquad (2\text{-}8)$$

式中　D^{i}——第 i 组位错线的间距。

ρ_i 为垂直于第 i 组位错线方向单位长度遇到的位错线数目，有

$$\rho_i = \frac{1}{D^{i}} = N^{i}\left(2\sin\frac{\theta}{2}\right) \qquad (2\text{-}9)$$

若第 i 组位错的 N^{i} 已知，可求出这组位错线的取向，即用式（2-7）叉乘 v，得

$$N^{i} \times v = \frac{1}{D^{i} 2\sin\dfrac{\theta}{2}}(v \times \xi^{i}) \times v = N^{i}\xi^{i} \qquad (2\text{-}10\text{a})$$

所以　　　　　　　　$$\xi^{i} = \frac{N^{i} \times v}{N^{i}} = D^{i} 2\sin\frac{\theta}{2}(N^{i} \times v) \qquad (2\text{-}10\text{b})$$

晶界上任意选取的矢量 P 截过的第 i 组位错线数目

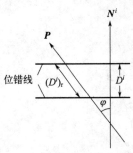

图 2-5 $\boldsymbol{P}$ 矢量方向的位
错间距 $(D^i)_r$ 与真实位
错间距 D^i 关系

$$n_i = P(\rho^i)_r \tag{2-11}$$

式中 $(\rho^i)_r$——$\boldsymbol{P}$ 方向的位错密度，它与该方向位错间距 $(D^i)_r$ 的关系为 $(\rho^i)_r = \dfrac{1}{(D^i)_r}$。

图 2-5 所示为 $\boldsymbol{P}$ 矢量方向的位错间距 $(D^i)_r$ 与真实位错间距 D^i 的关系，其中 φ 为 $\boldsymbol{P}$ 与 $\boldsymbol{N}^i$ 的夹角，则

$$(D^i)_r = \frac{D^i}{\cos\varphi} \tag{2-12a}$$

$$(\rho^i)_r = \frac{1}{(D^i)_r} = \frac{\cos\varphi}{D^i} \tag{2-12b}$$

将式(2-12b) 代入式(2-11)，再结合式(2-8) 得

$$n_i = PN^i\cos\varphi\left(2\sin\frac{\theta}{2}\right) = (\boldsymbol{N}^i \cdot \boldsymbol{P})2\sin\frac{\theta}{2} \tag{2-13}$$

$\boldsymbol{P}$ 矢量截过所有位错的柏氏矢量总和

$$\boldsymbol{B}^{\mathrm{L}} = \sum_i n_i \boldsymbol{b}^i \tag{2-14a}$$

将式(2-13) 代入式(2-14a)，得

$$\boldsymbol{B}^{\mathrm{L}} = \sum_i (\boldsymbol{N}^i \cdot \boldsymbol{P})2\sin\frac{\theta}{2}\boldsymbol{b}^i \approx \sum_i \boldsymbol{b}^i (\boldsymbol{N}^i \cdot \boldsymbol{P})\theta \tag{2-14b}$$

由式(2-6) 和式(2-14b) 得

$$\sum_i (\boldsymbol{N}^i \cdot \boldsymbol{P})\boldsymbol{b}^i = \boldsymbol{P} \times \boldsymbol{u} \tag{2-15}$$

式(2-15) 即是描述小角晶界位错分布的重要方程。

2.3.2.2　描述小角晶界位错分布方程的应用

下面利用式(2-15) 分别讨论含一组及两组位错的晶界结构。

(1) 含一组位错的晶界结构

当晶界含一组位错时，式(2-15) 可写为

$$(\boldsymbol{N} \cdot \boldsymbol{P})\boldsymbol{b} = \boldsymbol{P} \times \boldsymbol{u} \tag{2-16a}$$

对于晶界上任意取向的 $\boldsymbol{P}$ 矢量，式(2-16a) 都成立。因此，假设 $\boldsymbol{P}//\boldsymbol{\xi}$，则

$$(\boldsymbol{N} \cdot \boldsymbol{P})\boldsymbol{b} = (\boldsymbol{N} \cdot \boldsymbol{\xi})\boldsymbol{b} = 0 \tag{2-16b}$$

由式(2-16a) 得

$$\boldsymbol{P} \times \boldsymbol{u} = \boldsymbol{\xi} \times \boldsymbol{u} = 0 \tag{2-16c}$$

即 $\boldsymbol{u}//\boldsymbol{\xi}$，$\boldsymbol{u}$ 在晶界面上。

由式(2-16a) 知，$\boldsymbol{b}//(\boldsymbol{P} \times \boldsymbol{u})$，所以 $\boldsymbol{b}$ 垂直于晶界面。

由式(2-9) 知晶界上的位错密度

$$\rho = 2N\sin\frac{\theta}{2} \tag{2-17}$$

假设 $\boldsymbol{P}\perp\boldsymbol{\xi}$，由式(2-16a) 得 $N = \dfrac{1}{b}$，将其代入式(2-17)，可得晶界上的位错密度

$$\rho = \frac{1}{D} = \frac{2\sin\dfrac{\theta}{2}}{b} \approx \frac{\theta}{b} \tag{2-18}$$

位错间距 $D \approx \dfrac{b}{\theta}$。

下面以简单立方和面心立方结构晶体为例，讨论含一组位错的小角晶界结构。

① 简单立方结构晶体。设位错的柏氏矢量 $\boldsymbol{b}=a[010]$，则其滑移面为（100）或（001）面。由于 $\boldsymbol{b}$ 垂直于晶界面，则晶界面为（010）面，且位错线的取向 $\boldsymbol{\xi}=[010]\times[100]=[00\bar{1}]$ 或 $\boldsymbol{\xi}=[010]\times[001]=[100]$。由于 $\boldsymbol{u}/\!/\boldsymbol{\xi}$，所以相应的旋转轴 $\boldsymbol{u}=[00\bar{1}]$ 或 $\boldsymbol{u}=[100]$。位错线的间距 $D \approx \dfrac{a}{\theta}$。图 2-6 所示为以 $[100]$ 为旋转轴形成的对称倾转晶界，晶界面与两晶粒平均的 $[010]$ 方向垂直。

② 面心立方结构晶体。设位错的柏氏矢量 $\boldsymbol{b}=\dfrac{a[110]}{2}$，其滑移面是（$\bar{1}11$）或（$1\bar{1}1$）面。$\boldsymbol{b}$ 与晶界面垂直，故晶界面为（110）面，且 $\boldsymbol{\xi}=\dfrac{[110]}{\sqrt{2}}\times\dfrac{[\bar{1}11]}{\sqrt{3}}=\dfrac{[1\bar{1}2]}{\sqrt{6}}$ 或 $\boldsymbol{\xi}=\dfrac{[110]}{\sqrt{2}}\times\dfrac{[1\bar{1}1]}{\sqrt{3}}=\dfrac{[1\bar{1}\,\bar{2}]}{\sqrt{6}}$，相应的旋转轴为 $\boldsymbol{u}=\dfrac{[1\bar{1}2]}{\sqrt{6}}$ 或 $\boldsymbol{u}=\dfrac{[1\bar{1}\,\bar{2}]}{\sqrt{6}}$。位错线的间距 $D \approx \dfrac{\sqrt{2}}{2}\dfrac{a}{\theta}$。图 2-7（a）所示为以 $\dfrac{[1\bar{1}\,2]}{\sqrt{6}}$ 为旋转轴形成的对称倾转晶界。如果晶界上位错扩展，则晶界变成具有一定宽度的层错构成［见图 2-7（b）］。

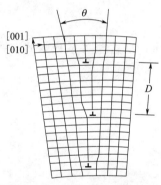

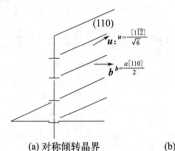

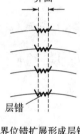

（a）对称倾转晶界　　　　（b）晶界位错扩展形成层错构成晶界

图 2-6　简单立方结构晶体中以 $[100]$　　　　图 2-7　面心立方结构晶体以 $\dfrac{[1\bar{1}\,2]}{\sqrt{6}}$ 为旋转轴

为旋转轴形成的对称倾转晶界　　　　形成对称倾转晶界及由晶界位错扩展形成层错构成晶界

（2）含两组位错的晶界结构

实际观察到的大多数小角晶界都属于这类晶界。设晶界上两组位错的柏氏矢量互不平行，分别为 $\boldsymbol{b}^1$ 和 $\boldsymbol{b}^2$。在晶界上任取一矢量 $\boldsymbol{P}$，根据式（2-15），得

$$(\boldsymbol{N}^1 \cdot \boldsymbol{P})\boldsymbol{b}^1+(\boldsymbol{N}^2 \cdot \boldsymbol{P})\boldsymbol{b}^2=\boldsymbol{P}\times\boldsymbol{u} \tag{2-19}$$

式（2-19）两侧点乘 $(\boldsymbol{b}^1\times\boldsymbol{b}^2)$，得

$$(\boldsymbol{P}\times\boldsymbol{u})\cdot(\boldsymbol{b}^1\times\boldsymbol{b}^2)=0 \tag{2-20}$$

式（2-20）可变为

$$\boldsymbol{P}\cdot[\boldsymbol{u}\times(\boldsymbol{b}^1\times\boldsymbol{b}^2)]=0 \tag{2-21}$$

满足式（2-21）有两种情况：一种是 $\boldsymbol{u}\times(\boldsymbol{b}^1\times\boldsymbol{b}^2)\perp\boldsymbol{P}$，另一种是 $\boldsymbol{u}/\!/(\boldsymbol{b}^1\times\boldsymbol{b}^2)$。

① $\boldsymbol{u}\times(\boldsymbol{b}^1\times\boldsymbol{b}^2)\perp\boldsymbol{P}$。$\boldsymbol{P}$ 在晶界上为任意取向，所以 $\boldsymbol{u}\times(\boldsymbol{b}^1\times\boldsymbol{b}^2)$ 一定平行于晶界面法

线 v。此时，u 与（$b^1 \times b^2$）都在晶界上。假定 $P/\!/u$，则式（2-19）变为

$$(N^1 \cdot u)b^1 + (N^2 \cdot u)b^2 = u \times u = 0 \qquad (2-22)$$

由于 b^1 与 b^2 互不平行，故 $N^1 \cdot u = N^2 \cdot u = 0$。显然，这两组位错是互相平行，并平行于旋转轴 u，即 $\xi^1/\!/\xi^2/\!/u$。

下面求这两组位错线的密度 ρ_1 和 ρ_2，以 $P = \dfrac{N^1}{N^1}$ 代入式（2-19），得

$$\frac{N^1}{N^1} \times u = \left(N^1 \cdot \frac{N^1}{N^1}\right)b^1 + \left(N^2 \cdot \frac{N^1}{N^1}\right)b^2 = N^1 b^1 + \left(N^2 \cdot \frac{N^1}{N^1}\right)b^2 \qquad (2-23)$$

式（2-23）两端点乘（$b^2 \times u$），得

$$-b^2 \cdot \left[\left(\frac{N^1}{N^1} \times u\right) \times u\right] = N^1 b^1 \cdot (b^2 \times u) \qquad (2-24)$$

因为 $\left(\dfrac{N^1}{N^1} \times u\right) \times u = -\dfrac{N^1}{N^1}$，故式（2-24）变为

$$N^1 = \frac{-b^2 \cdot \left(-\dfrac{N^1}{N^1}\right)}{b^1 \cdot (b^2 \times u)} = \frac{b^2 \cdot \dfrac{N^1}{N^1}}{u \cdot (b^1 \times b^2)} \qquad (2-25)$$

利用类似的方法，可求出

$$N^2 = -\frac{b^1 \cdot \dfrac{N^2}{N^2}}{u \cdot (b^1 \times b^2)} \qquad (2-26)$$

由式（2-7）和式（2-8）可知，$\dfrac{N^i}{N^i} = v \times \xi^i$，且 $\xi^1/\!/\xi^2/\!/u$，把这些关系代入式（2-25）和式（2-26），得

$$\left. \begin{array}{l} N^1 = \dfrac{b^2 \cdot (v \times u)}{u \cdot (b^1 \times b^2)} \\[2mm] \rho_1 = N^1 \theta \end{array} \right\} \qquad (2-27)$$

$$\left. \begin{array}{l} N^2 = -\dfrac{b^1 \cdot (v \times u)}{u \cdot (b^1 \times b^2)} \\[2mm] \rho_2 = N^2 \theta \end{array} \right\} \qquad (2-28)$$

当 b^1 和 b^2 设定，结合已知 u、θ 和 v，就可知道晶界上两组位错的排列方式。

当晶界上的两组位错是由两个不同滑移面滑移而来，其位错平行于两滑移面的交线。设 q^1 和 q^2 分别是两组位错滑移面法线的单位矢量，则 $u/\!/\xi^1/\!/\xi^2/\!/(q^1 \times q^2)$。

若 $q^1 \times q^2$ 和 $b^1 \times b^2$ 非共线，因为 v 垂直于 $b^1 \times b^2$ 和 $q^1 \times q^2$，则 $v/\!/(q^1 \times q^2) \times (b^1 \times b^2)$。

若 $q^1 \times q^2$ 和 $b^1 \times b^2$ 共线，则所有以 $b^1 \times b^2$ 为晶带轴的面都可能是晶界面。

下面以简单立方和面心立方晶体为例，讨论含两组相互平行位错线的小角晶界结构。

ⅰ. 简单立方结构晶体。两组平行位错线的 b^1 和 b^2 互不平行，设 $b^1 = [010]a$，$b^2 = [001]a$，则第一组位错的滑移面为（100）或（001），第二组位错的滑移面为（100）或（010），且 $b^1 \times b^2 = [100]a^2$。

当两组位错的滑移面都为（100）时，$q^1 \times q^2 = 0$。由于 $u \times (b^1 \times b^2)/\!/v$，故 $v \cdot (b^1 \times$

$b^2)=0$，即 $\boldsymbol{v}\cdot[100]a^2=0$，此时晶界面指数 (hkl) 中的 $h=0$。在这种情况下，晶界不限于由滑移的位错构成，也包含着攀移的位错。

当两组位错线的滑移面不同时

$$\boldsymbol{q}^1\times\boldsymbol{q}^2=\begin{cases}[100]\times[010]=[001]\\ [001]\times[100]=[010]\\ [001]\times[010]=[100]\end{cases}\tag{2-29}$$

由于 $\boldsymbol{q}^1\times\boldsymbol{q}^2=[001]$（或 $[010]$）与 $\boldsymbol{b}^1\times\boldsymbol{b}^2=[100]a^2$ 非共线，则 $\boldsymbol{v}/\!/(\boldsymbol{q}^1\times\boldsymbol{q}^2)\times(\boldsymbol{b}^1\times\boldsymbol{b}^2)$，即 $\boldsymbol{v}=[010]$（或 $[001]$）。因为 $\boldsymbol{u}/\!/\boldsymbol{\xi}^1/\!/\boldsymbol{\xi}^2/\!/(\boldsymbol{q}^1\times\boldsymbol{q}^2)$，故 $\boldsymbol{u}$、$\boldsymbol{\xi}^1$ 与 $\boldsymbol{\xi}^2$ 方向均为 $[001]$（或 $[010]$）方向。在这两种情况下，晶界上的两组位错，一组为纯刃型位错，另一组为纯螺型位错。

当 $\boldsymbol{q}^1\times\boldsymbol{q}^2=[100]$ 与 $\boldsymbol{b}^1\times\boldsymbol{b}^2=[100]a^2$ 共线时，所有以 $\boldsymbol{b}^1\times\boldsymbol{b}^2=[100]a^2$ 为晶带轴的面都可能是晶界面，故晶界面为 $(0kl)$，$\boldsymbol{v}=\dfrac{[0kl]}{\sqrt{k^2+l^2}}$。因为 $\boldsymbol{u}/\!/\boldsymbol{\xi}^1/\!/\boldsymbol{\xi}^2/\!/(\boldsymbol{q}^1\times\boldsymbol{q}^2)$，故 $\boldsymbol{u}$、$\boldsymbol{\xi}^1$ 与 $\boldsymbol{\xi}^2$ 方向均为 $[100]$ 方向，这是一种非对称倾转晶界，如图 2-8 所示。

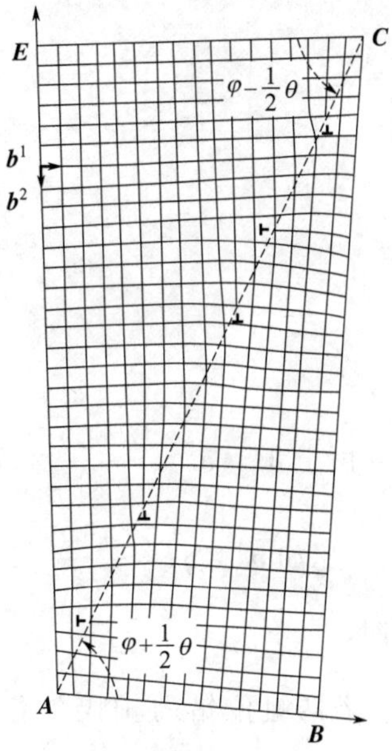

根据式（2-27）和式（2-28），可求出 $\boldsymbol{q}^1\times\boldsymbol{q}^2=[100]$ 与 $\boldsymbol{b}^1\times\boldsymbol{b}^2=[100]a^2$ 共线时两组位错线的密度 ρ_1 和 ρ_2。

图 2-8　$\boldsymbol{u}\times(\boldsymbol{b}^1\times\boldsymbol{b}^2)\perp\boldsymbol{P}$ 条件下，简单立方晶体中以 $[100]$ 为旋转轴形成的非对称倾转晶界

$$N^1=\frac{\boldsymbol{b}^2\cdot(\boldsymbol{v}\times\boldsymbol{u})}{\boldsymbol{u}\cdot(\boldsymbol{b}^1\times\boldsymbol{b}^2)}=\frac{[001]a\cdot\left(\dfrac{[0kl]}{\sqrt{k^2+l^2}}\times[100]\right)}{[100]\cdot([010]a\times[001]a)}$$

$$=\frac{[001]\cdot[0l\bar{k}]}{a\sqrt{k^2+l^2}[100]\cdot[100]}=-\frac{k}{a\sqrt{k^2+l^2}}\tag{2-30}$$

$$\rho_1=N^1\theta=-\frac{k\theta}{a\sqrt{k^2+l^2}}\tag{2-31}$$

$$N^2=-\frac{\boldsymbol{b}^1\cdot(\boldsymbol{v}\times\boldsymbol{u})}{\boldsymbol{u}\cdot(\boldsymbol{b}^1\times\boldsymbol{b}^2)}=-\frac{[010]a\cdot\left(\dfrac{[0kl]}{\sqrt{k^2+l^2}}\times[100]\right)}{[100]\cdot([010]a\times[001]a)}$$

$$=-\frac{[010]\cdot[0l\bar{k}]}{a\sqrt{k^2+l^2}[100]\cdot[100]}=-\frac{l}{a\sqrt{k^2+l^2}}\tag{2-32}$$

$$\rho_2=N^2\theta=-\frac{l\theta}{a\sqrt{k^2+l^2}}\tag{2-33}$$

设晶界面 $(0kl)$ 与两晶粒平均的 $[010]$ 方向夹角为 φ，则 $\sin\varphi=\dfrac{k}{\sqrt{k^2+l^2}}$，$\cos\varphi=\dfrac{l}{\sqrt{k^2+l^2}}$。因此，两组位错线的密度可写成

$$\rho_1=-\frac{\theta\sin\varphi}{a},\ \rho_2=-\frac{\theta\cos\varphi}{a}\tag{2-34}$$

式(2-34)的负号表示实际位错与计算设想位错反号。

ⅱ.面心立方结构晶体。面心立方结构晶体的柏氏矢量之间可能垂直或成120°角，下面分两种情况讨论。

若两组位错的柏氏矢量垂直，如 $\boldsymbol{b}^1 = \dfrac{a[110]}{2}$，$\boldsymbol{b}^2 = \dfrac{a[1\bar{1}0]}{2}$。第一组位错的滑移面为 $(1\bar{1}1)$ 或 $(\bar{1}11)$，第二组位错的滑移面为 (111) 或 $(11\bar{1})$。因此

$$\boldsymbol{q}^1 \times \boldsymbol{q}^2 = \begin{cases} \dfrac{[1\bar{1}1]}{\sqrt{3}} \times \dfrac{[111]}{\sqrt{3}} = \dfrac{2[\bar{1}01]}{3} \\[2mm] \dfrac{[1\bar{1}1]}{\sqrt{3}} \times \dfrac{[11\bar{1}]}{\sqrt{3}} = \dfrac{2[011]}{3} \\[2mm] \dfrac{[\bar{1}11]}{\sqrt{3}} \times \dfrac{[111]}{\sqrt{3}} = \dfrac{2[0\bar{1}1]}{3} \\[2mm] \dfrac{[\bar{1}11]}{\sqrt{3}} \times \dfrac{[11\bar{1}]}{\sqrt{3}} = \dfrac{2[\bar{1}0\bar{1}]}{3} \end{cases} \tag{2-35}$$

由于 $\boldsymbol{b}^1 \times \boldsymbol{b}^2 = \dfrac{a^2[00\bar{1}]}{2}$，$\boldsymbol{q}^1 \times \boldsymbol{q}^2$ 皆与 $\boldsymbol{b}^1 \times \boldsymbol{b}^2$ 非共线，则晶界面 $v /\!/ (\boldsymbol{q}^1 \times \boldsymbol{q}^2) \times (\boldsymbol{b}^1 \times \boldsymbol{b}^2)$，比如 $\boldsymbol{q}^1 \times \boldsymbol{q}^2 = \dfrac{2[\bar{1}01]}{3}$，$v /\!/ [0\bar{1}0]$，即晶界面为 (010)，$\boldsymbol{u}$、$\boldsymbol{\xi}^1$ 与 $\boldsymbol{\xi}^2$ 方向均为 $[\bar{1}01]$ 方向。

若两组位错的柏氏矢量夹角为 120°，如 $\boldsymbol{b}^1 = \dfrac{a[1\bar{1}0]}{2}$，$\boldsymbol{b}^2 = \dfrac{a[01\bar{1}]}{2}$，则 $\boldsymbol{b}^1 \times \boldsymbol{b}^2 = \dfrac{a^2[111]}{4}$。第一组位错的滑移面为 (111) 或 $(11\bar{1})$，第二组位错的滑移面为 (111) 或 $(\bar{1}11)$。

若两组位错属同一滑移面 (111)，此时 $\boldsymbol{q}^1 \times \boldsymbol{q}^2 = 0$。由于 $\boldsymbol{u} \times (\boldsymbol{b}^1 \times \boldsymbol{b}^2) /\!/ v$，故 $v \cdot (\boldsymbol{b}^1 \times \boldsymbol{b}^2) = 0$，即 $v \cdot \dfrac{a^2[111]}{4} = 0$，此时晶界面指数 (hkl) 满足 $h + k + l = 0$。在这种情况下，晶界不限于由滑移的位错构成，也包含着攀移的位错。

当两组位错的滑移面不同时

$$\boldsymbol{q}^1 \times \boldsymbol{q}^2 = \begin{cases} \dfrac{[111]}{\sqrt{3}} \times \dfrac{[\bar{1}11]}{\sqrt{3}} = \dfrac{2[0\bar{1}1]}{3} \\[2mm] \dfrac{[11\bar{1}]}{\sqrt{3}} \times \dfrac{[111]}{\sqrt{3}} = \dfrac{2[1\bar{1}0]}{3} \\[2mm] \dfrac{[11\bar{1}]}{\sqrt{3}} \times \dfrac{[\bar{1}11]}{\sqrt{3}} = \dfrac{2[101]}{3} \end{cases} \tag{2-36}$$

$\boldsymbol{q}^1 \times \boldsymbol{q}^2$ 皆与 $\boldsymbol{b}^1 \times \boldsymbol{b}^2$ 非共线，则 $v /\!/ (\boldsymbol{q}^1 \times \boldsymbol{q}^2) \times (\boldsymbol{b}^1 \times \boldsymbol{b}^2)$，比如 $\boldsymbol{q}^1 \times \boldsymbol{q}^2 = \dfrac{2[0\bar{1}1]}{3}$，则 $v /\!/ [\bar{2}11]$，即晶界面为 $(\bar{2}11)$，$\boldsymbol{u}$、$\boldsymbol{\xi}^1$ 与 $\boldsymbol{\xi}^2$ 方向均为 $[0\bar{1}1]$ 方向。

② $\boldsymbol{u} /\!/ (\boldsymbol{b}^1 \times \boldsymbol{b}^2)$。设 $\boldsymbol{u} = \dfrac{\boldsymbol{b}^1 \times \boldsymbol{b}^2}{|\boldsymbol{b}^1 \times \boldsymbol{b}^2|}$，因

$$P \times u = \frac{P \times (b^1 \times b^2)}{|b^1 \times b^2|} = \frac{b^1(P \cdot b^2) - b^2(P \cdot b^1)}{|b^1 \times b^2|} \tag{2-37}$$

又由式(2-15)，得

$$b^1(N^1 \cdot P) + b^2(N^2 \cdot P) = \frac{b^1(b^2 \cdot P) - b^2(b^1 \cdot P)}{|b^1 \times b^2|} \tag{2-38}$$

式(2-38) 对任何取向的 P 都成立，所以 N^1 一定是 $\dfrac{b^2}{|b^1 \times b^2|}$ 矢量在界面上的分量，N^2 一定是 $-\dfrac{b^1}{|b^1 \times b^2|}$ 矢量在界面上的分量，即

$$\left. \begin{array}{l} N^1 = \dfrac{b^2 - (v \cdot b^2)v}{|b^1 \times b^2|} \\[3mm] N^2 = -\dfrac{b^1 - (v \cdot b^1)v}{|b^1 \times b^2|} \end{array} \right\} \tag{2-39}$$

从式(2-10b) 和式(2-39) 可知，ξ^1 和 ξ^2 分别与 $b^2 \times v$ 和 $v \times b^1$ 的方向一致，这两组位错相交构成如图 2-9 所示的网络形式。

设这两组位错的密度分别为 ρ_1 和 ρ_2，以 $v \times b^1$ 点乘式(2-39) 中的 N^1，得

$$(v \times b^1) \cdot N^1 = (v \times b^1) \cdot \frac{b^2 - (v \cdot b^2)v}{|b^1 \times b^2|} = \frac{v \cdot (b^1 \times b^2)}{|b^1 \times b^2|} \tag{2-40a}$$

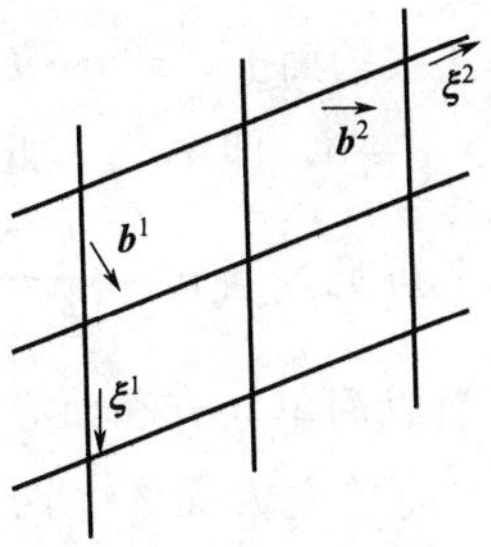

因 ξ^2 与 $v \times b^1$ 方向相同，式(2-40a) 左端为

$$(v \times b^1) \cdot N^1 = |v \times b^1| \xi^2 \cdot N^1 \tag{2-40b}$$

图 2-9　$u /\!/ (b^1 \times b^2)$ 情况下，晶界上两组位错构成的位错网络

将式(2-7) 和式(2-8) 代入式(2-40b)，得

$$\begin{aligned} (v \times b^1) \cdot N^1 &= N^1 |v \times b^1| \xi^2 \cdot (v \times \xi^1) = N^1 |v \times b^1| v \cdot (\xi^1 \times \xi^2) \\ &= N^1 |v \times b^1| \| \xi^1 \times \xi^2| \end{aligned} \tag{2-41}$$

由式(2-40a) 和式(2-41)，得

$$\left. \begin{array}{l} N^1 = \dfrac{v \cdot (b^1 \times b^2)}{|v \times b^1| \| b^1 \times b^2 \| \xi^1 \times \xi^2|} \\[3mm] \rho_1 = N^1 \theta \end{array} \right\} \tag{2-42}$$

同理可求得

$$\left. \begin{array}{l} N^2 = \dfrac{v \cdot (b^1 \times b^2)}{|v \times b^2| \| b^1 \times b^2 \| \xi^1 \times \xi^2|} \\[3mm] \rho_2 = N^2 \theta \end{array} \right\} \tag{2-43}$$

如果给定 v 和 θ，并知道 b^1 和 b^2，就可确定晶界上位错的排列。

若晶界仅由位错滑移构成，两组位错滑移面法线的单位矢量分别是 q^1 和 q^2，位错线在晶界与滑移面的交线上，即平行于 $v \times q$，故有如下关系

$$(q^1 \times v) \cdot N^1 = (q^2 \times v) \cdot N^2 = 0 \tag{2-44}$$

将式(2-39) 代入式(2-44)，得

$$\left. \begin{array}{l} (q^1 \times v) \cdot b^2 = 0 \\ (q^2 \times v) \cdot b^1 = 0 \end{array} \right\} \tag{2-45}$$

即
$$
\left.\begin{array}{l}
\boldsymbol{v}\cdot(\boldsymbol{b}^2\times\boldsymbol{q}^1)=0\\
\boldsymbol{v}\cdot(\boldsymbol{b}^1\times\boldsymbol{q}^2)=0
\end{array}\right\} \tag{2-46}
$$

根据式（2-46）分析晶界取向可能存在的情况。

若 $\boldsymbol{b}^1\times\boldsymbol{q}^2$ 与 $\boldsymbol{b}^2\times\boldsymbol{q}^1$ 不平行，晶界取向是唯一的，即 $\boldsymbol{v}/\!/(\boldsymbol{b}^1\times\boldsymbol{q}^2)\times(\boldsymbol{b}^2\times\boldsymbol{q}^1)$。

若 $(\boldsymbol{b}^1\times\boldsymbol{q}^2)/\!/(\boldsymbol{b}^2\times\boldsymbol{q}^1)$，$\boldsymbol{q}^1$、$\boldsymbol{q}^2$、$\boldsymbol{b}^1$ 和 $\boldsymbol{b}^2$ 四个矢量是共面的，因此 $\boldsymbol{b}^1\times\boldsymbol{q}^2$、$\boldsymbol{b}^2\times\boldsymbol{q}^1$ 和 $\boldsymbol{b}^1\times\boldsymbol{b}^2$ 相互平行。根据式（2-46）可知，$\boldsymbol{v}\cdot(\boldsymbol{b}^1\times\boldsymbol{b}^2)=0$，且 $\boldsymbol{u}/\!/(\boldsymbol{b}^1\times\boldsymbol{b}^2)$，这表明 $\boldsymbol{b}^1\times\boldsymbol{b}^2$ 和 $\boldsymbol{u}$ 都在晶界上。这与前面描述的 $\boldsymbol{u}\times(\boldsymbol{b}^1\times\boldsymbol{b}^2)\perp\boldsymbol{P}$ 情况一样，即 $\boldsymbol{q}^1\times\boldsymbol{q}^2$ 和 $\boldsymbol{b}^1\times\boldsymbol{b}^2$ 共线，以 $\boldsymbol{b}^1\times\boldsymbol{b}^2$ 为晶带轴的面都可能是晶界，此时形成了非对称倾转晶界。

若 $\boldsymbol{b}^1/\!/\boldsymbol{q}^2$，因 $\boldsymbol{b}^1$ 在第一组位错的滑移面上，所以两个滑移面相互垂直。式（2-46）给出的限制条件只有一个，即 $\boldsymbol{v}\cdot(\boldsymbol{b}^2\times\boldsymbol{q}^1)=0$。

若 $\boldsymbol{b}^1\times\boldsymbol{q}^2=\boldsymbol{b}^2\times\boldsymbol{q}^1=0$，晶界任何取向都是可能的。

若两组位错的滑移面相同，即 $\boldsymbol{q}^1=\boldsymbol{q}^2=\boldsymbol{q}$。由于滑移面由位错线及其柏氏矢量构成，且 $\boldsymbol{b}^1$ 和 $\boldsymbol{b}^2$ 互不平行，因此由 $\boldsymbol{b}^1$ 和 $\boldsymbol{b}^2$ 所构成的平面即为滑移面，也就是说，$\boldsymbol{b}^1$ 和 $\boldsymbol{b}^2$ 共存在以 $\boldsymbol{q}$ 为法线的面上，即 $\boldsymbol{q}\cdot\boldsymbol{b}^1=\boldsymbol{q}\cdot\boldsymbol{b}^2=0$。由式（2-45）可知，$(\boldsymbol{q}\times\boldsymbol{v})\cdot\boldsymbol{b}^2=(\boldsymbol{q}\times\boldsymbol{v})\cdot\boldsymbol{b}^1=0$，因此 $\boldsymbol{q}\times\boldsymbol{v}=0$，即 $\boldsymbol{v}/\!/\boldsymbol{q}$，此时两组位错的滑移面就是晶界面。

从上可见，当 $\boldsymbol{u}=\dfrac{\boldsymbol{b}^1\times\boldsymbol{b}^2}{|\boldsymbol{b}^1\times\boldsymbol{b}^2|}$ 时，晶界位置 $\boldsymbol{v}$ 不能唯一确定。

下面以简单立方和面心立方晶体为例，讨论 $\boldsymbol{u}/\!/(\boldsymbol{b}^1\times\boldsymbol{b}^2)$ 且晶界含二组位错时的结构。

ⅰ. 简单立方晶体。两组位错线的柏氏矢量互不平行，设 $\boldsymbol{b}^1=[010]a$，$\boldsymbol{b}^2=[001]a$，根据 $\boldsymbol{u}/\!/(\boldsymbol{b}^1\times\boldsymbol{b}^2)$，则 $\boldsymbol{u}/\!/[100]$。第一组位错线的滑移面为（100）或（001）面，第二组位错线的滑移面为（100）或（010）面。因此 $\boldsymbol{b}^1\times\boldsymbol{q}^2=a[010]\times[100]=a[001]$ 或 $\boldsymbol{b}^1\times\boldsymbol{q}^2=a[010]\times[010]=0$，$\boldsymbol{b}^2\times\boldsymbol{q}^1=a[001]\times[100]=a[010]$ 或 $\boldsymbol{b}^2\times\boldsymbol{q}^1=a[001]\times[001]=0$。

图 2-10 $\boldsymbol{u}/\!/(\boldsymbol{b}^1\times\boldsymbol{b}^2)$ 情况下，简单立方结构晶体中由两组纯螺型位错构成的纯扭转晶界

当 $\boldsymbol{b}^1\times\boldsymbol{q}^2=a[001]$ 和 $\boldsymbol{b}^2\times\boldsymbol{q}^1=a[010]$ 时，晶界取向唯一，根据 $\boldsymbol{v}/\!/(\boldsymbol{b}^1\times\boldsymbol{q}^2)\times(\boldsymbol{b}^2\times\boldsymbol{q}^1)$，则 $\boldsymbol{v}/\!/[001]\times[010]=[100]$，即晶界面为（100）面，此晶界面也是两组位错的滑移面。$\boldsymbol{\xi}^1$ 为 $[010]$（$\boldsymbol{b}^2\times\boldsymbol{v}=[001]a\times[100]=a[010]$）方向，$\boldsymbol{\xi}^2$ 为 $[001]$（$\boldsymbol{v}\times\boldsymbol{b}^1=[100]\times a[010]=a[001]$）方向，此晶界面是由两组纯螺型位错构成的纯扭转晶界，如图 2-10 所示。

设这两组位错的密度分别为 ρ_1 和 ρ_2，根据式（2-42）和式（2-43），有

$$
\left.\begin{array}{l}
N^1=\dfrac{\boldsymbol{v}\cdot(\boldsymbol{b}^1\times\boldsymbol{b}^2)}{|\boldsymbol{v}\times\boldsymbol{b}^1\|\boldsymbol{b}^1\times\boldsymbol{b}^2\|\boldsymbol{\xi}^1\times\boldsymbol{\xi}^2|}\\[2mm]
\quad=\dfrac{[100]\cdot(a[010]\times a[001])}{|[100]\times a[010]\|a[010]\times a[001]\|[010]\times[001]|}=\dfrac{1}{a}\\[2mm]
\rho_1=N^1\theta=\dfrac{\theta}{a}
\end{array}\right\} \tag{2-47}
$$

$$
\left.
\begin{aligned}
N^2 &= \frac{\boldsymbol{v}\cdot(\boldsymbol{b}^1\times\boldsymbol{b}^2)}{|\,\boldsymbol{v}\times\boldsymbol{b}^2\|\boldsymbol{b}^1\times\boldsymbol{b}^2\|\boldsymbol{\xi}^1\times\boldsymbol{\xi}^2|}\\
&= \frac{[100]\cdot(a[010]\times a[001])}{|\,[100]\times a[001]\|a[010]\times a[001]\|[010]\times[001]|}=\frac{1}{a}\\
\rho_2 &= N^2\theta=\frac{\theta}{a}
\end{aligned}
\right\}
\tag{2-48}
$$

若 $\boldsymbol{b}^1\times\boldsymbol{q}^2=a[001]$，$\boldsymbol{b}^2\times\boldsymbol{q}^1=0$（或 $\boldsymbol{b}^2\times\boldsymbol{q}^1=a[010]$，$\boldsymbol{b}^1\times\boldsymbol{q}^2=0$），这时两个滑移面是相互垂直的。式(2-46)给出的限制条件只有一个，即 $\boldsymbol{v}\cdot[001]=0$（或 $\boldsymbol{v}\cdot[010]=0$），晶界面为 $(hk0)$［或$(h0l)$］面。

若 $\boldsymbol{b}^1\times\boldsymbol{q}^2=0$，同时 $\boldsymbol{b}^2\times\boldsymbol{q}^1=0$，则晶界面任何取向都是可能的。

ⅱ. 面心立方结构晶体。若两组位错的柏氏矢量垂直，如 $\boldsymbol{b}^1=\dfrac{a[110]}{2}$，$\boldsymbol{b}^2=\dfrac{a[1\bar10]}{2}$。由 $\boldsymbol{u}/\!/(\boldsymbol{b}^1\times\boldsymbol{b}^2)$，知 $\boldsymbol{u}/\!/[00\bar1]$。第一组位错线的滑移面为 $(1\bar11)$ 或 $(\bar111)$，第二组位错线的滑移面为 (111) 或 $(11\bar1)$。因此

$$\boldsymbol{b}^1\times\boldsymbol{q}^2=\frac{a[110]}{2}\times\frac{[1\bar11]}{\sqrt3}=\frac{a[1\bar10]}{2\sqrt3}\ 或\ \boldsymbol{b}^1\times\boldsymbol{q}^2=\frac{a[110]}{2}\times\frac{[11\bar1]}{\sqrt3}=\frac{a[\bar110]}{2\sqrt3},$$

$$\boldsymbol{b}^2\times\boldsymbol{q}^1=\frac{a[1\bar10]}{2}\times\frac{[1\bar11]}{\sqrt3}=\frac{a[\bar1\,\bar10]}{2\sqrt3}\ 或\ \boldsymbol{b}^2\times\boldsymbol{q}^1=\frac{a[1\bar10]}{2}\times\frac{[\bar111]}{\sqrt3}=\frac{a[\bar1\,\bar10]}{2\sqrt3}$$

在上面四种情况下，$\boldsymbol{b}^1\times\boldsymbol{q}^2$ 与 $\boldsymbol{b}^2\times\boldsymbol{q}^1$ 皆非共线，则晶界 $\boldsymbol{v}/\!/(\boldsymbol{b}^1\times\boldsymbol{q}^2)\times(\boldsymbol{b}^2\times\boldsymbol{q}^1)$，如 $\boldsymbol{b}^1\times\boldsymbol{q}^2=\dfrac{a[1\bar10]}{2\sqrt3}$，$\boldsymbol{b}^2\times\boldsymbol{q}^1=\dfrac{a[\bar1\,\bar10]}{2\sqrt3}$，则 $\boldsymbol{v}/\!/[00\bar1]$，即晶界面为 (001) 面。由于 $\boldsymbol{\xi}^1$ 和 $\boldsymbol{\xi}^2$ 的方向分别为 $\boldsymbol{b}^2\times\boldsymbol{v}$ 和 $\boldsymbol{v}\times\boldsymbol{b}^1$，故 $\boldsymbol{\xi}^1$ 与 $\boldsymbol{\xi}^2$ 分别为 $[110]$ 和 $[1\bar10]$ 方向。此时两组位错为螺型位错，但它们是从不同的滑移面滑移到晶界上。

若两组位错的柏氏矢量夹角为 $120°$，如 $\boldsymbol{b}^1=\dfrac{a[1\bar10]}{2}$，$\boldsymbol{b}^2=\dfrac{a[01\bar1]}{2}$，则 $\boldsymbol{b}^1\times\boldsymbol{b}^2=\dfrac{a^2[111]}{4}$。由 $\boldsymbol{u}/\!/(\boldsymbol{b}^1\times\boldsymbol{b}^2)$，知 $\boldsymbol{u}/\!/[111]$。第一组位错线的滑移面为 (111) 或 $(11\bar1)$，第二组位错线的滑移面为 (111) 或 $(\bar111)$。因此 $\boldsymbol{b}^1\times\boldsymbol{q}^2=\dfrac{a[1\bar10]}{2}\times\dfrac{[111]}{\sqrt3}=\dfrac{a[\bar1\,\bar12]}{2\sqrt3}$ 或 $\boldsymbol{b}^1\times\boldsymbol{q}^2=\dfrac{a[1\bar10]}{2}\times\dfrac{[\bar111]}{\sqrt3}=\dfrac{a[\bar1\,\bar10]}{2\sqrt3}$，$\boldsymbol{b}^2\times\boldsymbol{q}^1=\dfrac{a[01\bar1]}{2}\times\dfrac{[111]}{\sqrt3}=\dfrac{a[2\bar1\,\bar1]}{2\sqrt3}$ 或 $\boldsymbol{b}^2\times\boldsymbol{q}^1=\dfrac{a[01\bar1]}{2}\times\dfrac{[11\bar1]}{\sqrt3}=\dfrac{a[0\bar1\,\bar1]}{2\sqrt3}$

$\boldsymbol{b}^1\times\boldsymbol{q}^2$ 与 $\boldsymbol{b}^2\times\boldsymbol{q}^1$ 皆非共线，则晶界 $\boldsymbol{v}/\!/(\boldsymbol{b}^1\times\boldsymbol{q}^2)\times(\boldsymbol{b}^2\times\boldsymbol{q}^1)$。

当两组位错线的滑移面不同，如 $\boldsymbol{b}^1\times\boldsymbol{q}^2=\dfrac{a[\bar1\,\bar12]}{2\sqrt3}$，$\boldsymbol{b}^2\times\boldsymbol{q}^1=\dfrac{a[0\bar1\,\bar1]}{2\sqrt3}$，则 $\boldsymbol{v}/\!/[3\bar1\bar1]$，即晶界面为 $(3\bar1\bar1)$ 面，且 $\boldsymbol{\xi}^1$ 与 $\boldsymbol{\xi}^2$ 分别为 $[01\bar1]$ 和 $[11\bar2]$ 方向。

若两组位错线的滑移面都为 (111) 面，$\boldsymbol{b}^1\times\boldsymbol{q}^2=\dfrac{a[\bar1\,\bar12]}{2\sqrt3}$，$\boldsymbol{b}^2\times\boldsymbol{q}^1=\dfrac{a[2\bar1\,\bar1]}{2\sqrt3}$，则 $\boldsymbol{v}/\!/[111]$，即晶界面为 (111) 面，$\boldsymbol{\xi}^1$ 与 $\boldsymbol{\xi}^2$ 分别为 $[2\bar1\bar1]$ 和 $[11\bar2]$ 方向。

含三组位错晶界的讨论思路与上面相似。当晶界被认作是由三组位错组成，且 b^i 是三个不共面的矢量，与之相应有三组位错矢量 N^i，从而知道三组位错的方向及其平均距离。须指出的是，虽然通常可以知道三组位错的方向及其平均距离，但并不能确切了解位错是怎样分布的，如第一组与第二组位错的距离。此外，位错模型具有任何晶界结构几何理论的共同不足之处，即不能给出任何关于位错核心处原子排列的情况。

以上讨论了小角晶界的位错模型，这个模型仅适用于小的 θ 值。这是由于在推导中所用的弹性理论要求以小形变量为前提；另外，在分析过程中，假设应力场是线性叠加的，这在位错核心处是不成立的。总之，当 θ 值增大时，位错模型将失去其理论依据。同时，位错的交叠也使这个模型失去其原有的物理意义。

2.3.3 小角晶界能

晶界能是描述晶界特征的一个重要参量，因此一个成功的晶界结构模型必须同时也能预测晶界能。关于晶界能与取向关系的第一个理论是 Read 和 Shockley 对小角晶界提出的[5]。认为晶界能是由晶界长程应变场的弹性能和晶界狭小区域内原子相互作用的核心能组成的。在小角晶界中，晶界应变场的弹性能占主导，而应变场又是由组成晶界的点阵位错阵列造成的。

已知位错间距为 D，忽略位错引起的熵变，对于对称倾转晶界，单位晶界面积的位错数为 $\dfrac{1}{D}$，则小角晶界界面能为

$$\gamma = \frac{1}{D}\left[\frac{Gb^2}{4\pi(1-\nu)}\ln\frac{R}{r_\circ}+E_C\right] \tag{2-49}$$

式中　G——剪切模量；

　　　ν——泊松比；

　　　E_C——刃型位错中心部分因错排引起的核心能；

　　　R——位错弹性应力场涉及的距离；

　　　$r_\circ$——位错中心区的半径。

根据 $D=\dfrac{b}{\theta}$，取 $R=D$，$r_\circ=b$，代入式(2-49)，得

$$\gamma = \frac{Gb\theta}{4\pi(1-\nu)}\ln\frac{1}{\theta}+\frac{\theta}{b}E_C=\gamma_\circ\theta(A-\ln\theta) \tag{2-50}$$

式中，$\gamma_\circ=\dfrac{Gb}{4\pi(1-\nu)}$；$A=\dfrac{4\pi(1-\nu)}{Gb^2}E_C$。

同理，亦可将扭转晶界写成式（2-50）的形式，此时位错线的间距虽仍为 D，但单位晶界面积的位错数为 $\dfrac{2\theta}{b}$，所以式(2-50)中的 $\gamma_\circ=\dfrac{Gb}{2\pi}$，$A=\dfrac{4\pi}{Gb^2}E_C$。

图 2-11 所示为铜不同类型晶界面的晶界能，当 θ 较小时，晶界能随 θ 的增大而提高，这与位错数目的增多有关。但随着位错数目的增多，相应地也引起畸变区域变狭，故晶界能有降低的倾向。总的来看，当 θ 达到一定值后，将出现一极大值。若 θ 再

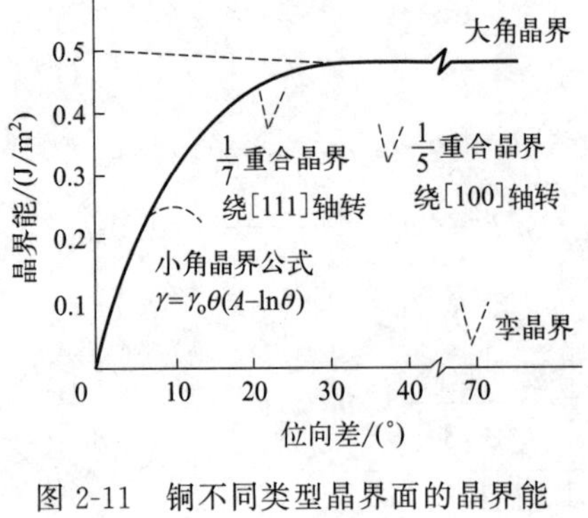

图 2-11　铜不同类型晶界面的晶界能

增大，位错密度提高使得弹性应力场高次项的影响、位错核心的影响以及晶界两边晶内形变的影响等逐渐变得不能忽略不计。因此，式(2-50) 仅适用于小角晶界，一般指 15°以内。另外，当温度较高时，应考虑晶界自由能的变化。

2.3.4　小角晶界对高温单晶合金力学性能的影响

高温合金作为一种应用于航空、航天、石化、能源和舰船等领域的重要材料，一直备受业界关注，并成为衡量一个国家材料发展水平的重要因素之一。目前高温合金主要有镍基、铁基和钴基三类高温合金。在高温合金的发展过程中，单晶高温合金因其具有良好的高温强度、抗氧化、抗腐蚀、抗疲劳、抗蠕变、抗断裂以及组织稳定性，被广泛应用于航空发动机和工业燃气轮机叶片等实际工程领域。

采用定向凝固工艺制备单晶高温合金的过程中，铸件内部容易产生小角度晶界（LAGB），这将对铸件的力学性能产生影响。郝红全等[6] 采用金相法和电子背散射衍射（EBSD）技术等手段对<001>取向的单晶高温合金试棒的凝固组织及晶体取向进行研究发现，随着凝固的进行，在主枝晶干沿生长方向与模壳相分离的位置有 LAGB 形成；LAGB形成后，铸件<001>晶体取向与试棒轴向之间的偏离角度逐渐增大。凝固过程中固液界面位置温度梯度方向与铸件主枝晶干生长方向之间偏离角度逐渐增大是 LAGB 形成的主要原因，保持严格垂直的温度梯度可以有效控制此类 LAGB 的形成。

目前，大量采用单晶高温合金研制与生产先进航空发动机涡轮工作叶片。由于叶片形状和凝固过程的复杂性等原因，在单晶叶片中难以完全避免小角度晶界缺陷。在实际应用中，单晶高温合金叶片允许存在小于一定角度的小角度晶界，但晶界结构随着晶界角度、温度的变化而发生改变，由此影响晶界扩散等性能。赵金乾等[7] 在研究小角晶界对 [001] 取向DD6 合金持久性能影响时发现，带有小角晶界合金的持久性能低于 [001] 取向 DD6 合金，并且随着晶界角度的增大，持久性能明显降低；晶界角度较小时，与 [001] 取向相比，800℃下带有小角度晶界合金的持久性能明显较低；而在 850℃ 和 900℃ 条件下，尽管带有小角度晶界合金的持久性能较低，但数值与 [001] 取向的性能相差不大，表明随着温度的升高，小角度晶界对持久性能的影响减弱。该合金的高周疲劳性能研究表明，带有 9°小角晶界合金的高周疲劳极限比 [001] 取向合金的稍有降低，且疲劳裂纹萌生于试样表面或亚表面，而不在晶界处形成[8]。

2.4　大角晶界

从能量角度来看，希望晶界有较低的能量。晶界上的原子排布与两侧晶粒原子排布偏离越小，它的能量越低。因此，首先从晶体几何学角度寻找两点阵可能匹配好的位置。

2.4.1　晶体学几何模型

(1) 重合 (相符) 位置点阵 (CSL)[2-3,9]

设想两相同晶体点阵 L_1 和 L_2 开始时位向相同，彼此贯穿。然后将其中一个点阵绕公共轴 $[uvw]$ 相对旋转 θ 角度。当 θ 取某些特定值时，两点阵中的一部分阵点重合，由这些重合阵点所组成的点阵就是重合位置点阵（CSL），如图 2-12 所示。CSL 的阵点相对于 L_1和 L_2 是没有畸变的位置，也就是最佳匹配的位置。

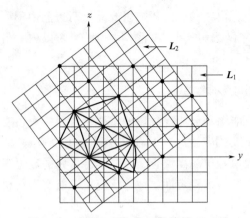

图 2-12 点阵 L_2 绕 [100] 旋转 $36.87°$
与点阵 L_1 形成的二维 CSL 点阵

CSL 单晶胞与实际点阵单胞体积之比称为 Σ（对于立方点阵，只取奇数），它的倒数代表两个点阵重合点的密度，即实际点阵中每 Σ 个阵点有 1 个阵点重合。Σ 越低，两个穿插点阵重合的阵点频率越高。

两个点阵获得 CSL 的转动变换必须把 L_1 点阵的 $\frac{1}{\Sigma}$ 阵点位置（它们的坐标是整数）转到点阵 L_2 中去。因为旋转变换是正交变换，变换矩阵由三个相互正交的单位矢量组成（即矩阵中任一行或任两列的标乘为 0，矩阵的行列式值等于 1）。现把奇数 Σ 的平方分解为三个没有公因子的 n_1、n_2、n_3 的平方之和，即

$$\Sigma^2 = n_1^2 + n_2^2 + n_3^2 \tag{2-51}$$

两端除以 Σ^2，得

$$\left(\frac{n_1}{\Sigma}\right)^2 + \left(\frac{n_2}{\Sigma}\right)^2 + \left(\frac{n_3}{\Sigma}\right)^2 = 1 \tag{2-52}$$

如果 $\frac{n_i}{\Sigma}$ 是坐标数，则式(2-52) 就是单位矢量的平方。由这些矢量可以构成正交矩阵 $\boldsymbol{R}$。如 $\Sigma = 3$，$3^2 = 2^2 + 2^2 + 1^2$，可构造矩阵

$$\boldsymbol{R} = \frac{1}{3} \begin{bmatrix} 2 & -1 & 2 \\ 2 & 2 & -1 \\ -1 & 2 & 2 \end{bmatrix} \tag{2-53}$$

$\Sigma = 5$，$5^2 = 5^2 + 0^2 + 0^2$ 或 $5^2 = 4^2 + 3^2 + 0^2$，可构造矩阵

$$\boldsymbol{R} = \frac{1}{5} \begin{bmatrix} 5 & 0 & 0 \\ 0 & 4 & -3 \\ 0 & 3 & 4 \end{bmatrix} \tag{2-54}$$

$\Sigma = 9$，$9^2 = 8^2 + 4^2 + 1^2$ 或 $9^2 = 4^2 + 4^2 + 7^2$，可构造矩阵

$$\boldsymbol{R} = \frac{1}{9} \begin{bmatrix} 8 & 1 & 4 \\ 1 & 8 & -4 \\ -4 & 4 & 7 \end{bmatrix} \tag{2-55}$$

这个变换矩阵相当于绕 [uvw] 轴转动 θ 角，以 [uvw] 轴转动 θ 的变换矩阵普遍表达式为

$$\boldsymbol{R} = \cos\theta \begin{bmatrix} 1 & 0 & 0 \\ 0 & 1 & 0 \\ 0 & 0 & 1 \end{bmatrix} + (1-\cos\theta) \begin{bmatrix} u'u' & u'v' & u'w' \\ v'u' & v'v' & v'w' \\ w'u' & w'v' & w'w' \end{bmatrix} + \sin\theta \begin{bmatrix} 0 & -w' & v' \\ w' & 0 & -u' \\ -v' & u' & 0 \end{bmatrix} \tag{2-56}$$

式中 u'、v' 和 w'——[uvw]单位矢量的 3 个分量，即

$$u' = \frac{u}{\sqrt{u^2 + v^2 + w^2}}, v' = \frac{v}{\sqrt{u^2 + v^2 + w^2}}, w' = \frac{w}{\sqrt{u^2 + v^2 + w^2}} \tag{2-57}$$

根据已构造的变换矩阵和式(2-56)，列出可解方程，就可以求得 u、v、w 和 θ。

如 $\Sigma=3$，将式(2-53)与式(2-56)联立，得下面 3 个方程

$$
\left.
\begin{aligned}
\cos\theta+(1-\cos\theta)u'^2 &= \frac{2}{3} \quad ① \\
\cos\theta+(1-\cos\theta)v'^2 &= \frac{2}{3} \quad ② \\
\cos\theta+(1-\cos\theta)w'^2 &= \frac{2}{3} \quad ③
\end{aligned}
\right\}
\tag{2-58}
$$

得旋转轴为 [111]。同样，联立式(2-53)与式(2-56)，得下面两个方程

$$
\left.
\begin{aligned}
(1-\cos\theta)u'v'-w'\sin\theta &= -\frac{1}{3} \quad ④ \\
(1-\cos\theta)u'w'+v'\sin\theta &= \frac{2}{3} \quad ⑤
\end{aligned}
\right\}
\tag{2-59}
$$

由方程④和方程⑤相加，得 $(1-\cos\theta)u'^2=\dfrac{1}{6}$，代入方程①，得 $\theta=60°$。因此，简单立方结构晶体绕 [111] 轴旋转 60°可构成 $\Sigma=3$ 的 CSL。

再如 $\Sigma=17$，$17^2=15^2+8^2+0^2=12^2+12^2+1^2=12^2+9^2+8^2$，可构造矩阵

$$
\boldsymbol{R}=\frac{1}{17}
\begin{bmatrix}
17 & 0 & 0 \\
0 & 15 & -8 \\
0 & 8 & 15
\end{bmatrix}
\tag{2-60}
$$

将构造矩阵式(2-60)与式(2-56)联立，得到下面 5 个方程

$$
\left.
\begin{aligned}
\cos\theta+(1-\cos\theta)u'^2 &= 1 \quad ① \\
\cos\theta+(1-\cos\theta)v'^2 &= \frac{15}{17} \quad ② \\
\cos\theta+(1-\cos\theta)w'^2 &= \frac{15}{17} \quad ③ \\
(1-\cos\theta)u'v'-w'\sin\theta &= 0 \quad ④ \\
(1-\cos\theta)u'w'+v'\sin\theta &= 0 \quad ⑤
\end{aligned}
\right\}
\tag{2-61}
$$

由方程②和③可知 $v'=w'$，再将方程④和方程⑤相加，得 $(1-\cos\theta)u'(v'+w')=0$。因为 $\theta\neq0$，由方程①可知 $u'\neq0$，所以 $v'+w'=0$，故 $v'=w'=0$。由方程②或方程③得 $\theta=28.07°$。因此，简单立方点阵绕 [100] 轴旋转 28.07°构成 $\Sigma=17$ 的 CSL，图 2-13 所示为其二维情况。

附录Ⅲ列出了立方晶系一些不同 Σ 值的 CSL 转换矩阵[2-3]。

最初，人们把 CSL 的物理意义理解为占据重合位置的原子具有良好的原子匹配环境，这是由于它们同时为两个晶体所有。因此，重合位置的密度越高，晶界处原子间的匹配越好，晶界的核心能也就越低。此外，晶界长程应变场的作用范围相近于晶界结构的周期。这样，晶界的弹性应变能将随 Σ 值的减小和晶界周期的缩短而降低。由于晶界能是晶界核心能与弹性应变能的叠加，

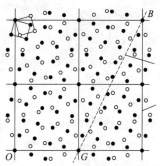

图 2-13　立方点阵绕 [100] 旋转 28.07°构成的 $\Sigma=17$ 的二维 CSL

由此晶界能也就随着重合位置阵点密度的增加而降低。但是实验观察及计算机模拟研究表明，在许多晶界中存在有偏离重合位置阵点的上下两晶体的相对位移。虽然这种位移并不破坏晶界的周期性，但否定了原子占据重合位置阵点必须具有最低能量的假设。事实上，这种上下晶体之间的相对位移可以大大降低晶界能，此时晶界原子的重合位置不复存在。

虽然 CSL 模型不能任意推广到与能量有关的晶界性能研究中去，但对人们从几何上理解晶界结构的周期性是有意义的，同时它也是计算机原子模拟晶界结构时构造初始态结构的基础。

（2）O 点阵（O-lattice）[1-3,9]

Bollmann 提出的 O 点阵理论是一种研究点阵几何学的普遍理论，即用几何学的方法来描述互相穿插的点阵中格点的最近邻关系。因此这一理论既适用于晶界，也适用于相界的研究。

以点阵的基矢作为坐标的单位，阵点的坐标为整数，阵点外的任意一点，其坐标由整数和小数两部分组成，整数给出该点所在单胞的位置，也称为外坐标，小数给出所在单胞中的位置，也称为内坐标（0＜内坐标＜1）。O 点是两个晶体中内坐标相同并且在空间位置上重合的点，由这些 O 点构成的点阵称为 O 点阵，如图 2-14 所示。O 点阵的原意是 O 阵点作为从一个晶体点阵转变为另一个晶体点阵的原点（Origin）。另外，O 点阵是两个穿插点阵中匹配最好的位置。两个晶体点阵穿插在任何取向关系下都会找到 O 点阵，而 CSL 只在特殊的取向关系下出现。

显然，CSL 是 O 点阵的子集，即 O 点阵是 CSL 推广的更一般化点阵。

下面推导晶体界面几何理论的基本方程，即 O 点阵基本公式。推导 O 点阵基本公式如图 2-15 所示，假设 L_1 点阵以某一点 O_p（不一定是阵点）作原点，通过均匀线性非退化变换 A 由点阵 L_1 得到点阵 L_2。

由 O_p 点到 L_1 点阵任一阵点 X_1 的矢量 $\boldsymbol{L}_{O_pX_1}$ 变换后成为由 O_p 点到 L_2 点阵的某一阵点 X_2 的矢量 $\boldsymbol{L}_{O_pX_2}$，即 $\boldsymbol{L}_{O_pX_2}=A\boldsymbol{L}_{O_pX_1}$。

$$\boldsymbol{L}_{X_1X_2}=\boldsymbol{L}_{X_1O_p}+\boldsymbol{L}_{O_pX_2}=-A^{-1}\boldsymbol{L}_{O_pX_2}+\boldsymbol{L}_{O_pX_2}=[I-A^{-1}]\boldsymbol{L}_{O_pX_2} \tag{2-62}$$

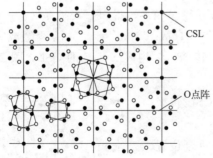
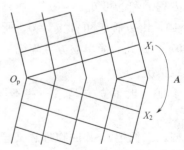

图 2-14　立方点阵绕［001］旋转 28.07°建立起的 O 点阵　　图 2-15　推导 O 点阵基本公式示意图

如果选择一个固定的 X_2 阵点，在 L_1 中任取一阵点 X_1'，则 X_1' 点经过 A 变换到 L_2 中的 X_2 点必然要由另一个原点 O_p' 变换得到，即

$$\boldsymbol{L}_{X_1'X_2}=[I-A^{-1}]\boldsymbol{L}_{O_p'X_2} \tag{2-63}$$

式（2-62）和式（2-63）等号两侧分别相减，得

$$L_{X_1X_1'} = [I - A^{-1}]L_{O_pO_p'} \tag{2-64}$$

式中 $L_{X_1X_1'}$——点阵 L_1 的点阵矢量；

$L_{O_pO_p'}$——O 点阵的点阵矢量。

如果 $L_{X_1X_1'}$ 是 L_1 的最短点阵矢量，即位错的柏氏矢量 $\boldsymbol{b}_i^{(L_1)}$，则 $L_{O_pO_p'}$ 是 O 点阵的基矢 $\boldsymbol{X}_i^{(O)}$。式(2-64) 可写成

$$\boldsymbol{X}_i^{(O)} = (I - A^{-1})^{-1}\boldsymbol{b}_i^{(L_1)} = T^{-1}\boldsymbol{b}_i^{(L_1)} \tag{2-65}$$

式(2-64) 或式(2-65) 就是晶体界面几何理论的基本方程，满足式(2-65) 的条件是 $\det(T) \neq 0$。

以简单立方结构晶体为例，求其 O 点阵基矢量的长度。假如点阵常数 $a = 1$，L_2 点阵的取向是由 L_1 点阵绕 [001] 轴旋转 θ 度得来，则

$$A = \begin{bmatrix} \cos\theta & -\sin\theta & 0 \\ \sin\theta & \cos\theta & 0 \\ 0 & 0 & 1 \end{bmatrix} \tag{2-66}$$

$$I - A^{-1} = \begin{bmatrix} 1-\cos\theta & -\sin\theta & 0 \\ \sin\theta & 1-\cos\theta & 0 \\ 0 & 0 & 0 \end{bmatrix} \tag{2-67}$$

因 $\det(T) \neq 0$，故只讨论二维情况，则

$$(I - A^{-1})^{-1} = \frac{1}{2(1-\cos\theta)} \begin{bmatrix} 1-\cos\theta & \sin\theta \\ -\sin\theta & 1-\cos\theta \end{bmatrix} = \frac{1}{2} \begin{bmatrix} 1 & \cot\dfrac{\theta}{2} \\ -\cot\dfrac{\theta}{2} & 1 \end{bmatrix} \tag{2-68}$$

L_1 点阵的基矢量坐标为 [1，0] 和 [0，1]，根据式(2-65) 求得 O 点阵的基矢量坐标为 $\left[\dfrac{1}{2}，-\dfrac{\cot\dfrac{\theta}{2}}{2}\right]$ 和 $\left[\dfrac{\cot\dfrac{\theta}{2}}{2}，\dfrac{1}{2}\right]$。图 2-16 所示为 L_1 点阵和 O 点阵的关系，O 点阵基矢量的长度为

$$\left[\left(\frac{1}{2}\right)^2 + \left(\frac{\cot\dfrac{\theta}{2}}{2}\right)^2\right]^{\frac{1}{2}} = \frac{1}{2\sin\dfrac{\theta}{2}} \tag{2-69}$$

如图 2-16 所示，O 点阵相当于绕 [001] 轴转动 $-\left(90° - \dfrac{\theta}{2}\right)$ 并垂直旋转轴膨胀 $\dfrac{1}{2\sin\dfrac{\theta}{2}}$ 获得。

从几何角度看，O 点阵的阵点是两个穿插点阵匹配最好的位置。把 O 点阵的阵点用胞壁分割开来，如果界面从 O 点阵的点阵面（特别是密排面）通过，胞的中心界面对两侧原子有良好匹配，其他的不匹配（错配）可以作为位错收纳在胞壁中。O 阵点附近是好区，而分割 O 阵点的胞壁就是坏区。这样的描述，与以前认为晶界是由好区和坏区组成的模型相似。

(3) DSC 点阵[1-3,9]

晶界能与晶界上阵点的几何花样有关，界面的几何花样往往倾向于具有低能量的排布花

样，低能量晶界应具有短周期和对称性。两个晶粒具有某种相对位向，且晶界处于某种位置时，例如通过 CSL 或 O 点阵的密排面或较密排面，就有短周期性和对称性，这样的晶界结构相应有较低的晶界能。如果晶界上的阵点偏离这种低能量排布花样，界面能会提高。对一个位向差稍偏离重合位置的晶界，它可以弛豫成一个由重合位置晶界叠加上一个二次晶界位错网络组成的结构。二次晶界位错的作用就是使得与重合位置晶界这个参考结构的偏离局域化，它们的柏氏矢量就是所谓的 DSC（displacement shift complete）点阵矢量，也称这些位错为 DSC 位错。

DSC 点阵是同时含有两个贯穿点阵的点阵，其点阵矢量由点阵 L_1 和点阵 L_2 的点阵矢量的差矢量构成。把所有差矢量的一端都移到一个共同的原点上，它们就构成了一个新的点阵，完整型位移点阵，即 DSC 点阵，见图 2-17。这样得到的 DSC 点阵，除两点阵中的实际阵点之外，还包含不属于实际阵点的虚阵点。从图可看出，CSL 和贯穿点阵都是 DSC 点阵的超点阵。

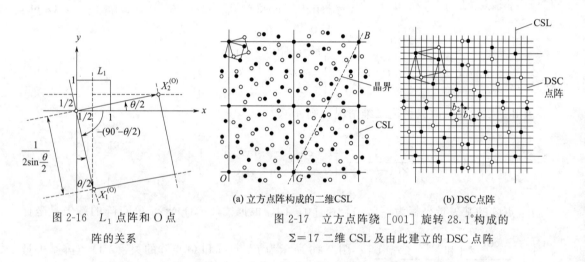

图 2-16　L_1 点阵和 O 点
阵的关系

(a) 立方点阵构成的二维 CSL　　(b) DSC 点阵

图 2-17　立方点阵绕 [001] 旋转 28.1°构成的
$\Sigma=17$ 二维 CSL 及由此建立的 DSC 点阵

当两个实际晶体点阵相对平移任何一个 DSC 基矢量时，界面上原子排列花样不改变，只是花样的原点移动了，这是 DSC 点阵的一个重要性质。另外，在立方系晶体点阵中，DSC 点阵和 CSL 点阵互为倒易点阵：$[DSC][CSL]^{-1}=1$，即界面上原子错配程度增大时，相应 CSL 尺寸增大，而 DSC 点阵尺寸减小。

2.4.2　O 点阵方程的特例——Frank 公式

描述小角晶界位错分布的 Frank 公式，即式(2-6) 是 O 点阵方程的特例，其证明如下。

由式(2-6)，$\boldsymbol{B}^{\perp}=\theta(\boldsymbol{P}\times\boldsymbol{u})$，绕 z 轴转动，即 $\boldsymbol{u}=[001]$，有

$$\boldsymbol{b}_1=-x_2\theta, \boldsymbol{b}_2=x_1\theta, \boldsymbol{b}_3=0 \tag{2-70}$$

即

$$\begin{bmatrix} \boldsymbol{b}_1 \\ \boldsymbol{b}_2 \\ \boldsymbol{b}_3 \end{bmatrix} = \begin{bmatrix} 0 & -\theta & 0 \\ \theta & 0 & 0 \\ 0 & 0 & 0 \end{bmatrix} \begin{bmatrix} x_1 \\ x_2 \\ x_3 \end{bmatrix} \tag{2-71}$$

另一方面，对于围绕 z 的旋转，其变换 A 和 $(I-A^{-1})$ 分别由式(2-66) 和式(2-67) 所示。

由式(2-67) 和 O 点阵方程式(2-64)，得

$$\begin{bmatrix} \boldsymbol{b}_1 \\ \boldsymbol{b}_2 \\ \boldsymbol{b}_3 \end{bmatrix} = \begin{bmatrix} 1-\cos\theta & -\sin\theta & 0 \\ \sin\theta & 1-\cos\theta & 0 \\ 0 & 0 & 0 \end{bmatrix} \begin{bmatrix} x_1^O \\ x_2^O \\ x_3^O \end{bmatrix} \qquad (2\text{-}72)$$

当 θ 很小，$\cos\theta \approx 1$，$\sin\theta \approx \theta$，因此式（2-71）和式（2-72）近似相等，进而证明了小角晶界位错模型是 O 点阵模型的特殊情况。

2.4.3 大角晶界结构的描述

2.4.3.1 O 点阵（包括 CSL）几何模型描述大角晶界结构[2-3]

小角晶界位错模型公式以及 O 点阵基本方程都是以位错来描述界面的结构。描述与理想点阵偏离的被称为初级位错（或原位错），用它们收纳晶界上两晶粒间的不匹配，这些不匹配分布在晶界上两个晶粒匹配良好区域之间。描述与 O 点阵偏离的被称为二级位错（或 DSC 位错），它们的柏氏矢量往往是 DSC 点阵的矢量。这些二级位错的可观察性不能单纯地建立在晶体学的基础上，因为它还依赖于界面上的松弛。

如果两个晶粒间符合某种特殊取向，例如晶界穿过 O 点阵或 CSL 的点阵面，特别是密排面，则两晶粒在晶界处的原子有较好的匹配，晶界的核心能较低，并且晶界长程应变场的作用范围和晶界结构的周期相近。这样，晶界的弹性应变能随 Σ 减小和晶界周期缩短而降低。例如，面心立方点阵以 <100> 为轴转动 36.87° 的对称倾转晶界，晶界就是通过 CSL 点阵的密排面，如图 2-18(a) 所示。图 2-18 中黑点是 CSL，其中 AC 称为阶，AB 称为阶长，BC 为阶高，用阶长表示晶界结构为…333…。显然阶小时，Σ 也小，阶中不接触的原子也少，所以晶界能量也低。

实验观察和计算机模拟研究表明，许多穿过 CSL 密排面的晶界还会产生刚性松弛，即晶界两侧点阵相对平移至能量较低处，如图 2-18(b) 所示。刚性位移后，晶界上的原子为了进一步降低能量还可能作少量局部位置调整，一般称之为原子松弛。经过刚性位移和原子松弛的晶界，严格意义上的重合位置点阵的关系就没有了，但由于此刚性松弛不包括转动，所以取向的同步关系并没有破坏，阶的大小和周期性仍然存在，可以进一步降低晶界能。事实上实验也指出，即使少许偏离特殊晶界取向，有时可达 5° 之多，但一些特殊晶界的性质仍然保留。这就意味着决定晶界特殊性质的条件，并不一定像重合位置点阵模型要求得那么严格。经过重合位置点阵面的晶界好像由一些具有结晶学性质的、周期重复的结构单元所组成。所以后来有人提出了大角晶界的结构单元模型。

若两晶粒的取向确定，晶界两侧的点阵虽然具有同样的对称性，但如果晶界的位置不同，晶界结构也不会一样。例如，两晶体点阵穿插具有如图 2-19 所示的 Σ=17 的 CSL，它们之间的晶界有两种位置：一种是晶界平面 {530}，如图 2-19 中左下方的晶界；另一种是晶界平面 {410}，如图中右上方的晶界。如果用阶长表示左下方的晶界，它的结构可描述为…444…，即每 4 个原子出现一个台阶；而右上方的晶界，它的结构可描述为…212212…，即由 2 个原子台阶加上 1 个原子台阶，再加上 2 个原子台阶作为周期重复排列的。这些晶界也会发生原子松弛。

具有短周期性和对称性的低能量界面通过 CSL（或 O 点阵）的密排面或较密排面，如果出现偏离，界面能就会提高。此时，界面总是引进"DSC 位错"以保持原有低能量。如立方结构点阵绕 [001] 转动 53.1° 形成的对称倾转晶界，晶界结构是…222…，如图 2-20

（a）所示。如两个晶粒取向差偏离 3.1°，即取向差为 50.0°时，为了使晶界面保持低能的结构花样，在晶界上会引入 DSC 位错，这时晶界结构变为…22322…，其中两个 DSC 位错出现在长阶处［见图 2-20(b)］。

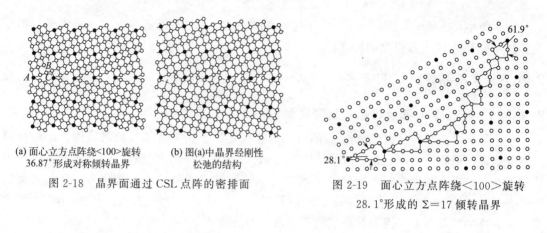

（a）面心立方点阵绕<100>旋转　　　（b）图(a)中晶界经刚性
36.87°形成对称倾转晶界　　　　　松弛的结构

图 2-18　晶界面通过 CSL 点阵的密排面

图 2-19　面心立方点阵绕<100>旋转
28.1°形成的 Σ＝17 倾转晶界

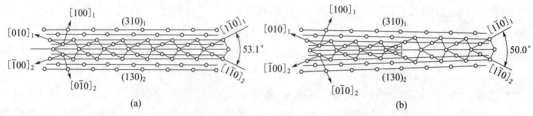

（a）　　　　　　　　　　　　　　　（b）

图 2-20　立方结构点阵绕<001>旋转 53.1°形成的对称倾转
晶界（a）以及取向偏离 3.1°时引入 DSC 位错结构（b）

2.4.3.2　结构单元模型描述大角晶界结构

晶界结构的周期越长，界面两侧匹配程度越差，晶界能越高，因而任何长周期结构的晶界都倾向于分解成一定应变的短周期结构。具有特定原子构造的原子块被称为结构单元，只由一种结构单元连续分布组成的晶界被称为限位晶界。结构单元模型指出，在一定的取向差范围内，一般晶界总是由两种稍变形的结构单元组成，这些结构单元分别来自限定该取向差范围的两个低 Σ 短周期限位晶界。

图 2-21 所示为面心立方点阵以［001］为旋转轴的对称倾转晶界中三种结构单元模型[2-3]，其中图 2-21(a) 是完整晶体 Σ＝1 形成的结构单元 A，纸面为（001）面，图中竖线平行于（110）面，结构单元 A 两侧的取向差为 0°。图 2-21(b) 是 Σ＝5 的 CSL，其阵点为黑点，空圆圈及三角形分别表示两个贯穿点阵的阵点，纸面为（001）面，虚线平行于（210）面。图 2-21(b) 中由黑线勾画的梯形经松弛畸变后变成图 2-21(c) 的四边形结构单元，每个单元以 B 表示。显然，（210）晶界面的结构为…BBB…。图 2-21(d) 是 Σ＝17 对称倾转晶界的松弛结构，平行于（530）面的晶界面由 A 和 B 两个松弛畸变的结构单元组成，晶界结构为…ABBABB…。图 2-21(e) 是 Σ＝37 对称倾转晶界的松弛结构，平行于（750）面的晶界面也由 A 和 B 松弛畸变的结构单元构成，晶界结构为…AABABAABAB…。

对于非对称倾转晶界和扭转晶界，同样可用结构单元描述，不过扭转晶界情况比较复杂，因为扭转晶界中的结构单元呈二维周期分布，这时需引入填充单元来解决结构单元尺寸不同而引起的困难。在 Cu 和 Ni 中发现以［100］为转轴的 Σ＝3、5、7、25 的扭转晶界中

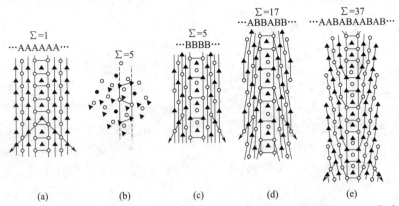

图 2-21　面心立方点阵以［001］轴旋转的对称倾转晶界的结构单元模型[2-3]

都具有三种亚稳结构，Σ 较高的晶界面含有 Σ＝5 晶界面的单元及完整晶体的单元，并且预见和观察到局部二次螺位错的应力场。

结构单元模型的局限性是它仅对用低指数轴（例如＜100＞、＜110＞、＜111＞以及可能还有＜112＞）的纯倾转和纯扭转晶界才有可能有效描述。从理论上看，结构单元模型原则上也可以用于高指数旋转轴的晶界，但实际上它需要的结构单元类型数目很多，以致失去结构单元意义。

晶界结构单元模型和晶界位错模型是相关联和互为补充的。通过晶界附近的应力场分析发现，位错核心总是落在埋入多数单元序列中的少数单元之上，此时的多数单元就是这些位错的参考结构。因此，从结构单元模型可以推断出一个具有物理意义的晶界位错构成，它们既可以是初级位错也可以是二次位错，这取决于参考结构的选择。上述推断的依据便是晶界附近的应变场，可以很好地通过这个位错网络的弹性应力来表示。此外，也有人试图将结构单元模型运用到物理性能的研究中去，考虑任何主要取决于核心原子结构的物理性能，如晶界扩散、核心能等，发现一般晶界的性能也可以从其限位晶界的性能来推断。

2.4.3.3　多面体单元模型描述大角晶界结构[2-3]

把大角晶界上点阵不匹配处看作引入少许多种类型的多面体，每个多面体只含几个原子，多面体数量有限，但在晶界上重复出现，保持界面位向不变。根据 Bernal 关于液态结构硬球模型中的五种"无规密集"多面体及相关多面体的结构（见图 2-22），可以组成对称旋转的转动界面，这种界面结构可由电子计算机模拟。

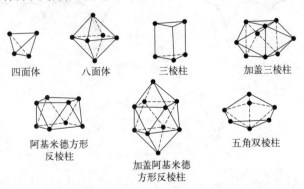

图 2-22　Bernal 多面体形状

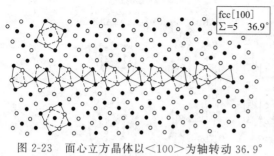

图 2-23　面心立方晶体以＜100＞为轴转动 36.9°
形成 Σ＝5 对称倾转晶界上三棱柱体的堆垛

20 世纪 70～80 年代，对许多大角晶界进行原子模拟研究，在所研究的对称及非对称倾转晶界中，发现有一重要特征，即在晶界处形成多面体群体的堆垛。图 2-23 所示面心立方晶体以＜100＞为轴转动 36.9°形成 Σ＝5 对称倾转晶界上三棱柱体的堆垛。面心立方金属的结构可视为由八面体及四面体排列而成，它的晶界结构是由三棱柱体组成，与晶内明显不同。在以＜100＞、＜111＞、＜112＞为转轴的对称倾转晶界中，也发现了多面体的堆垛，但它们并不是密排堆垛，这是由于沿倾转轴周期性的制约迫使在该方向上原子的间距大于晶体中原子的第一近邻间距，把另一原子塞进多面体内会引起过度膨胀。体心立方结构中以＜100＞、＜110＞轴旋转的对称倾转晶界也有类似的多面体特征堆垛。

由于在晶界处连接两个晶体要求的相容性并不能完全由多面体堆垛来满足，因此，晶界结构不可能完全由多面体组成，即使在低能晶界，仍会存在与多面体结构不同的原子排列。这些位置可能是杂质原子易偏析的位置，所以可以依靠这一模型对晶界偏析作定量分析。另外，多面体堆垛可看作是晶界的匹配良好的"好区"，其他区域是"坏区"。

多面体堆垛模型仅能描述晶界，不可能预测晶界处多面体是如何分布的，以及这种分布是如何随晶粒间取向及界面取向分布而改变的，因而不能像其他模型那样对晶界结构进行数学处理，这是该模型的局限性。

最后需指出，上述各种大角晶界模型对解释一些特殊大角晶界是有效的，但对应用到那些与特殊大角晶界偏离较大或任意大角晶界上还是有争议的。Gleiter 计算发现大角晶界的位错模型仅适用于晶界能与取向关系密切的晶界，而其他晶界由于位错芯过宽，晶界位错非局域化，大角晶界位错模型失去意义。另外，大角晶界模型中忽略了它们的电性。有人将晶界分为非电敏感和电敏感两种，前者的能量与金属的电子结构无关，因此也就与溶质原子无关，而后者正好相反。

图 2-24 显示了纯金属、固溶体以及晶界上有溶质原子偏聚时的晶界能与取向差的关系，由图可知，合金化后 B 尖角的形状和位置发生了改变，有溶质原子偏聚后，不但整个能量

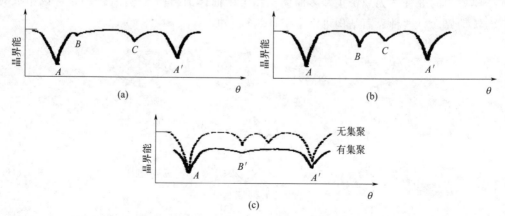

图 2-24　纯金属（a）、固溶体（b）以及晶界上有溶质原子偏聚（c）时的晶界能与取向差关系

水平降低，并且 C 尖角完全消失，B 尖角也变钝了。因此，对金属晶体而言，晶界的电子结构尤为重要。一般 CSL 只考虑晶界的几何关系，故对离子晶体中的近似性较好，而在金属晶体中 Σ 就失去它应有的意义。

2.4.4　晶界位错的模拟及实验观察结果[4,10-11]

界面位错可分为初级位错、DSC 位错、松弛位移位错、阶错、界面旋错、晶界坎、附加位移位错和非全对称晶体的界面缺陷（这两种界面位错见 2.8.3 节）。尽管对界面位错有大量的实验研究，但只有少数利用图像衬度明确地确定了位错柏氏矢量的实例。图 2-25 所示为变形单晶 Cu 在不同温度退火后位错组态的透射电子显微镜（TEM）图像，变形单晶 Cu 经 900℃ 和 1000℃ 退火，大多数位错排列形成位错墙，即小角晶界［见图 2-25(c) 和图 2-25(d)］，且在 1000℃ 退火时，小角晶界的间距增大［见图 2-25(d)］。

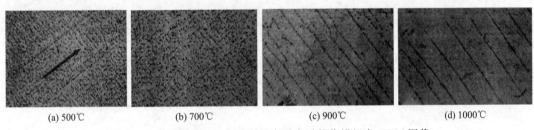

(a) 500℃　　　　(b) 700℃　　　　(c) 900℃　　　　(d) 1000℃

图 2-25　变形单晶 Cu 在不同温度退火后的位错组态 TEM 图像

图 2-26 所示为金中 $\Sigma=5$ 附近某个取向差的（001）扭转晶界的电子显微图像，从中可以看到晶界上正方形网格形状的线衬度。这些线衬度被认为对应于一些位错，即 DSC 螺位错，它们的柏氏矢量是 DSC 点阵的矢量。

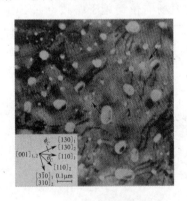

图 2-26　金中 $\Sigma=5$ 附近某个取向差的（001）扭转晶界的电子显微图像

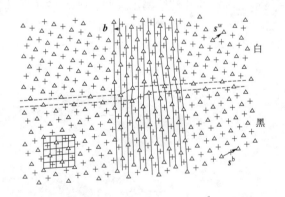

图 2-27　铝中（1$\bar{3}$0）对称倾转晶界上 $\frac{1}{10}$［310］DSC 刃型位错的计算机模拟结果

（△ 和 ＋ 分别表示沿［001］投影方向每个［001］周期中两个（002）面上的原子，黑和白晶体在界面处的最后一个面用虚线画出，（310）面用实线画出，左下角画出了 DSC 点阵，s^w 和 s^b 为台阶矢量，柏氏矢量 $b=s^w-s^b$）

同相界面上都有大量 DSC 位错的实验观察以及计算机模拟结果，图 2-27 所示为铝中（1$\bar{3}$0）对称倾转晶界上 $\frac{1}{10}$［310］DSC 刃型位错的计算机模拟结果。在界面处可以看到高度为

2 倍（$2\bar{6}0$）面间距的台阶，在台阶位置可见位错中心。

　　松弛位移位错来源于刚体位移，而位移的大小和方向由界面松弛过程决定，不能通过晶体学分析预测。刚体位移破坏了初始的重合对称操作，进而产生了这种界面位错。图 2-28 所示为计算机模拟得到的铝中（$1\bar{3}0$）对称倾转晶界上的松弛位移位错，图 2-28（a）中位错没有台阶，其柏氏矢量约为 $\frac{1}{15}[310]$ 刃位，而在图 2-28（b）中，存在一个高度为 2 倍（$2\bar{6}0$）面间距的台阶，其柏氏矢量约为 $\frac{1}{30}[310]$。这些松弛位移位错是通过图 2-27 中的 $\frac{1}{10}[310]$ DSC 位错分解形成，即 $\frac{1}{10}[310]=\frac{1}{15}[310]+\frac{1}{30}[310]$。

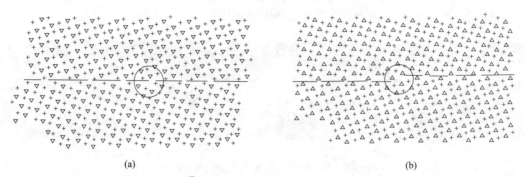

(a)　　　　　　　　　　　　　　　(b)

图 2-28　计算机模拟得到的铝中（$1\bar{3}0$）对称倾转晶界上无台阶（a）和有台阶（b）的松弛位移位错

　　阶错是一种同时具有特定长程应力场（用 Burgers 矢量 b 表示）和高度（h）组合的界面缺陷，其普遍存在于材料内的各类界面中，并影响着界面形变、相变和再结晶过程。图 2-29 显示了阶错的几何结构示意图，若 h 较小，其长程应力场与位错趋于一致，如 FCC 金属中 Σ3 共格孪晶界上的孪晶位错等价于一个 $b=1/6<112>$、$h=d_{111}(d_{111}-\{111\}$ 面间距）的单层阶错；若 h 较大，则还需考虑阶错引起的界面切向旋转位移（即向错）。通常，同一晶界可包含多种不同的阶错构型，如图 2-30 所示。

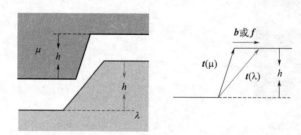

图 2-29　阶错几何结构示意图[10]（μ 和 λ 为相邻的两个晶粒，f-Frank 矢量，t-平移矢量）

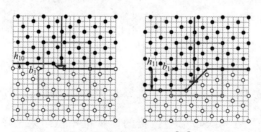

图 2-30　同一晶界具有不同高度 h 的阶错[10]（$h_{10}=a$，$h_{11}=4a$）

旋错即为旋转位错，滑移位错用完美晶体的平移操作表征（柏氏矢量），而旋错用完美晶体的旋转对称操作表征（旋转矢量 ω）。图 2-31 所示为同样的对称倾转晶界分别用位错和旋错表示的结果，其取向差 θ 可用式(2-73) 和式(2-74) 分别求得

$$\theta = \frac{b}{D} \tag{2-73}$$

$$\theta = \frac{2L\omega}{D} \tag{2-74}$$

式中　ω——以两晶粒所含共同方向为轴的转角，即旋错强度，$\omega = \dfrac{b}{2L}$。

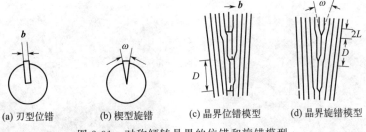

(a) 刃型位错　　　(b) 楔型旋错　　　(c) 晶界位错模型　　(d) 晶界旋错模型

图 2-31　对称倾转晶界的位错和旋错模型

旋错的弹性应变场能量随旋转角和样品尺寸的平方而变化，所以除了旋转角和样品尺寸比较小的情况外，旋错和螺旋位移不容易在界面上出现。

晶界位错属于晶界，并不是普通的晶格位错。晶界位错团聚在一起能够获得晶界坎的几何结构，如图 2-32 所示。图 2-32 中相邻晶粒 A 和 B 的 (111) 面与晶界面相交，图 2-32(a) 所示为晶界位错按箭头所指方向运动，图 2-32(b) 表示晶界位错聚合形成一个晶界坎。图 2-32(c) 和 (d) 所示为晶界坎的另一种形成方式，即在外加拉力作用下，晶格位错从晶粒 A 通过晶界面运动至晶粒 B，位错穿过晶界导致晶界的不均匀剪切，形成晶界坎。

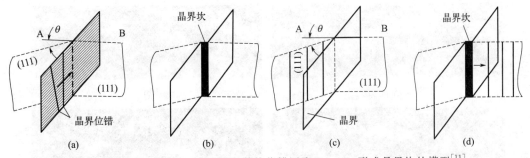

图 2-32　晶界位错团聚（a，b）和晶格位错团聚（c，d）形成晶界坎的模型[11]

晶界坎与晶界位错的区别之一在于其高度，最小的晶界坎对应一个晶界位错。图 2-33 所示为晶界坎和晶界位错的 TEM 形貌，较大的台阶被认为是晶界坎，而线条可被视为晶界位错。

晶界坎是构成大角晶界的一个重要结构特征，且其密度随界面取向差的增大而提高。晶界坎可起有效位错源的作用，这对多晶材料的力学性能有重要影响。

位错阵列的衬度取决于位错的柏氏矢量、位错间距、箔样品厚度、观察角度、TEM 的分辨率和观察倍数等。在一定条件下，可能只观察到稀疏的位错阵列。若改变成像条件，可能在同一样品中观察到更加细密的位错网络。通过对金中大量 [001] 对称倾转晶界的 TEM

观察发现，在整个 90°取向差范围内都可观察到类似位错的应变衬度。这说明对于所有的取向差，晶界面上存在使 Bilby-Frank 公式定义的柏氏矢量密度局域化的作用力，从而形成离散位错。图 2-34 所示为金中取向差为 21.7°且偏离 $\Sigma=13(320)$ 对称倾转晶界 1°以内，从一个偏离法线方向较大的倾转角度方向观察到的晶界面。这个界面上的应变衬度具有两种尺度的分布，细密的衬度来自 $\frac{1}{2}[110]$ 刃位错，它们的间距为 0.77nm，金中这个位错阵列的应变衬度在进入邻接晶体时迅速减弱；图 2-34 中箭头所指的稀疏衬度来自 $\frac{1}{13}[320]$ 位错阵列，这些位错是 $\Sigma=13$ 点阵的 DSC 位错，它们的间距为 7nm。

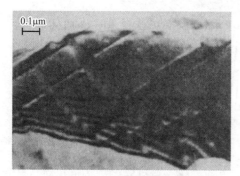

图 2-33　晶界坎和晶界
位错的 TEM 形貌[11]

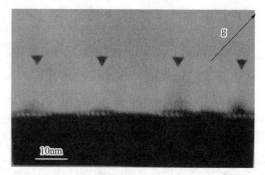

图 2-34　金中 $\Sigma=13(320)$ 附近的
[001] 对称倾转晶界的电子显微图像

界面柏氏矢量密度局域化是界面内松弛过程的结果，而它的来源则超出了 Bilby-Frank 理论的范畴。图 2-35 所示为铝中不同晶界上局域化晶界位错阵列的暗场电子显微图像，约在 $0.96T_m$ 温度以下，在所有的晶界上都观察到了位错阵列，这表明位错芯保持了足够的局域化程度，从而使相应的弹性应变场在电子显微镜中可以产生衬度。

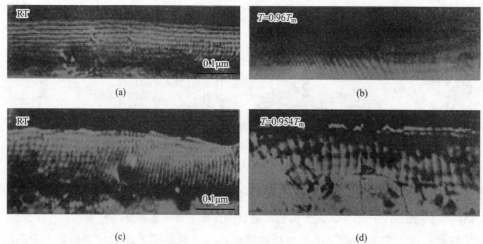

图 2-35　铝中不同晶界上局域化晶界位错阵列的暗场电子显微图像（RT-室温；T_m-熔点）

2.4.5　溶质原子在晶界上的偏聚方式

经典的 McLean 偏聚理论认为，溶质/杂质在界面上的偏聚一般是单层或亚单层的，通常以无序方式偏聚，而且忽略界面原子之间的相互作用，也没有界面结构的转变[12]。这一点已在包括人造双晶和无位错的孪晶界等许多特殊对称倾转晶界上得到证明。在特殊对称的界面上，溶质原子通常偏聚在界面线上或对称分布在界面上。但最近，Xie 等利用球差校正的高角度环形暗场扫描透射电镜研究了 Nd 和 Mn 在 520℃/12h 固溶和随后在室温下压缩 25%的 Mg-2%（质量分数）Nd-1%（质量分数）Mn 合金的线性非对称/对称倾转晶界上的偏聚，发现 Nd/Mn 溶质原子以 4 种方式发生周期性非对称有序偏聚，如图 2-36 所示[13]。这些周期性非对称偏聚主要是由线性倾转晶界两侧局部应变不对称导致的。

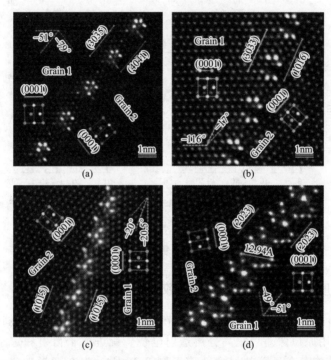

图 2-36　溶质原子在线性非对称/对称倾转晶界上 4 种偏聚方式高角度环形暗场扫描透射电镜图像
（a）溶质在线性非对称倾转晶界上偏聚，倾转角 $\theta_1=51°$，$\theta_2=79°$（第 1 种）；（b）溶质在线性非对称倾转晶界上偏聚，$\theta_1=116°$，$\theta_2=17°$（第 2 种）；（c）溶质在线性对称倾转晶界上偏聚，$\theta_1=20.5°$，$\theta_2=20°$（第 3 种）；（d）溶质在线性对称倾转晶界上偏聚，$\theta_1=51°$，$\theta_2=49°$（第 4 种）（Grain 1-晶粒 1；Grain 2-晶粒 2）

线性晶界是块体材料中最为常见的面缺陷，尤其是金属材料热机械变形过程中经常出现高密度的线性晶界，调控这些晶界的溶质原子偏聚行为为实现金属材料高性能开辟了新的方向。

2.4.6　大角晶界能

对于大角晶界，核心能占晶界能的主要部分，晶界能和取向差 θ 的关系不大，不能用式(2-50)来估算能量。对于特殊取向的晶界，式(2-50)可以描述不均匀分布的初级位错的附加能量。应用重合位置点阵模型，这样的不均匀分布可以定义为在初级位错均匀分布的重合位置上叠加上 DSC 位错。这样，晶界能再不是取向差 θ 的光滑函数，而会出现一些尖谷。γ_{gb}-θ 曲线的尖谷点对应于特殊大角晶界的取向，这与计算的结果一致，如图 2-37 所示。图 2-37(a) 和图 2-37(c) 为计算值，图 2-37(b) 和图 2-37(d) 为测量值。在一些特殊大角晶界取向处不出现晶界能最低尖点与晶界有杂质偏聚密切相关。

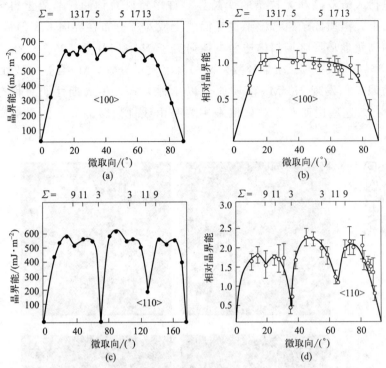

图 2-37　铝中以＜100＞和＜110＞为转轴对称倾转晶界在 650℃下晶界能
的计算值 [(a) 和 (c)] 和测量值 [(b) 和 (d)] 比较[3]

2.4.7　小尺度材料晶界结构的尺寸效应

对块体材料的界面结构可用 2.4.3 节中的大角晶界结构模型进行描述。但近期，Wang 等[14] 利用原位像差校正高分辨透射电镜、旋进电子衍射和定量应变分析，发现小尺度材料界面结构存在显著的尺寸效应。图 2-38 所示为在变形的 10nm 金纳米线中观察到的位错型晶界（d-GB）和结构单元型晶界（s-GB）的像差校正电子显微图像以及定量应变分析结果。图 2-38(a) 中的位错型晶界取向差约为 14.5°，此值处于小角晶界范围，但接近普遍认为的块体金属中大角晶界的临界值（约 15°），因此该晶界由一列位错组成 [见图 2-38(b)]。由于晶界的非对称性引入的应力导致晶界附近的应变，此时用两个基本矢量 $u(u')$ 和 $v(v')$ 之间的夹角 φ 来描述跨过晶界由位错引起的弹性晶格应变 [图 2-38(c) 和图 2-38(d)]。对于位错型晶界，φ 呈现连续光滑的变化 [图 2-38(d)]，而对于取向差为 50.5°的 Σ11(113) 由 C-型结构单元组成的结构单元型晶界 [图 2-38(e) 和图 2-38(f)]，其 φ 呈现突变 [图 2-38(g) 和图 2-38(h)]，这表明结构单元型晶界没有明显的弹性晶格应变。

图 2-39 所示为直径 2nm 金纳米线中晶界结构随取向差角度轻微改变而诱发的晶界结构变化及其定量应变分析。当金纳米线直径为 2nm 时，取向差为 28.6°的大角晶界仍以位错型结构存在。当取向差从 28.6 增到 29°时，大角晶界结构从位错型演变成结构单元型，当取向差再降为 28.3°时，晶界结构又演变成位错型。这表明直径 2nm 的金纳米线的临界取向差角度在 28.6°和 29°之间，微小的取向差角度变化会诱发晶界结构的改变。

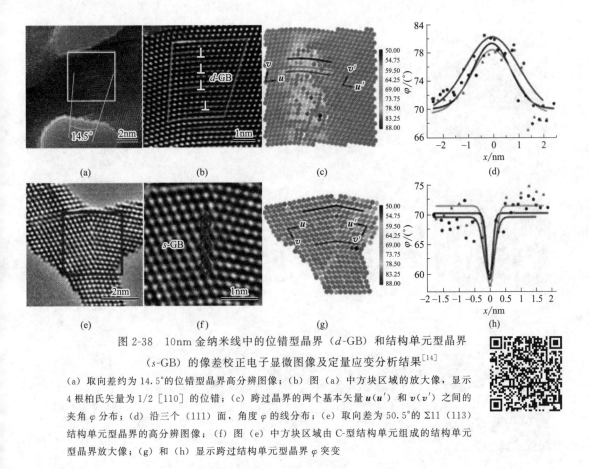

图 2-38　10nm 金纳米线中的位错型晶界（d-GB）和结构单元型晶界
（s-GB）的像差校正电子显微图像及定量应变分析结果[14]

（a）取向差约为 14.5°的位错型晶界高分辨图像；（b）图（a）中方块区域的放大像，显示
4 根柏氏矢量为 1/2 [110] 的位错；（c）跨过晶界的两个基本矢量 $u(u')$ 和 $v(v')$ 之间的
夹角 φ 分布；（d）沿三个（111）面，角度 φ 的线分布；（e）取向差为 50.5°的 Σ11（113）
结构单元型晶界的高分辨图像；（f）图（e）中方块区域由 C-型结构单元组成的结构单元
型晶界放大像；（g）和（h）显示跨过结构单元型晶界 φ 突变

定量应变分析发现，位错型晶界的周围存在明显的弹性应变场，而结构单元型晶界周围
没有，这使得位错型晶界的宽度明显宽于结构单元型，这个特征可以用来区别这两种晶界。
原位像差校正电子显微学研究表明，尺寸效应形成的位错型晶界可以在外加应力作用下以位
错墙滑移的方式进行晶界迁移，从而避免了传统大角晶界的晶界滑移，这有效地提高了纳
米线的力学稳定性。原位透射电镜形变和电学测量结果表明，纳米线中位错型晶界导致
的电阻增加远低于结构单元型晶界，这也提高了纳米线的导电稳定性。这一原子尺度的
原位定量电子显微学研究揭示了超纳米尺度小尺寸金属材料中晶界结构的尺寸效应，这
一效应同时提高了材料的力学及电学稳定性，因而可能为微电子互联以及纳米器件的设
计提供新的思路。

2.4.8　晶界对塑性变形的贡献[10]

首先，晶界作为多晶材料普遍存在的面缺陷，它既可作为缺陷的形核源又会对位错运动
产生阻碍，从而影响金属材料的塑性变形和强度，这也是细晶强化的微观机理，即提高强度
可维持或改善塑性。其次，晶界结构尤其是其动力学行为控制着晶界塑性变形、晶粒长大等
过程，进而影响材料的力学性能和结构稳定性等。当晶粒尺寸减小到纳米级，晶内的
Frank-Read 位错源被抑制，而晶界面积以及晶界原子比例的急剧增加又会激发晶界作为塑
性变形的重要载体参与变形。在纳米材料中，晶内的有限空间难以容纳大量晶格位错的运动

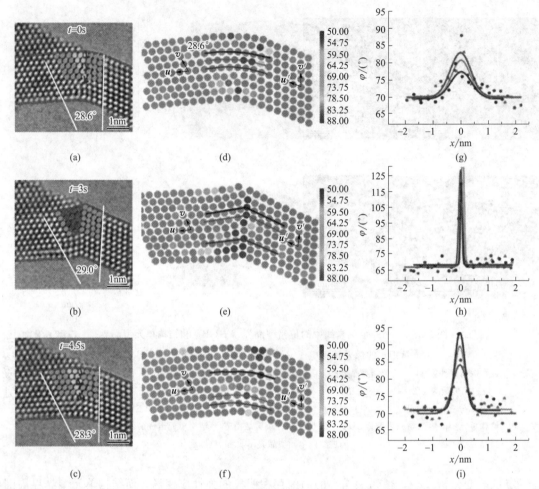

图 2-39 直径 2nm 金纳米线中晶界结构随取向差角度轻微改变而
诱发的晶界结构变化及其定量应变分析[14]

(a)～(c) 分别从位错型到结构型和再返回位错型的晶界结构变化；(d)～(f) 分别为图 (a)～(c) 中
跨过晶界的角度 φ 分布变化；(g)～(i) 分别为图 (d)～(f) 中跨过晶界的角度 φ 线分布

与塞积，而晶界迁移、晶界滑动、晶粒转动和晶粒粗化等诸多晶界变形机制被大量激活，使
得晶界对纳米材料塑性变形贡献愈发显著，诱发快速软化和产生反 Hall-Petch 效应。此外，
晶界相对疏松的结构与较高的界面能会导致合金元素和杂质原子的晶界聚集（见图 2-36 和
图 2-37），改变晶界的局部化学成分、界面结构、相结构和错配度等，从而显著影响材料的
物理和力学性能。近年来，基于晶界的结构特征和变形动力学行为提出了"晶界工程"的概
念（见第 6 章），通过晶界结构的调控和优化，改善了高熔点金属和金属间化合物等材料的
沿晶脆性。

2.5 孪晶界面

孪晶界面是所有晶界中最简单的一种。孪晶是指一个晶体的两部分沿一个公共晶面构成
镜面对称的位向关系。此公共晶面称为孪晶面，在孪晶面上的原子同时位于两个晶体点阵的

结点上，且为孪晶的两部分晶体共有，这种形式的界面称为共格界面。孪晶之间的界面称为孪晶界，孪晶界常常就是孪晶面，即共格孪晶界。但也有孪晶界不与孪晶面相重合的情况，这时称为非共格孪晶界。

2.5.1 孪生的晶体学

孪晶的形成方式有两种：一种是晶体成长时形成的，如自然孪晶；另一种是形变时在适当条件下形成的，如形变孪晶（机械孪晶），产生孪晶的过程称为孪生。

孪生是塑性变形的基本机理之一。下面讨论孪生变形的几何学[15]。球体切变为椭球时的孪晶几何分析如图 2-40 所示。图 2-40 中的 K_1 面代表孪生面，也称为第一不畸变面，孪生面以下的半球不动，而上半球切变形成孪晶，其切变方向为 η_1，也称孪生方向。经过 η_1 且与 K_1 面垂直的面称为切变面，即纸面。切变后，原 OA、OB、OC 晶面分别变为 OA'、OB'、OC' 面。显然大部分晶面不是缩小就是伸长，只有 OC 面变为 OC' 面后仍然保持原样，OC 面为 K_2 面，也称第二不畸变面。K_2 面和切变面的交线为 η_2。K_1、K_2、η_1 和 η_2 称为孪生变形的四要素。

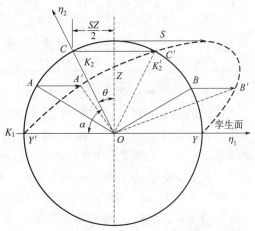

图 2-40　球体切变为椭球时的孪晶几何分析示意图

由图 2-40 可求出孪生的切应变 S。设球体的半径为 1，K_1 和 K_2 面间的夹角为 α，则

$$\tan(90°-\alpha)=\tan\theta=\frac{\frac{SZ}{2}}{Z}=\frac{S}{2} \tag{2-75}$$

得

$$S=2\cot\alpha \tag{2-76}$$

表 2-1 所列为常见金属的孪生要素以及孪生的切应变值。

表 2-1　常见金属的孪生要素及孪生切应变值

金属	晶体结构	c/a 轴比	K_1	K_2	η_1	η_2	S	$(l'/l)_{max}/\%$
Al，Cu，Au，Ni，Ag，γ-Fe	FCC		$\{111\}$	$\{11\bar{1}\}$	$<11\bar{2}>$	$<112>$	0.707	41.4
α-Fe	BCC		$\{112\}$	$\{\bar{1}\,\bar{1}2\}$	$<\bar{1}\,\bar{1}1>$	$<111>$	0.707	41.4
Cd	HCP	1.886	$\{10\bar{1}2\}$	$\{\bar{1}012\}$	$<10\bar{1}\,\bar{1}>$	$<10\bar{1}1>$	0.17	8.9
Zn	HCP	1.856	$\{10\bar{1}2\}$	$\{\bar{1}012\}$	$<10\bar{1}\,\bar{1}>$	$<10\bar{1}1>$	0.139	7.2
Mg	HCP	1.624	$\{10\bar{1}2\}$	$\{\bar{1}012\}$	$<10\bar{1}\,\bar{1}>$	$<10\bar{1}1>$	0.131	6.8
			$\{11\bar{2}1\}$	$\{0001\}$	$<11\bar{2}\,\bar{6}>$	$<11\bar{2}0>$	0.64	37.0

续表

金属	晶体结构	c/a 轴比	K_1	K_2	η_1	η_2	S	$(l'/l)_{max}/\%$
Zr	HCP	1.589	$\{10\bar{1}2\}$	$\{\bar{1}012\}$	$<10\bar{1}\,\bar{1}>$	$<10\bar{1}1>$	0.167	8.7
			$\{11\bar{2}1\}$	$\{0001\}$	$<11\bar{2}\,\bar{6}>$	$<11\bar{2}0>$	0.63	36.3
			$\{11\bar{2}2\}$	$\{11\bar{2}\,\bar{4}\}$	$<11\bar{2}3>$	$<22\bar{4}3>$	0.225	11.9
Ti	HCP	1.587	$\{10\bar{1}2\}$	$\{\bar{1}012\}$	$<10\bar{1}\,\bar{1}>$	$<10\bar{1}1>$	0.167	8.7
			$\{11\bar{2}1\}$	$\{0001\}$	$<11\bar{2}\,\bar{6}>$	$<11\bar{2}0>$	0.638	36.9
			$\{11\bar{2}2\}$	$\{11\bar{2}\,\bar{4}\}$	$<11\bar{2}3>$	$<22\bar{4}3>$	0.225	11.9
Be	HCP	1.568	$\{10\bar{1}2\}$	$\{\bar{1}012\}$	$<10\bar{1}\,\bar{1}>$	$<10\bar{1}1>$	0.199	8.9

对图 2-40 的分析必须考虑晶体的结构[15]。如果 K_1 和 η_2 是有理的晶面和晶向，K_2 和 η_1 不是有理的晶面和晶向，切变后形成的孪晶叫做第一类孪晶，如图 2-41(a) 所显示的，即 K_1 面上的任两个向量 s、t 和 η_2 晶向间的夹角分别与 $-s$、$-t$ 和 η_2' 晶向间的夹角相等。从晶体学看，第一类孪晶位向恰好是未切变部分晶体以垂直 K_1 面的方向为旋转轴旋转 $180°$ 的结果。若 K_2 和 η_1 是有理的晶面和晶向，K_1 和 η_2 不是有理的晶面和晶向，切变后形成的孪晶叫做第二类孪晶，如图 2-41(b) 所示，即 K_2 面上的任两个向量 $\boldsymbol{\varepsilon}$、$\boldsymbol{\delta}$ 和 $-\eta_1$ 晶向间的夹角分别与 $\boldsymbol{\varepsilon}'$、$\boldsymbol{\delta}'$ 和 η_1 晶向间的夹角相等。从晶体学看，第二类孪晶位向恰好相当于以 η_1 为转轴，而把未切变部分晶体旋转 $180°$ 后得到的结果。

如果 K_1 和 K_2 面都是有理面，η_1 和 η_2 方向都是有理方向，那么图 2-41 中的两种操作都符合孪晶位向要求，这类孪晶称为复合孪晶。

第二类孪晶在金属中极为罕见，只有在低对称晶体中出现。金属晶体大多是立方晶系和密排六方晶系，它们具有高的对称性，它们的孪晶属于复合孪晶。

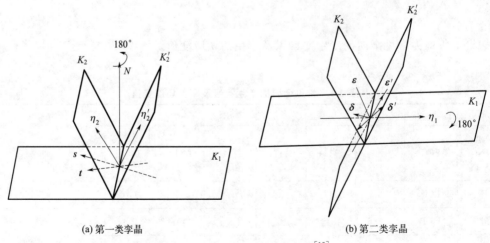

(a) 第一类孪晶　　　　　　　　　　　(b) 第二类孪晶

图 2-41　第一类和第二类孪晶[15]

2.5.2　孪生时的原子移动

因为切面垂直于 K_1 和 K_2 面，且包含 η_1 和 η_2 方向，故从切变面上分析孪生时原子的切动是很方便的。根据 η_1 和 η_2 的方向指数 $[u_1 v_1 w_1]$ 和 $[u_2 v_2 w_2]$，可知切变面的面指数 (hkl) 为

$$\left.\begin{array}{l} h = v_1 w_2 - v_2 w_1 \\ k = w_1 u_2 - w_2 u_1 \\ l = u_1 v_2 - u_2 v_1 \end{array}\right\} \qquad (2\text{-}77)$$

先讨论面心立方（FCC）金属孪生时原子的移动。图 2-42 所示为 FCC 晶体 $(\bar{1}10)$ 面的原子排列以及切变成孪晶的原子排列图。由于（111）面的面间距为 $\dfrac{a}{\sqrt{3}}$，切应变 $S = 2\cot\alpha =$ $2\cot 70.53° = 0.707$，因此距孪生面第一层的（111）原子切动的距离为 $0.707\dfrac{a}{\sqrt{3}} = 0.4082a$，每层（111）原子切动的距离按此数值递增，即第 n 层切动的距离为 $0.4082na$。

FCC 金属材料中不易出现形变孪晶，只有在极低温度或在层错能较低的材料中才会形成形变孪晶，但在退火时易出现孪晶。

体心立方（BCC）结构金属在形变温度较低以及应变速率较大时易形成孪晶。图 2-43 所示为 BCC 晶体 $(\bar{1}10)$ 面原子的排列以及孪生时原子切动形成孪晶的原子排列，（112）孪生面的面间距为 $\dfrac{a}{\sqrt{6}}$，切应变 $S = 2\cot 70.53° = 0.707$，故距孪生面第一层（112）面上的原子切动距离为 $0.707\dfrac{a}{\sqrt{6}} = 0.2886a$，每层（112）原子切动的距离按此数值递增，即第 n 层切动的距离为 $0.2886na$。

密排六方（HCP）结构的金属或合金常产生孪晶。在一个相当宽的温度以及应变速率范围内，孪生和滑移是相互竞争的两种变形方式。

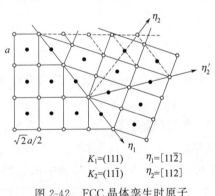

图 2-42　FCC 晶体孪生时原子
的切动［纸面为 $(\bar{1}10)$］

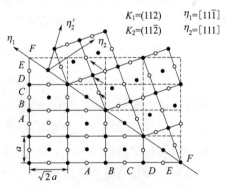

图 2-43　BCC 晶体孪生时原子的
切动［纸面为 $(\bar{1}10)$］

下面分析 HCP 晶体中 $\{10\bar{1}2\}$ 孪晶形成的条件[15]。图 2-44 所示为 $K_1 = (10\bar{1}2)$、$K_2 = (\bar{1}012)$ 时 HCP 结构金属 $(1\bar{2}10)$ 面原子的排列。由图 2-44 可得，$\alpha = 180° - 2\theta$，$\tan\theta = \dfrac{c}{\sqrt{3}a}$，故

$$S = 2\cot\alpha = 2\cot(180° - 2\theta) = \frac{-2}{\tan 2\theta} = \frac{\tan^2\theta - 1}{\tan\theta} = \left[\left(\frac{c}{a}\right)^2 - 3\right]\frac{\sqrt{3}a}{3c} \qquad (2\text{-}78)$$

① 当 $\dfrac{c}{a}=\sqrt{3}$ 时，$S=0$，表明 HCP 晶体不能产生 $\{10\bar{1}2\}$ 孪晶，如 Cd 和 Mg 晶体，就没有这种孪晶。

② 当 $\dfrac{c}{a}<\sqrt{3}$ 时，如 Be，根据 HCP 晶体的 $(h_1k_1i_1l_1)$ 和 $(h_2k_2i_2l_2)$ 面夹角公式

$$\cos\theta=\dfrac{h_1h_2+k_1k_2+\dfrac{1}{2}(h_1k_2+h_2k_1)+\dfrac{3a^2}{4c^2}l_1l_2}{\sqrt{\left[h_1^2+k_1^2+h_1k_1+\dfrac{3a^2}{4c^2}l_1^2\right]\left[h_2^2+k_2^2+h_2k_2+\dfrac{3a^2}{4c^2}l_2^2\right]}} \tag{2-79}$$

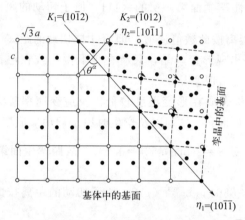

图 2-44　HCP 晶体孪生时原子的切动 [纸面为 $(1\bar{2}10)$]

可计算出 (0001) 面在 $(10\bar{1}2)$ 和 $(\bar{1}012)$ 面所夹的锐角之间，柱面 $(10\bar{1}0)$ 在 K_2 的右侧。因此，晶体可以通过两种加载方式形成孪晶，一种平行于基面 (0001) 施加压应力，另一种是平行于柱面 $(10\bar{1}0)$ 施加拉应力，如图 2-45(a) 所示。

③ 当 $\dfrac{c}{a}>\sqrt{3}$ 时，如 Zn，此时 (0001) 面在 $(10\bar{1}2)$ 和 $(\bar{1}012)$ 面所夹的钝角之间，柱面 $(10\bar{1}0)$ 在 K_2 的左侧，此时，可以通过平行于基面 (0001) 施加拉应力或平行于柱面 $(10\bar{1}0)$ 施加压应力形成孪晶，如图 2-45(b) 所示。

其他 HCP 晶体的孪生变形也可这样分析。Ti 和 Zr 除了有 $\{10\bar{1}2\}$ 孪晶外，还有 $\{11\bar{2}1\}$ 和 $\{11\bar{2}2\}$ 孪晶。$\{10\bar{1}2\}$ 和 $\{11\bar{2}1\}$ 孪晶可用与柱面平行的拉应力激发产生，而 $\{11\bar{2}2\}$ 孪晶则需要与基面垂直的压应力。从表 2-1 可以发现，Ti 和 Zr 晶体中的三种孪晶，其切应变大小不同，大的切应变可产生大的变形，但切变大的孪晶的应变能也大，所以通常

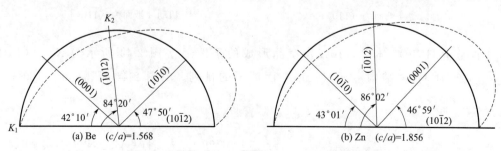

图 2-45　Be(a) 和 Zn(b) 的 $\{10\bar{1}2\}$ 孪晶

还是切变小的孪晶优先产生。

2.5.3　多级孪晶的形成与演化[16]

孪晶界作为一种具有镜面对称性的面缺陷，被广泛应用于调控工程材料和生物材料的变形行为和力学性能。孪晶界虽被认为是一种具有完美结构的理想界面，但实际晶体中的孪晶界上往往包含大量的原子级台阶等本征缺陷。目前，对金属材料中多级孪晶的形成机制开展了大量研究，但现有孪晶模型一般难以解释孪晶内部多级结构的形成和协同演化行为，极大制约着多级孪晶结构的制备和基于孪晶网络的材料力学性能设计。

低层错能金属在生长、退火或塑性变形过程中会产生大量孪晶，这些孪晶的界面通常并不完美，往往包含大量的原子级台阶等本征缺陷。图 2-46 显示了纳米 Au 中的孪晶界台阶及其诱发的二次孪晶。可见，纯 Au 压缩后形成的高密度纳米孪晶共格孪晶界上存在大量的原子台阶 ［见图 2-46(a)～图 2-46(c)］。初始孪晶界上具有若干不同高度的原子台阶 ［见图 2-46(d)］，原位拉伸加载过程中，初始孪晶界上较大原子台阶（6 层）诱发二次孪晶的形核与长大 ［见图 2-46(e)～图 2-46(g)］。不同高度的台阶具有的弹性应力场不同，进而影响材料的后续变形行为。

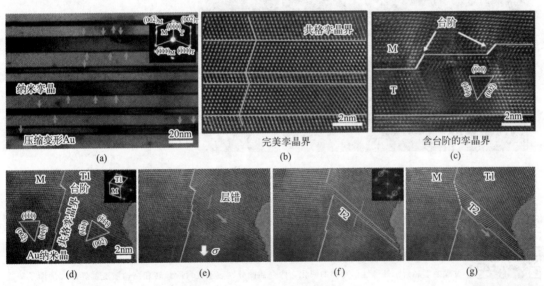

图 2-46　纳米 Au 中的孪晶界台阶及其诱发的二次孪晶[16]

(a) 纯 Au 压缩变形产生的高密度纳米孪晶；(b) 和 (c) 共格孪晶界和孪晶界台阶的原子结构；
(d)～(g) 原位拉伸加载 Au 纳米晶初始孪晶界上较大原子台阶诱发二次孪晶的形核与生长
(T—孪晶；M—基体；T1 和 T2—孪晶 1 和孪晶 2)

图 2-47 给出了孪晶界台阶诱发二次孪晶的原子尺度机制，二次孪晶的形核与生长由一次孪晶界上的 6 层原子台阶连续发射 Shockley 不全位错主导 ［图 2-47(a)～图 2-47(d)］。不全位错的释放有利于降低台阶处的应力集中，促进二次孪晶的形成 ［图 2-47(i) 和图 2-47(j)］。原位观察和分子动力学模拟 ［图 2-47(e)～图 2-47(h)］ 表明，伴随着二次孪晶的形核与生长，孪晶界台阶处的原子结构相应发生改变。二次孪晶形核阶段，Shockley 不全位错的连续发射导致较为平直的台阶界面演化为阶梯状结构 ［图 2-47(k)，每个原子面的形成对应于一次不全位错的发射］；二次孪晶生长过程中，台阶界面相应地沿顺时针方向旋转

［图 2-47（l）］，并最终演化为一段 $\theta=46°$ 的倾转晶界，其结构与 C 型结构因子构成的 $\theta=50.48°$ 对称倾转晶界类似，偏离理论预测的 $\Sigma9$ 晶界（$\theta=38.9°$）。分子动力学模拟揭示了台阶高度对不全位错发射和台阶沿孪晶界迁移两种竞争机制的重要影响，较高的台阶（大于 5 个原子层）具有更低的位错激活能，因此有利于不全位错的持续发射［图 2-47（m）］。定量计算进一步表明，拉伸过程中台阶界面的旋转与结构演化会持续降低初始孪晶台阶处储存的弹性应变能，有助于二次孪晶的形核与生长［图 2-47（n）］。

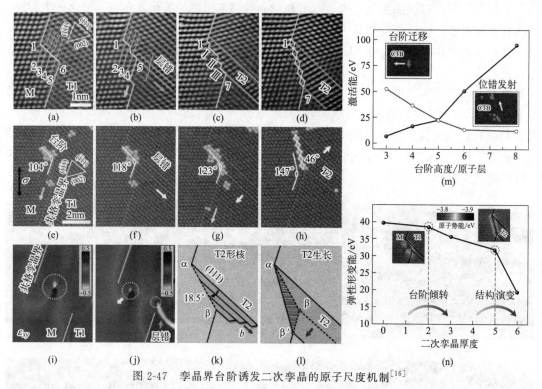

图 2-47 孪晶界台阶诱发二次孪晶的原子尺度机制[16]

（a）～（d）初始孪晶界上的 6 层原子台阶连续发射不全位错诱发二次孪晶的形核与长大；（e）～（h）分子动力学模拟验证二次孪晶的形核-长大过程以及台阶界面的结构演化；（i）和（j）层错发射前后孪晶界台阶处的应力集中；（k）和（l）二次孪晶形核与长大过程中孪晶界台阶的结构演化示意图；（m）孪晶界台阶处不全位错发射和台阶沿孪晶界迁移的激活能随台阶高度变化；（n）二次孪晶形核与长大过程中孪晶台阶处弹性形变能的演化，两个插图分别表示在台阶倾转和结构演变临界阶段的原子势能分布（M—基体；T1 和 T2—孪晶 1 和孪晶 2；CTB—共格孪晶界）

图 2-48 显示了在一些低层错能合金中由一次孪晶界诱发的孪晶自增殖行为。图 2-48（a）和图 2-48（b）所示为 Cu-7％（原子分数）Al 合金微米柱在原位 TEM 压缩实验过程中一次孪晶片层内产生的二次纳米孪晶；室温准静态拉伸后的 304L 奥氏体不锈钢中［图 2-48（c）和图 2-48（d）］和低温（77K）准静态拉伸后的超细晶 CoCrFeMnNi 高熵合金中［图 2-48（e）］也观察到了由一次孪晶界诱发的二次纳米孪晶。值得一提的是，二次孪晶可提供额外的塑性变形能力和位错滑移障碍，有助于进一步提升高熵合金的低温强度和加工硬化率［图 2-48（f）］。

在极端变形条件下，孪晶界缺陷主导的孪晶自增殖机制可诱发五重孪晶的形成，如图 2-49 所示。由二次孪晶导致的晶体取向调节和台阶结构演化可促进其它 ｛111｝ 面上不全

位错的先后发射，逐步形成环绕初始孪晶界台阶的 3 重、4 重和 5 重孪晶，分别见图 2-49
(a) 和图 2-49(b)、图 2-49(c) 和图 2-49(d) 以及图 2-49(e) 和图 2-49(f)。分子动力学模拟
表明，二次孪晶的形核伴随着几何必需大角晶界的形成，因此会提高系统能量，此后更高阶
孪晶的形成逐步将大角晶界分解为低能的孪晶界，降低系统能量［见图 2-49(g)］。此外，
高阶孪晶的形成还依赖于晶粒尺寸，二维向错理论模型表明，5 重孪晶系统的能量与 R^2 成
正比（R 为晶粒半径），而 3 重和 4 重孪晶系统的能量由晶界能主导，与 R 成正比。因此，
较小的晶粒更有利于 5 重孪晶的形成。

图 2-48　一些低层错能合金中一次孪晶自增殖行为[16]

(a) 和 (b) Cu-7%（原子分数）Al 合金微米柱原位压缩时产生的二次孪晶；(c) 和 (d) 304L 奥
氏体不锈钢室温准静态拉伸后一次孪晶界诱发的二次孪晶；(e) 和 (f) 超细晶 CoCrFeMnNi 高熵
合金低温（77K）准静态拉伸一次孪晶界诱发的二次孪晶以及真应力-真应变/应变硬化率曲线

(T1 和 T2—孪晶 1 和孪晶 2)

　　由孪晶界本征缺陷诱导的多级孪晶自增殖机制，有助于理解低层错能金属材料中多级
孪晶结构的形成和演化行为，对利用界面和缺陷工程提升金属材料力学性能具有重要
意义。

2.5.4　孪生动力学与位错——孪晶转变的尺寸依赖性[17]

　　BCC 金属钨纳米线中变形孪晶的原子尺度动力学研究表明，与 FCC 金属中变形孪晶的
逐层生长行为不同，钨纳米线中的变形孪晶形核需克服特定临界尺寸，其临界核厚度为 6
层 {112} 原子面，孪晶形核后以 3 层 {112} 原子面为单元进行离散式生长。这些独特的孪
生动力学机制诱发孪晶-位错滑移的强烈竞争，导致钨纳米线中出现了尺寸依赖的位错-孪晶
转变，临界转变尺寸为 40nm。

　　图 2-50 显示了利用原位纳米线焊接技术制备的不同取向双晶钨纳米线中的孪晶形核行
为。在室温下对 [$\bar{1}$10] 取向钨纳米线进行原位纳米压缩，压缩过程中，两个孪晶胚芽（Twin 1

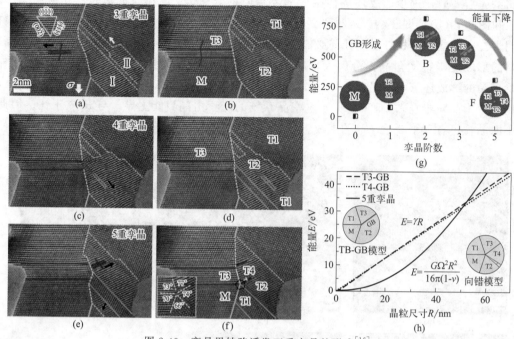

图 2-49　孪晶界缺陷诱发五重孪晶的形成[16]

(a) 和 (b) 从台阶界面连续发射的 Schockley 不全位错沿 ($\bar{1}11$) 面滑动导致 3 重孪晶的形成和长大；(c) 和 (d) 在 3 重孪晶和台阶界面交汇处不全位错的形核以及台阶界面的结构演化形成 4 重孪晶；(e) 和 (f) 不全位错的连续发射以及相关的孪晶界交汇区域结构演化形成 5 重孪晶；(g) 分子动力学模拟计算的系统能量随孪晶阶数的变化；(h) 不同阶数孪晶与理想 5 重孪晶系统能量随晶粒尺寸的变化（M—基体；T1、T2、T3、T4 和 T5—1、2、3、4 和 5 重孪晶；TB—孪晶界；GB—晶界）

and Twin 2）从晶界处形核并向底部晶粒生长 [图 2-50(a)～图 2-50(c)]，Twin 2 孪晶胚芽的最小厚度约 0.75nm，对应于 6 层 {112} 原子面厚度。图 2-50(e)～图 2-50(h) 显示了晶界辅助孪晶形核的原子尺度过程，初始晶界处存在大量的位错，随着压缩进行，部分晶界由于位错运动而发生局部迁移，随即由于晶界几何约束和晶界迁移的高晶格阻力而停止，进而一些位错从晶界处发射、分解并向底部晶粒扩展，诱发厚度为约 6 层 {112} 原子面的孪晶形核 [图 2-50(g) 和图 2-50(h)]。通过统计初始形核的孪晶厚度发现，孪晶胚胎的最小尺寸约为 0.77nm（对应于 6 层 {112} 原子面厚度），远大于传统孪生理论预测的 2 层 {112} 原子面厚度的孪晶晶核。沿不同取向压缩的钨纳米线中存在类似的现象，表明了该行为的普遍性。

钨纳米线中的孪晶增厚并不是以传统理论预测的位错沿 {112} 面逐层滑移的方式进行，而是通过 3 层 {112} 原子面为单元的孪晶前沿发生离散式不连续生长，如图 2-51 所示。孪晶界上，3 层 {112} 面原子高度的阶错扩展行为进一步证实了 BCC 金属的孪生不连续扩展模式 [见图 2-51(f)]。该结果表明，孪晶前端很可能由相邻 {112} 平面上的三个柏氏矢量为 1/6[111] 孪生位错组成，构成柏氏矢量总和为 1/2[111] 的"带状位错"，这种不连续的孪生动力学行为同样发生在退孪生过程中。不仅如此，块体单晶铌的孪晶界上也观察到了类似的 3 层或 6 层 {112} 面高度的孪晶界台阶 [图 2-51(h)]，说明这种不连续生长的孪生模式为 BCC 金属共有。

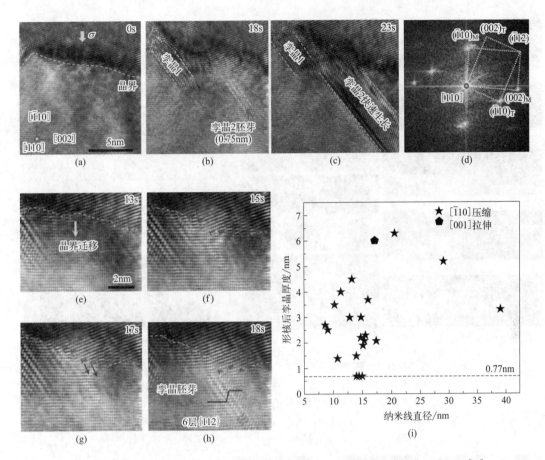

图 2-50　利用原位纳米线焊接技术制备的不同取向双晶钨纳米线中的孪晶形核[17]

（a）[$\bar{1}$10] 取向双晶钨纳米线的结构；（b）和（c）压缩过程中从晶界诱发的变形孪晶 1 和 2，孪晶 2 胚芽尺寸为 0.75nm，并快速生长成厚的孪晶；（d）孪晶 2 的快速傅氏变换（FFT）花样；（e）和（f）变形诱发的晶界迁移；（g）和（h）晶界迁移诱发厚度约 6 层原子面的孪晶形核；（i）孪晶形核后的厚度分布

　　BCC 金属独特的孪生动力学机制导致其孪晶阻力较高，由此诱发其在变形过程中与位错滑移发生激烈竞争。图 2-52 详细分析了 BCC 金属变形行为的尺寸依赖性。直径 65nm 的钨纳米线 [见图 2-52（a）～图 2-52（c）]，由于孪晶形核困难，纳米线变形以位错为主。晶界及表面为主要的位错源发射位错 [图 2-52（b）]，通过位错的传播、湮灭和再形核发生塑性变形，最后大量位错诱发应变局部化，形成剪切带 [图 2-52（c），粉色箭头所示]。当纳米线直径继续减小，尺寸效应带来的材料强度提高有助于克服孪晶形核阻力，诱发钨纳米线发生位错-孪晶转变 [图 2-52（e）～图 2-52（i）]。[$\bar{1}$10] 取向钨纳米线压缩时，发生位错-孪晶转变的临界尺寸约为 40nm [图 2-52（d）]，小于临界尺寸，钨纳米线变形过程中变形孪晶主导塑性变形 [图 2-52（e）～图 2-52（i）]。图 2-53 显示了临界尺寸下，钨纳米线变形孪晶与位错滑移的动态竞争。初始塑性变形通过孪生进行 [图 2-53（a）～图 2-53（c）]，孪晶长大会急剧释放施加的应力，导致孪晶难以长大；与此同时，孪晶形核产生的表面非均匀性在一定程度上有利于位错形核，由此诱发位错主导的塑性变形 [图 2-53（d）]。这一观察证实了位错-孪晶在体心立方金属塑性变形过程中的动态竞争。

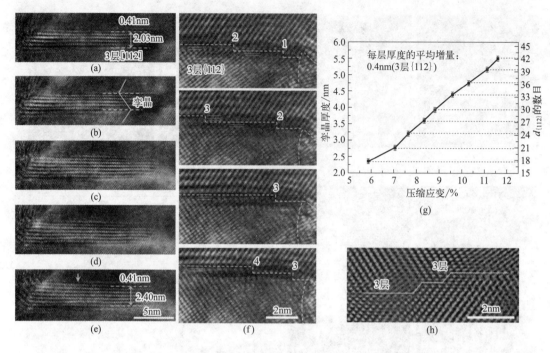

图 2-51　钨纳米线中变形孪晶的离散生长动力学[17]

（a）～（e）晶界形核的变形孪晶生长；（f）约 0.41nm 厚台阶的孪晶离散推进的
原子尺度观察；（g）晶界迁移诱发厚度约 6 层原子面的孪晶形核；（h）块体
Nb 在 77K 温度下形成的变形孪晶展示了约 3 个原子层高度的台阶状孪晶界结构

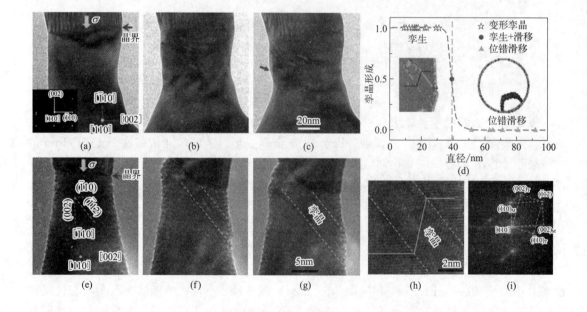

图 2-52　BBC 金属变形行为的尺寸依赖性[17]

（a）～（c）直径 65nm 钨双晶纳米线位错滑移占主导的塑性变形，图（a）中插图为相应的
衍射花样，红色箭头指位错线，粉色箭头指变形带；（d）占主导变形机制与纳米线直径
关系，塑性变形机制的转变发生在直径约 40nm 处；（e）～（g）直径 11nm 钨双晶
纳米线孪生控制的塑性变形；（h）和（i）放大的图像和相应的快速傅氏变换花样

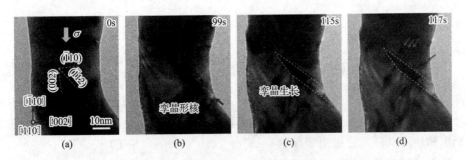

图 2-53　直径 39nm 双晶钨纳米线中变形孪晶和位错滑移的竞争[17]

（a）直径 39nm 双晶钨纳米线；（b）和（c）初始变形在表面形成的变形孪晶
和随后的生长；（d）进一步变形时，表面、孪晶前沿和晶界处的位错
发射导致位错滑移主导塑性变形，粉色箭头指位错

该研究结果不仅直观观察到 BCC 金属孪晶形核和生长的离散动力学行为，也从能量角度证明了在孪生过程中孪晶位错的构型与晶格阻力的变化密切相关，从而为 BCC 金属和合金的变形孪生行为及其尺寸依赖性提供了原子机制上的解释。因此，该研究结果打破了学术界对 BCC 金属孪生动力学行为的固有认识，发展了金属材料的变形孪生理论。

2.5.5　纳米孪晶材料的强韧化

在超细晶材料内引入纳米尺度的孪晶界被认为是材料获得高强度同时保持足够加工硬化能力的一种有效途径[18-19]。图 2-54 所示为纳米孪晶铜拉伸的真应力-真应变曲线。可见，晶粒的尺寸对屈服强度基本无影响，但晶粒尺寸为 1500nm 的铜显示了较高抗拉强度和塑性，这与较大晶粒中较长孪晶界对位错的累积和重新排列等有关[18]。图 2-55 为不同晶粒尺寸铜的加工硬化指数随孪晶厚度的变化。从图 2-55 可见，在铜中引入纳米孪晶，其加工硬化指数随孪晶厚度减小而提高，这与纳米晶和超细晶铜中引入较厚孪晶的影响明显不同，它们的加工硬化指数随孪晶厚度减小而下降[19]。

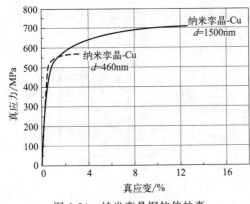

图 2-54　纳米孪晶铜拉伸的真
应力-真应变曲线[18]

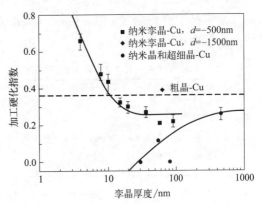

图 2-55　不同晶粒尺寸铜的加工硬化指数
随孪晶厚度的变化[19]

2.6 堆垛层错

2.6.1 扩展位错及影响扩展位错宽度的因素

在晶体中，某一区域的晶面堆垛顺序如果出现差错，则在此区域产生晶体的面缺陷，称为堆垛层错，简称层错。层错的产生破坏了晶体的正常周期性，引起能量升高。通常把产生单位面积层错所需的能量称为层错能（stacking fault energy，SFE）。

如果堆垛层错不是发生在晶体的整个原子面上而是部分区域存在，则层错与完整晶体的边界就是柏氏矢量小于最近邻原子间距的不全位错。在实际晶体中，一个单位位错在某些条件下分解成两个不全位错，两个不全位错总称为扩展位错。扩展位错如图 2-56 所示[20]，在扩展位错之间的滑移面上下的原子堆垛次序改变了，即在滑移面上下产生了堆垛层错。

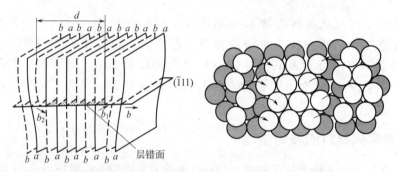

图 2-56　单位刃位错分解为扩展位错的示意图[20]

为了降低扩展位错间的层错能 γ，力求缩小两个不全位错之间的距离。当两个不全位错的斥力和层错能产生的引力平衡时，扩展位错的平衡宽度 $d = \dfrac{G(b_1 b_2)}{2\pi\gamma}$。由此可知，扩展位错的宽度除了与原来的全位错类型有关外，主要是取决于层错能的大小。堆垛层错能越低，扩展位错宽度越大，越易于出现堆垛层错。

在出现堆垛层错时，实际上就是一层薄的孪晶结构。图 2-57 显示了 FCC 点阵中层错诱发的共格孪晶示意图。图 2-58 显示了 Cu-Zn 合金中，随着 Zn 含量增加，SFE 降低，在合金中形成的大量形变孪晶[21]。

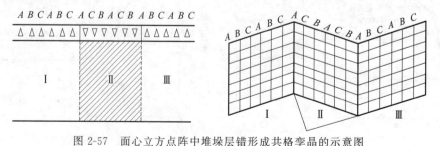

图 2-57　面心立方点阵中堆垛层错形成共格孪晶的示意图

2.6.2 堆垛层错能对位错滑移方式的影响

在 20 世纪 60 年代，研究者就开始关注材料的 SFE 高低对位错结构和位错滑移方式的

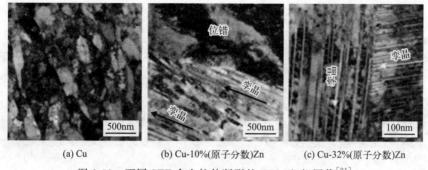

(a) Cu　　　　　　(b) Cu-10%(原子分数)Zn　　　　(c) Cu-32%(原子分数)Zn

图 2-58　不同 SFE 合金拉伸断裂的 TEM 组织图像[21]

影响。1963 年，Mader 等[22] 发现随着 Ni-Co 合金单晶体 SFE 的降低，合金中单滑移位错结构增多。Swann[23] 也发现形变材料中的位错缠结和位错胞结构随着 SFE 的降低而减少的现象。在 Cu-Al 和 Cu-Zn 合金中，随着 Al 和 Zn 的含量增加，合金的 SFE 逐渐降低，导致合金的形变方式从位错的波状滑移逐步转变为平面滑移[24-25]。图 2-59 所示为 Cu-Al 合金的 SFE 和形变位错结构随 Al 含量变化的总结图[25-28]。

图 2-60 所示为低层错能 Cu-16%（原子分数） Al 合金在不同塑性应变幅 $\Delta\varepsilon_t/2$ 下循环变形到累积塑性应变量约 30 时形成的位错结构图，从中可以发现，随塑性应变幅提高，位错和堆垛层错（SF）密度提高，且观察到平面滑移带（planar slip bands）的形成。

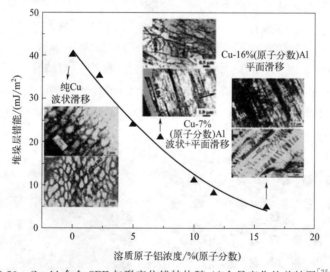

图 2-59　Cu-Al 合金 SFE 与形变位错结构随 Al 含量变化的总结图[25-28]

因此，多数情况下，材料 SFE 的高低常被当作评估某一材料是平面滑移型还是波状滑移型的基本判据[30-31]，特别是对于被广泛研究的纯铜及其二元合金。层错能判据的理论基础在于，扩展位错中的两个不全位错之间夹有堆垛层错，较低的 γ 值使 d 增大，两个不全位错难于束集成全位错，层错易于出现，同时阻碍了位错的交滑移或攀移，形成平面滑移的位错结构。较高的 γ 使 d 减小，位错易于交滑移，大量位错的交滑移会导致不同滑移面的位错相遇发生反应，位错相互作用提高了位错运动的阻力，最终形成稳定的三维位错结构，这是波状滑移位错结构产生的主要原因。因此，形变材料中的位错结构很大程度上取决于位错交滑移发生的难易程度，而 SFE 高低对交滑移的发生具有显著的影响。

(a) $\Delta\varepsilon_t/2=1.0\times10^{-3}$ (b) $\Delta\varepsilon_t/2=2.3\times10^{-3}$ (c) $\Delta\varepsilon_t/2=3.7\times10^{-3}$

图 2-60 Cu-16％（原子分数）Al 合金在不同塑性应变幅 $\Delta\varepsilon_t/2$ 下循环变形到累积
塑性应变量约为 30 时位错结构的 TEM 图像[29]

2.7 反相畴界

2.7.1 反相畴结构

很多固溶体中的溶质原子分布呈现长程无序、短程有序的状态，但某些成分接近于一定原子比且在较高温度保持短程有序的固溶体，慢冷至某一临界温度以下时，可能转变为长程有序结构，这种有序固溶体通常称为超结构或超点阵[32]。

有序固溶体是由许多称为有序畴的小区域组成，如图 2-61(a) 所示。畴内的原子呈有序排列，各畴块的原子排列取向也是一致的，但原子排列顺序（即 A-B 原子的匹配）却不越过畴块而中断于畴间。因此，各畴块之间有分界面，称为反相畴界（antiphase boundary，APB），而有序畴又称反相畴（antiphase domain），表示彼此间的相位不同，即相当于彼此之间作某种相对位移而产生了反相。图 2-61(b) 显示了 Cu_3Au 薄膜中利用 TEM 观察到了呈暗黑色的反相畴界。

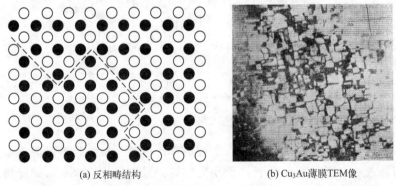

(a) 反相畴结构   (b) Cu_3Au薄膜TEM像

图 2-61 反相畴结构示意图以及 Cu_3Au 薄膜 TEM 显微图像[32]

反相畴的存在表明，固溶体从无序转变为有序的过程是在晶体各部分许多地点同时发生的，这些有序小区域长大到彼此相遇而停止（通常称之为形核和长大）。由于它们都是独立地形核，故在相遇时其原子排列顺序往往不能一致，产生了反相畴界。

2.7.2　合金中的短程有序对位错滑移方式的影响

实际上，除了 SFE 以外，合金中的短程有序（SRO）程度也是影响位错滑移方式的重要内在因素，而 SRO 影响滑移方式的变化就与变形过程中形成的反相畴界（APB）能量有关：当原子排列次序以 SRO 方式发生在滑移面上时，位错的滑移切割会破坏局部的短程有序，进而在滑移面上形成同类原子近邻排列的现象，即 APB，引起能量的升高，从而阻碍位错的滑移。短程有序程度越高，位错切过短程有序区域所造成的 APB 的能量就越高，从而使得位错越趋于在前面位错所滑移的面上继续滑移，抑制了位错的交滑移，大大促进了位错平面滑移的发生。Gerold 等[33] 将上述 SRO 导致位错平面滑移现象称为"滑移面软化（glide plane softening）效应"。最近，关于 SRO 对 Cu-Mn 合金中的位错滑移方式的影响提供了强有力的实验证据[34]。图 2-62 给出了不同 Mn 含量的 Cu-Mn 合金拉伸至断裂后样品的位错结构特征。可以发现，随着 Mn 含量的增加（即短程有序度的增加），即使 Cu-Mn 合金层错能很高，但是其微观变形机制仍然逐步由单一的波状滑移转变为类平面滑移，最后到平面滑移加形变孪晶的微观变形结构。

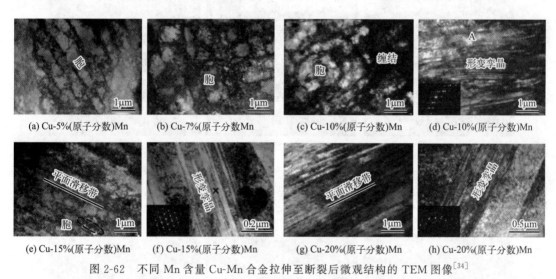

(a) Cu-5%(原子分数)Mn　　(b) Cu-7%(原子分数Mn　　(c) Cu-10%(原子分数)Mn　　(d) Cu-10%(原子分数)Mn

(e) Cu-15%(原子分数)Mn　　(f) Cu-15%(原子分数)Mn　　(g) Cu-20%(原子分数)Mn　　(h) Cu-20%(原子分数)Mn

图 2-62　不同 Mn 含量 Cu-Mn 合金拉伸至断裂后微观结构的 TEM 图像[34]

2.7.3　合金中的短程有序对力学性能的影响

图 2-63 所示为 Cu-Mn 合金的层错能不随 Mn 含量的增加而发生变化，而短程有序增加。Cu-Mn 合金随着 Mn 含量的增加表现了良好的强塑性匹配的特征，即随着 Mn 含量的增加，Cu-Mn 合金的强度得到显著提高的同时其均匀延伸率呈现轻微上升的趋势，因平面滑移位错结构和发育完善的形变孪晶结构（图 2-62）促使 Cu-Mn 合金加工硬化能力提升，减弱了应变局部化，推迟了颈缩的发生，从而表现出一个良好的强塑性匹配的特征。

最近，美国加州大学的研究人员利用能量过滤式透射电子显微镜观察了 CrCoNi 中熵合金中 SRO 的结构特征[35]。图 2-64 所示为不同处理状态 CrCoNi 中熵合金的能量过滤 TEM 的衍射花样和相应的暗场图像，从图可见，SRO 含量随着时效温度的提高而增加。图 2-65 所示为纳米压痕数与所加载荷之间关系的柱状图，发现 1000℃时效处理合金的压痕载荷明显提高，这表明 SRO 含量的提高改进了合金的硬度。

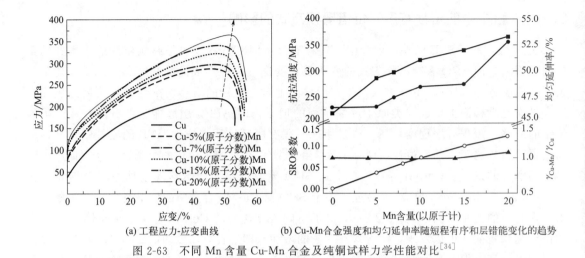

(a) 工程应力-应变曲线　　(b) Cu-Mn合金强度和均匀延伸率随短程有序和层错能变化的趋势

图 2-63　不同 Mn 含量 Cu-Mn 合金及纯铜试样力学性能对比[34]

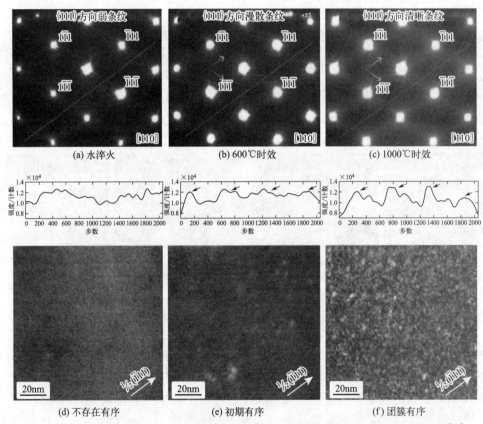

(a) 水淬火　　　　　　　　(b) 600℃时效　　　　　　　(c) 1000℃时效

(d) 不存在有序　　　　　　(e) 初期有序　　　　　　　(f) 团簇有序

图 2-64　不同处理状态 CrCoNi 中熵合金能量过滤 TEM 衍射花样和相应的暗场图像[35]

Chen 等[36] 设计了一种新型的具有完全再结晶的 FCC/HCP 双相超细晶（UFG）微观结构的 $V_{0.5}Cr_{0.5}CoNi$ 熵合金，实现了屈服强度（1476MPa）和均匀伸长率（13.2%）之间的最佳平衡，如图 2-66 所示。该合金的双相 UFG 微观结构是通过冷轧（CR）和随后的中温退火（725℃保温 1h）工艺路线获得（即 CR725 合金），图 2-67 和图 2-68 分别显示了冷轧（CR）合金以及冷轧加 725℃退火合金的显微组织。冷轧后 FCC 晶粒伸长［图 2-67(a)］，

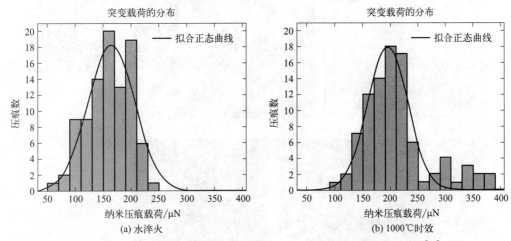

图 2-65　CrCoNi 中熵合金纳米压痕数与所加载荷之间关系的柱状图[35]

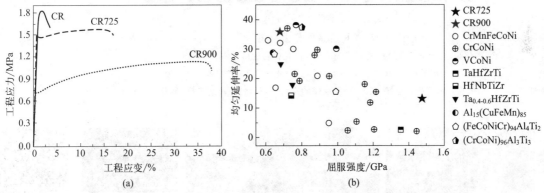

图 2-66　(a) V$_{0.5}$Cr$_{0.5}$CoNi 中熵合金在不同处理条件下拉伸工程应力-应变曲线；

(b) 室温下典型高熵和中熵合金的均匀应变和屈服强度关系图[36]

晶内具有高密度的位错［图 2-67(b)］和大量的堆垛层错（SFs）［图 2-67(c)和图 2-67(d)］。经 725℃退火后，伸长的 FCC 基体晶粒演化为尺寸为 361nm±208nm 的等轴状，且晶内位错密度较低，还观察到许多嵌入 UFG FCC 晶粒中平均尺寸为 126nm±61nm 的 HCP 薄片［图 2-68(a)～图 2-68(c)］。同时，HCP 薄片内形成了高密度的层错以及在 HCP 相衍射花样中出现了额外的衍射斑点［图 2-68(d)和图 2-68(e)］。研究发现，通过 Suzuki 机制 V 向 SFs 内偏析，进而形成均匀嵌入到 UFG FCC 晶粒中的纳米级 HCP 薄片；V 在 HCP 内的富集也促进了短程有序的形成，这由图 2-68（e）HCP 相衍射花样中出现的额外衍射斑点所证实。

图 2-69 显示了 CR725 合金拉伸断裂后的显微组织，拉伸断裂后的显微组织主要由高密度的位错和纳米间距的堆垛层错组成［图 2-69(a)～图 2-69(f)］；大量层错主要位于 FCC 晶粒内，靠近相界面但未穿过 HCP 薄片［图 2-69(d)～图 2-69(f)］。基于上面的观察，CR725 合金高的屈服强度源于 UFG FCC 基体的细晶强化及由 SFs 和短程有序贡献的 HCP 第二相强化，高的塑性与 UFG FCC 基体高密度位错的存储和在 FCC/HCP 界面附近诱发的堆垛层错释放 FCC/HCP 边界处的应力集中有关。

图 2-67 CR 合金的显微组织[36]

(a) 伸长晶粒的 SEM 背散射电子图像；(b) 高位错密度的 TEM 明场图像和相应
的选区电子衍射花样；(c) 变形晶粒内层错的高分辨 TEM 图像，插图为框
内的快速傅氏变换花样；(d) 一个层错的高角度环形暗场扫描 TEM 图像

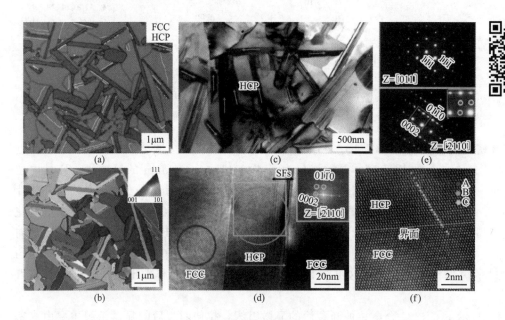

图 2-68 CR725 合金中完全再结晶的双相 UFG 结构[36]

(a) FCC/HCP 双相 UFG 结构的透射菊池衍射（TKD）相位图，黑线和白线分别为大角晶界和孪晶界；
(b) TKD 的反极图，显示出 HCP 结构；(c) 具有低位错密度 FCC 及 HCP 双相 UFG 结构的透射电镜明
场像；(d) HCP 薄片内具有高密度层错的 FCC/HCP 双相区高分辨 TEM 图像，插图是 HCP 薄片中由
框区域的快速傅氏变换花样；(e) 图（d）FCC 基体和 HCP 薄片的选区电子衍射花样，HCP 薄片的多
余衍射斑点来源 V 的短程有序；(f) FCC/HCP 双相区原子排列的高角度环形暗场扫描 TEM 图像

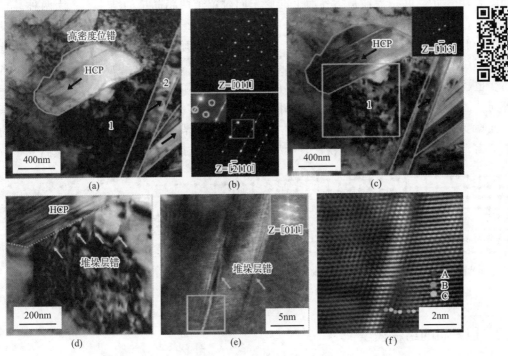

图 2-69 CR725 合金的塑性变形机制[36]

（a）CR725 合金拉伸断裂后明场 TEM 图像，FCC 晶粒内具有高的位错密度；（b）图（a）中 1 号 FCC 晶粒和 2 号 HCP 晶粒的选取电子衍射花样；（c）图（a）所在区域另一电子束入射方向的视图，插图为 1 号 FCC 晶粒的选取电子衍射花样；（d）图（c）中框内的放大图；（e）层错（SFs）的高分辨 TEM 图像，插图显示了框内区域的快速傅氏变换花样；（f）显示 SF 的快速傅氏逆变换图像

FCC/HCP 双相 UFG 结构的设计策略已被证明有效地克服了强度-延展性的权衡，因此，它为开发在恶劣条件下使用的有前途的重载结构材料开辟了一条新的途径。

固溶体有序化时，原子间加强的结合力、点阵的畸变以及反相畴界的存在等增加了塑性变形的阻力，从而提高了合金的强度和硬度。如 CuPt 合金的硬度从无序时的 HB130 提高到 500℃/1h 退火形成超结构时的 HB260。此外，固溶体的有序化还大大降低了电阻率，如 200℃ 退火形成超结构的 Cu-Au 合金电阻率仅为无序状态的 $\frac{1}{2}$ 或 $\frac{1}{3}$。

2.8 相界面

研究相界面的结构可以了解相变的机理、相变的动力学以及相变产物的形态，从而有助于控制材料的性能。界面是有效的相变形核中心，其形核率随界面自由能的提高而增加，如 18-8 型不锈钢中的 $(Fe,Cr)_{23}C_6$ 碳化物在 δ-铁素体/奥氏体相界面、奥氏体晶界、非共格孪晶界和共格孪晶界上依次析出[2]。

2.8.1 相界面结构

两不同相之间的分界面称为相界，其结构有三类，即共格界面、半共格界面和非共格界面，如图 2-70 所示。共格界面是指界面上的原子同时位于两相晶格的结点上，为两种晶格共有。图 2-70(a) 是一种具有完美共格关系的相界，两相原子在界面上匹配得很好，几乎没有畸变；一般两相的晶体结构会有所差异，故在共格相界面上的两相晶体原子间距存在差异，从而形成图 2-70（b）所示的具有弹性畸变的共格相界；界面两边原子排列相差越大，弹性畸变也越大，相界的能量提高，当相界的畸变能高至不能维持共格关系时，形成一种半共格界面 [图 2-70(c)]，其特征是沿界面每隔一定距离存在一个刃型位错；随界面两边原子排列弹性畸变的继续增大，共格关系破坏，变成非共格相界 [图 2-70(d)]。非共格相界的界面能最高，半共格相界的界面能次之，共格相界的界面能最低，但弹性畸变能最高。

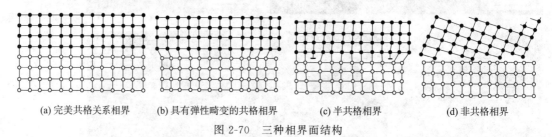

(a) 完美共格关系相界   (b) 具有弹性畸变的共格相界   (c) 半共格相界   (d) 非共格相界

图 2-70　三种相界面结构

2.8.2　相界面的结合模型

相界面的结构同样可以用上面讨论的晶界几何模型来描述，但除非两个相点阵矢量的比值恰巧为有理数，否则不可能存在准确的 CSL，但构建一个 O 点阵则是可能的。

由于 FCC 相与 BCC 相的界面是钢中重要的界面，对于 FCC/BCC 相界面的研究，长期以来困扰研究者的主要问题有两个：其中之一是从 FCC 基体析出的 BCC 相（或反之）具有明显的惯习面和小平面化的界面（共格或部分共格的特征），但这种现象很难用 $\{111\}_{FCC}//$ $\{110\}_{BCC}$ 共轭惯习面上极低的共格程度来解释[2]。计算发现，在常见的 N-W$(<211>_{FCC}//$ $<110>_{BCC})$ 和 K-S$(<101>_{FCC}//<111>_{BCC})$ 位向关系下，该共轭面上仅有约 8% 的原子处于近似共格位置上。早期的研究者都因此认为，共轭面上两点阵原子间的错配度太大，因此即使在其上能生成错配度位错，其间距也十分小，即不可能存在共格的好区，因而整个界面都是非共格的。然而，实验证明在 FCC/BCC 相界面上能生成错配度位错。第二个问题是在 FCC/BCC 合金系统中观察到的惯习面通常偏离 $\{111\}_{FCC}//\{110\}_{BCC}$ 共轭惯习面 $10°～20°$，并且两相之间的位向关系也并非仅为 N-W 和 K-S 关系，而是在两者之间变化。

相界面结构的深入研究仍非常不足，目前大多数关于界面结构的理论模型都是通过一些纯几何参数来计算界面的弹性应变能，并假设由弹性能所代表的界面结构能在整个界面能中占主导地位。这类以纯几何参数描述界面结构的模型称为几何模型或位错模型。下面简单介绍几个相界面结合模型的原理。

（1）错配度位错模型

如果两点阵的相应晶面之间的错配度 δ 不大于 15%，则该界面仍能通过应变强迫两点阵在界面上处于共格状态，这类界面称为应变维持的共格界面。当错配度超过 15%，或界面面积太大时，界面上的共格性将被破坏，代之生成由位错和处于这些位错之间的共格区域所构成的半共格界面，如图 2-71 所示，位错具有吸收界面上错配度的作用。

设图 2-71 中 α 相和 β 相点阵的平行晶面的面间距分别为 a_α 和 a_β，则该两相晶面间的错

配度

$$\delta = \frac{a_\beta - a_\alpha}{\frac{1}{2}(a_\alpha + a_\beta)} \tag{2-80}$$

式中　$\frac{1}{2}(a_\alpha + a_\beta)$——参考晶面的间距。

该界面上位错的柏氏矢量 $\boldsymbol{b}$ 位于界面内，与垂直于相界面的平行晶面垂直，且模长

$$b = \frac{a_\alpha + a_\beta}{2} \tag{2-81}$$

位错线的间距

$$D = \frac{b}{\delta} = \frac{(a_\beta + a_\alpha)^2}{4(a_\alpha - a_\beta)} \tag{2-82}$$

当 $\delta > 25\%$ 时，每隔 4 个原子便有一个位错，因此相邻位错的心部畸变区域将彼此连接，整个界面上已无任何共格区域存在，因而变为非共格界面。在 FCC/BCC 合金系统中，其位向关系中通常存在 $\{111\}_{FCC} /\!/ \{110\}_{BCC}$，此两平行平面间的错配度 $\delta \approx 2.5\%$，相应的 $|\boldsymbol{b}| \approx 0.2nm$，因此 $D \approx 8nm$。采用普通的电子显微镜可观察到该位错列。如果 FCC/BCC 界面上的位错是为了吸收平行晶面间的错配度而产生的，那该界面必须偏离平行晶面的位向，只有这样才能使该错配度在实际界面上产生分量并被界面错配度位错所吸收，从而产生界面位向偏离 $\{111\}_{FCC} /\!/ \{110\}_{BCC}$。

Ag 和 Ni 不互溶，且不形成金属间化合物，所以 Ag-Ni 系统是研究金属异相界面的一个很好的模型系统。Ag 和 Ni 都为 FCC 结构，根据它们的点阵常数，算出 Ag-Ni 系统的 δ 约为 15%。如图 2-72 所示为 Ag-Ni 界面的 HRTEM 图像，晶体点阵刃位错清晰可见。界面位于图像中央位置，白点表示 Ag 和 Ni 中的 <110> 原子列，箭头指向晶体点阵刃位错。

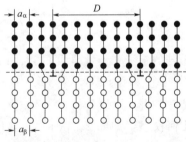

图 2-71　由错配度位错和共格区域构成的半共格相界面

图 2-72　(111) Ag-Ni 界面的 HRTEM 图像（Ag 和 Ni 中的 <100> 轴相互平行）[4]

(2) Frank-Bilby 公式

利用式(2-5)：

$$\boldsymbol{B}^L = (\boldsymbol{S}^{-1} - \boldsymbol{I})\boldsymbol{P}$$

式中　$\boldsymbol{S}$——从母相点阵转变为生成相点阵所引起的总应变，$\boldsymbol{S} = \boldsymbol{RD}$。

在扩散型相变中，$\boldsymbol{S}$ 包含纯点阵应变 $\boldsymbol{D}$ 和为实现某一有利位向，生成相点阵相对于母相点阵的刚性转动 $\boldsymbol{R}$。

应用 Frank-Bilby 公式求解 FCC/BCC 界面位错结构步骤如下：

① 求相变应变矩阵 S。选定点阵应变机制 D 和相对刚性转动 R 之后，便可求出 S。对 FCC⇔BCC 相变来说，Bain 点阵应变机制涉及的原子位移量最小。

② 确定最佳的界面位向。经计算后发现，一个具有最小或较小总柏氏矢量强度的界面，其弹性应变能较低，因而是最佳的界面。利用式 (2-5) 可求出具有最小 $|\boldsymbol{B}^{\mathrm{L}}|$ 值的最佳界面位向。

③ 确定界面上位错的组态。可以用 i 组柏氏矢量不共面的错配度位错来吸收 $\boldsymbol{B}^{\mathrm{L}}$，第 i 组位错的柏氏矢量为 $\boldsymbol{b}^i$，式 (2-5) 变为

$$\boldsymbol{B}^{\mathrm{L}} = \sum_i \boldsymbol{b}^i = (\boldsymbol{S}^{-1} - \boldsymbol{I}) \boldsymbol{P} \tag{2-83}$$

需指出的是，对某一给定界面，$\boldsymbol{B}^{\mathrm{L}}$ 的分解一般来说不是唯一的，但可能受某些条件限制，如 $\boldsymbol{b}^i$ 必须是晶体点阵位错，或是 DSC 点阵位错，即以 DSC 点阵基矢量为柏氏矢量的位错。

（3）CSL/DSC 点阵模型

对于相界，不可能像对晶界那样通过相对旋转两晶体点阵来找到准确的 CSL 和相应的 DSC 点阵。通过作图和分析的方法在已构成实际界面的两贯穿点阵中找出形状、尺寸和位向都很接近的 CSL，分别称为 M_1、M_2 晶胞，由 M_1 和 M_2 分别建立的 DSC$_1$ 和 DSC$_2$ 点阵在形状、尺寸和位向方面也彼此相似，由它们建立的平均点阵即为相界的近似 DSC 点阵。

（4）O 点阵模型

一些研究者将 O 点阵理论应用于 FCC/BCC 相界面的计算，计算中用式 (2-5) 中的 $\boldsymbol{S}$ 代替式 (2-65) O 点阵基本方程中的 A，即

$$\boldsymbol{X}_i^{(\mathrm{O})} = (\boldsymbol{I} - \boldsymbol{S}^{-1})^{-1} \boldsymbol{b}_i^{(\mathrm{L}_1)} = \boldsymbol{T}^{-1} \boldsymbol{b}_i^{(\mathrm{L}_1)} \tag{2-84}$$

式中　$\boldsymbol{b}_i^{(\mathrm{L}_1)}$ ——参考点阵（通常取母相）中的点阵矢量；

　　　$\boldsymbol{S}$ ——Frank-Bilby 公式中的相变总应变。

采用点阵位错柏氏矢量如 $\frac{1}{2}<011>_{\mathrm{FCC}}$ 作为 $\boldsymbol{b}_i^{(\mathrm{L}_1)}$。任选三个 $\frac{1}{2}<011>_{\mathrm{FCC}}$ 矢量作为列矢量组成式 (2-84) 中的 $\boldsymbol{b}_i^{(\mathrm{L}_1)}$ 矩阵，所求得的 $\boldsymbol{X}_i^{(\mathrm{O})}$ 矩阵的三个列矢量即为 O 点阵的三个基矢量 $\boldsymbol{X}_1^{(\mathrm{O})}$、$\boldsymbol{X}_2^{(\mathrm{O})}$ 和 $\boldsymbol{X}_3^{(\mathrm{O})}$。

（5）Rigsbee-Aaronson（R-A）模型

这一模型是唯一针对 FCC/BCC 界面而提出的几何模型，如图 2-73 所示。$\{111\}_{\mathrm{FCC}} // \{110\}_{\mathrm{BCC}}$ 共轭面上仅有 8% 左右的原子处于近似共格的位置上，这些原子在共轭面上构成规则排列的共格小块 ［见图 2-73（a）］。计算机模拟计算发现，当点阵常数 $\frac{a_{\mathrm{FCC}}}{a_{\mathrm{BCC}}}$ 之比在 1.25～1.30 之间，而位向关系在 N-W 和 K-S 之间变化时，这些共格原子所占的比例不变，即都在 8% 左右，但共格小块的形状、尺寸和分布随点阵常数之比和位向关系而变。为提高共轭面上的共格程度，使之成为部分共格界面，R-A 模型对前者做了如下的改造。在界面上插入与界面垂直的单原子厚的结构小台阶，台阶间距为 0.3nm，在每一台阶的顶面上都可以通过原子位置的局部调整而生成许多共格小块 ［见图 2-73（b）］，结果使整个界面上的共格程度提高至 25%。在结构台阶的顶面上，2 个共格小块间用错配位错来

收纳这个区域内的错配，使界面的共格程度进一步提高至32％。因为这种错配位错的柏氏矢量位于共轭面上，而结构台阶又是为了提高共轭面上的共格程度，所以这两种界面结构特征都是固定的，即都不能滑移离开界面。因此，这类界面是不可能移动的，它的法向移动只能通过形成生长台阶和这些台阶的侧向移动来完成，即由台阶机制来完成。

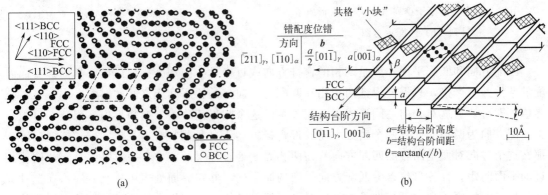

(a)　　　　　　　　　　　　　　　　(b)

图 2-73　R-A 界面模型中的 FCC/BCC 惯习面结构

（a）N-W 位向关系下共轭面(111)$_{FCC}$//(110)$_{BCC}$ 上的原子排列（菱形小块为共格区域）；

（b）R-A 界面模型中的 FCC/BCC 惯习面结构（由共格小区域和

分隔这些区域的结构台阶和错配度位错构成）

从上面结果来看，关于 FCC/BCC 相界面的部分共格问题，已经没有什么异议。在所有被研究的平直界面上都观察到了错配度位错和/或界面台阶。对控制惯习面和位向关系的因素也有了初步了解。然而，目前还没有哪一种界面理论能解释所有的观察结果。与发展较成熟的晶界理论相比，相界理论还是比较初步的。一方面因为相界结构比晶界复杂，另一方面还不可能像对晶界那样通过计算机模拟来精确计算相界面上不同种类原子间的交互作用能，因而不能准确估算界面的能量。

（6）边-边匹配模型

边-边匹配模型是由 Zhang 等[37] 提出的，以 Frank[38] 和 Shiflet 等[39] 指出的方向上的匹配优于平面上的匹配为基础所建立的晶体学模型，其概念和计算较为简单。通过对体系的最密排或近密排方向之间的错配度与最密排或近密排平面之间错配度的计算，从中选取出具有较小错配度的方向对与平面对，并根据方向对与平面对的关系，可以预测出可能存在的取向关系。

在边-边匹配模型中，有两个匹配：方向匹配和平面匹配。在匹配方向上的原子有两种排列方式：直线形排列和之字形排列，如图 2-74 所示。但是并不是所有的之字形排列的原子能够称为匹配方向，只有满足如图 2-75 所示条件的之字形排列的原子才能匹配：

① 至少两个原子（如 A 和 C）相互接触，并且另外两个原子（如 C 和 B）之间近乎相接触或相互接触；

② 夹角 $\alpha \leqslant 30°$；

③ 夹角 $\gamma \geqslant 120°$；

④ 原子（C）到另外两原子（A 和 B）中心连线垂直距离小于或者等于原子半径。

需要注意的是，在计算之字形排列的原子间距错配度时，并不是用原子之间的实际间距来进行计算，而是以如图 2-74(b) 所示的有效间距来计算错配度。

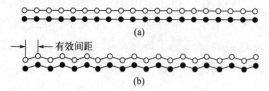

图 2-74 直线形原子排列（a）与之字形原子
排列（b）匹配示意图[40]

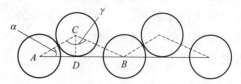

图 2-75 之字形原子排列匹配示意图[40]

匹配方向和匹配平面一般是两相的密排方向或近密排方向和密排面或近密排面。方向匹配的条件并不严格，只需要保证两相相互匹配的方向上的原子间距之间的错配度小于某一临界值，即可认为这对方向之间形成了匹配关系，这个临界值称为方向临界值。因此，可以定义匹配方向为两相的任意两个密排方向或近密排方向上的原子间距错配度小于方向临界值，那么这个方向对便是两相的匹配方向。在两相界面处，如果两相中有一对平面具有相同或相近的平面间距，且各自包含沿匹配方向排列的原子列，并在界面处边边相交，那么在这种界面处形成匹配原子列的可能性最大，这对平面便是可能的匹配平面。这对平面的面间距的相对差称为 d 值错配度。与匹配方向相同，d 值错配度也有一个临界值。如果平面的错配度小于这一临界值，那么这对平面便有可能成为一对匹配平面。

由于没有一种严格的选择临界值的方法。Zhang 等[40] 结合现有数据，对 BCC/FCC 体系和 HCP/BCC 体系中一些典型系统进行了分析，给出了 K-S 关系、N-W 关系等在各自系统中的方向错配度和平面间距错配度。van der Merwe[41] 计算了 FCC/BCC 体系中原子匹配在密排方向上的能量变化，结果表明 FCC/BCC 体系的 K-S 取向关系与 N-W 取向关系的临界错配度分别为 9％和 7％。根据这些数据，Zhang 等总结出方向匹配的错配临界值应取 10％，平面匹配的错配临界值应取 6％。通过计算方向错配度与平面错配度得到的只是可能成为匹配方向与匹配平面的方向与平面，需要注意的是，匹配平面的选取需要从包含这对匹配方向的密排面或者近密排平面中进行选取。但是，由于不同相之间面间距并不完全相同，这就导致在界面两侧两相的匹配平面并不能实现一一匹配。所以，往往需要将这对匹配平面沿着平行于匹配方向进行一定角度的旋转，并使匹配平面在界面处实现一一匹配。

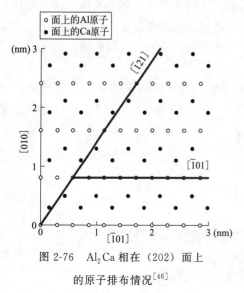

图 2-76 Al_2Ca 相在（202）面上
的原子排布情况[46]

这一模型在渗碳体片/奥氏体取向关系确定[42-43] 和 HCP/BCC 体系[37,44] 中得到了很好的验证，利用该模型还预测了 HCP/FCC 体系可能存在的取向关系[45]。因此，在寻找高效的合金晶粒细化剂上该模型有着广泛的应用。

如通过在 AZ31 系列镁合金的熔体中加入 0.08％（质量分数）的 Ca，析出相 Al_2Ca 起到细化晶粒的作用。边-边匹配模型可以很方便地计算出 Al_2Ca/Mg 之间的取向关系[46]。图 2-76 所示 Al_2Ca 有两种密排方向或近密排方向：<101>和 <211>。Al_2Ca/Mg 之间可以形成一组方向对：<211>$_{Al_2Ca}$ // <2$\bar{1}$ $\bar{1}$0>$_{Mg}$，错配度为 2.25％。表 2-2 所列为 Al_2Ca/Mg 之间可能存在的匹配平

面及相应的 d 值错配度。

表 2-2　Al_2Ca/Mg 体系可能存在的匹配平面及相应的错配度 $d^{[46]}$

匹配平面	$\{202\}_{Al_2Ca}//$ $\{0002\}_{Mg}$	$\{311\}_{Al_2Ca}//$ $\{0002\}_{Mg}$	$\{222\}_{Al_2Ca}//$ $\{10\bar{1}1\}_{Mg}$	$\{202\}_{Al_2Ca}//$ $\{10\bar{1}0\}_{Mg}$	$\{311\}_{Al_2Ca}//$ $\{10\bar{1}1\}_{Mg}$
$d/\%$	8.3	7.5	5.7	2.3	1.2

取 6% 为匹配平面的临界错配度，从表 2-2 可看出，可能存在的匹配平面为 $\{311\}_{Al_2Ca}//$ $\{10\bar{1}1\}_{Mg}$、$\{202\}_{Al_2Ca}//\{10\bar{1}0\}_{Mg}$ 和 $\{222\}_{Al_2Ca}//\{10\bar{1}1\}_{Mg}$ 三组。结合匹配方向，可以得出可能的取向关系为：

$$[\bar{1}21]_{Al_2Ca}//[2\bar{1}\,\bar{1}0]_{Mg}$$

$$(311)_{Al_2Ca}\text{ 偏离}[011\bar{1}]_{Mg}0.52°$$

$$(202)_{Al_2Ca}\text{ 偏离}[01\bar{1}0]_{Mg}2.88°$$

2.8.3　相界面位错观察[4]

在 2.4.4 节中，已将界面位错进行了分类，并且利用透射电子显微镜（辅以计算机模拟）在晶界面上易于观察到初级位错、DSC 位错、松弛位移位错、阶错、界面旋错和晶界坎，而附加位移位错和非全对称晶体的界面缺陷易于在相界面上观察到。

Si 和 $NiSi_2$ 晶体间形成的附加位移位错如图 2-77 所示，Si 和 $NiSi_2$ 结合形成界面前的（001）晶体表面结构如图 2-77（a）所示，Si 表面有高度 $a/4$ 的分台阶，$NiSi_2$ 表面是完整的。当表面结合形成界面时，这个分台阶成为附加位移位错的芯，如图 2-77（b）所示。

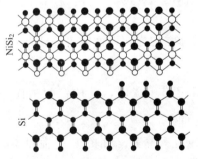 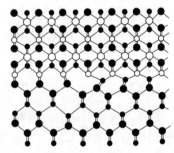

(a) 两者结合前的表面　　　　　　(b) 结合成界面后Si表面的台阶产生了一个位错

图 2-77　Si 和 $NiSi_2$ 晶体间形成附加位移位错的示意图

GaAs 的对称性从 $Fm\bar{3}m$ 下降到 $F\bar{4}3m$ 时，会出现两个复合体变体。当这两个变体同时出现在界面上时，它们之间需要一个畴界，畴界由界面位错发出并扩展进入晶体。

在（001）Ge 基底上生长 GaAs 晶体的界面结构如图 2-78 所示，当在（001）Ge 上生长 GaAs 时，界面上包含两个缺陷：右侧的台阶是一个全台阶，高度为 h_1，其矢量是一个晶体点阵矢量，故这个台阶没有与 GaAs 中的反位畴界关联。左侧的台阶是一个分台阶，其高度为 h_2，台阶矢量关联了一个 Ga 位置和一个 As 位置，不是一个晶体点阵矢量。因此，用虚线表示的反位畴界从台阶位置发出进入 GaAs 晶体。

在 Nb-Al 合金中通过内氧化生成的 Nb 和 Al_2O_3 之间的界面上，观察到错配位错位于距界面 3～4 个原子间距的 Nb 中，如图 2-79 所示。根据应力平衡易于理解这种位错的"疏远"现象。在无疏远时，错配位错存在一个使其位于界面的驱动力，尽量释放 Nb 中的共格应力。然而，每根位错均被硬质氧化物排斥，因而导致位错离开界面一定距离。如果错配位错位于较硬的材料中，就不会产生疏远现象，因为此时的镜像相互作用是吸引的。

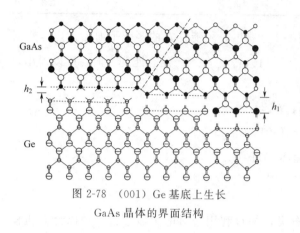

图 2-78 （001）Ge 基底上生长
GaAs 晶体的界面结构

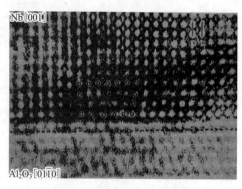

图 2-79 接近 Nb-Al$_2$O$_3$ 界面
的错配位错的 HREM 图像

思考题

1. 如何描述晶界的空间几何位置？决定界面构型的基本原则是什么？

2. 什么是小角晶界和大角晶界？

3. 倾转晶界由何种位错构成？以简单立方晶体结构为例，推导对称和非对称倾转晶界的位错密度和位错间距公式。

4. 扭转晶界由何种位错构成？以简单立方晶体结构为例，推导扭转晶界的位错密度和位错间距公式。

5. 在体心立方结构晶体中，当晶界由一组位错组成时，其位错的柏氏矢量 $b = \dfrac{a}{2}$[111]，求出位错线和旋转轴的取向以及位错线的间距。

6. 说明 CSL 模型的基本思想，以及如何确定立方晶系 CSL 的旋转轴和相应的转动角度 θ？

7. 说明 O 点阵模型的基本思想，并建立 O 点阵模型的基本方程。

8. 说明 O 点阵模型、CSL 模型以及位错模型之间的相互关系。

9. 什么是 DSC 点阵？它对讨论晶界结构有何作用？

10. 晶界对塑性变形有何贡献？

11. 孪生变形的四要素是什么？写出孪生变形的切应变公式。

12. 在密排六方晶体结构中，{10$\bar{1}$2} 孪晶的形成条件是什么？

13. 简单描述多级孪晶的形成机制以及产生位错-孪晶竞争的尺寸依赖性原因。

14. 说明堆垛层错能和短程有序对位错滑移方式以及金属材料力学性能有何影响？

15. 何为反相畴界？其形成机理是什么？

16. 相界面分为几类？不同类型相界面的结构特点是什么？相界面类型对应的错配度分

别是多少？

17. 在讨论相界面时，为什么 O 点阵模型是比 CSL 模型更有效的工具？

18. 常见的界面位错主要有哪些？

19. 试根据边-边匹配模型，画图说明金属 Cu 和 Cr 界面存在何种取向关系 $\{(hkl)_{\mathrm{Cu}} /\!/ (hkl)_{\mathrm{Cr}}$ 和 $[uvw]_{\mathrm{Cu}} /\!/ [uvw]_{\mathrm{Cr}}\}$ 时，界面才能具有较低的界面能。（$a_{\mathrm{Cu}} = 0.3615\mathrm{nm}$，$a_{\mathrm{Cr}} = 0.2885\mathrm{nm}$）

参 考 文 献

[1] 闻立时. 固体材料界面研究的物理基础 [M]. 北京：科学出版社，2011.

[2] 李恒德，肖纪美. 材料表面与界面 [M]. 北京：清华大学出版社，1990.

[3] 于永宁，毛卫民. 材料的结构 [M]. 北京：冶金工业出版社，2002.

[4] Sutton A P, Balluffi R W. 晶体材料中的界面 [M]. 叶飞，顾新福，邱冬，等译. 北京：高等教育出版社，2014.

[5] Read W T, Shockley W. Dislocation models of crystal grain boundarm [J]. Physical Review. 1950, 78 (3)：275-289.

[6] 郝红全，张健，楼琅洪. 单晶高温合金中小角度晶界的形成机制研究 [J]. 2011 中国材料研讨会论文摘要集，2011, 7.

[7] 赵金乾，李嘉荣，刘世忠，等. 小角度晶界对单晶高温合金 DD6 持久性能的影响 [J]. 航空材料学报，2007, 27 (6)：6-10.

[8] 史振学，刘世忠，赵金乾，等. 小角度晶界对单晶高温合金高周疲劳性能的影响 [J]. 材料热处理学报，2015, S1：52-57.

[9] Smith D A, Pond R C. Bollmann's O-lattice theory：a geometrical approach to interface structure [J]. International Metals Reviews, 1976, 21 (1)：61-74.

[10] 王江伟，陈映彬，祝祺，等. 金属材料的晶界塑性变形机制 [J]. 金属学报，2022, 58 (6)：726-745.

[11] Meyers M, Chawla K. 材料力学行为 [M]. 张哲峰，卢磊，译. 北京：高等教育出版社，2017.

[12] Guttmann M. Grain boundary segregation, two dimensional compound formation, and precipitation. Metallurgical Transactions A, 1977, 8 (9)：1383-1401.

[13] Xie H B, Huang Q Y, Bai J Y, et al. Nonsymmetrical Segregation of Solutes in Periodic Misfit Dislocations Separated Tilt Grain Boundaries [J]. Nano Letters, 2021, 21 (7)：2870-2875.

[14] Wang C Y, Du K, Song K P, et al. Size-dependent grain-boundary structure with improved conductive and mechanical stabilities in sub-10-nm gold crystals [J]. Physical Review Letters, 2018, 120 (18)：186102.1-186102.7.

[15] 赖祖涵. 金属的晶体缺陷与力学性质 [M]. 北京：冶金工业出版社，1988.

[16] Zhu Q, Huang Q S, Tian Y Z, et al. Hierarchical twinning governed by defective twin boundary in metallic materials [J]. Science Advances, 2022, 8 (20)：eabn8299.1-eabn8299.8.

[17] Wang J W, Faisal A H M, Hong Y R, et al. Discrete twinning dynamics and size-dependent dislocation-to twin transition in body-centred cubic tungsten [J]. Journal of Materials Science and Technology, 2022, 106 (4)：33-40.

[18] Chen X H, Lu L, Lu K. Grain size dependence of tensile properties in ultrafine-grained Cu with nanoscale twins [J]. Scripta Materialia, 2011, 64 (4)：311-314.

[19] Lu L, You Z S, Lu K. Work hardening of polycrystalline Cu with nanoscale twins [J]. Scripta Materialia, 2012, 66 (11)：837-842.

[20] 刘国勋. 金属学原理 [M]. 北京：冶金工业出版社，1980.

[21] Zhang P, An X H, Zhang Z J, et al. Optimizing strength and ductility of Cu-Zn alloys through severe plastic deformation [J]. Scripta Materialia, 2012, 67 (11)：871-874.

[22] Mader S, Seeger A, Thieringer H M. Work hardening and dislocation arrangement of fcc single crystals. Ⅱ. Electron Microscope Transmission studies of Ni-Co single crystals and relation to work-hadening theory. Journal of Applied Physics, 1963, 34 (11)：3376-3386.

[23] Swann P R. Dislocation arrangements in face-centered cubic metals and alloys [M] //Thomas G, Washbum J. Elec-

tron microscopy and strength of crystals. New York: Interscience, 1963, 131-181.

[24] Pande C S, Hazzledine P M. Dislocation arrays in Cu-Al alloys. I [J]. Philosophical Magazine, 1971, 24 (191): 1039-1057.

[25] Li X W, Wu X M, Wang Z G, et al. Orientation dependence of dislocation structures in cyclically deformed Cu-16 at. pct Al alloy single crystals [J]. Metallurgical & Materials Transactions A, 2003, 34 (2): 307-318.

[26] Li X W, Peng N, Wu X M, et al. Plastic-strain-amplitude dependence of dislocation structures in cyclically deformed <112>-oriented Cu-7 at. pct Al alloy single crystals [J]. Metallurgical & Materials Transactions A, 2014, 45 (9): 3835-3843.

[27] Carter C B, Ray I L F. On the stacking-fault energies of copper alloys [J]. Philosophical Magazine, 1977, 35 (1): 189-200.

[28] Wintner E, Karnthaler H P. The geometry and formation of faulted dipoles in Cu-Al alloys [J]. Acta Metallurgica, 1978, 26 (6): 941-949.

[29] Yan Y, Qi C J, Han D, et al. Effect of cyclic pre-deformation on uniaxial tensile behavior of Cu-16 at. pct Al alloy with low stacking fault energy [J]. Metallurgical & Materials Transactions A, 2017, 48 (2): 678-684.

[30] Hong S I, Laird C. Mechanisms of slip mode modification in F. C. C. solid solutions [J]. Acta Metallurgica & Materialia, 1990, 38 (8): 1581-1594.

[31] Wang Z R. Cyclic deformation response of planar-slip materials and a new criterion for the wavy-to-planar-slip transition [J]. Philosophical Magazine, 2004, 84 (3-5): 351-379.

[32] 胡庚祥，钱苗根. 金属学 [M]. 上海：上海科学技术出版社，1980.

[33] Gerold V, Karnthaler H P. On the origin of planar slip in fcc alloys [J], Acta Metallurgica, 1989, 37 (8): 2177-2183.

[34] Han D, Wang Z Y, Yan Y, et al. A good strength-ductility match in Cu-Mn alloys with high stacking fault energies: determinant effect of short range ordering [J]. Scripta Materialia, 2017, 133: 59-64.

[35] Zhang R P, Zhao S T, Ding J, et al. Short-range order and its impact on the CrCoNi medium-entropy alloy [J]. Nature, 2020, 581: 283-287.

[36] Chen Z, Xie H B, Yan H L, et al. Towards ultrastrong and ductile medium-entropy alloy through dual-phase ultrafine-grained architecture [J]. Journal of Materials Science and Technology, 2022, 126: 228-236.

[37] Zhang M X, Kelly P M. Edge-to-edge matching and its applications: Part I. Application to the simple HCP/BCC system [J]. Acta Materialia, 2005, 53 (4): 1073-1084.

[38] Frank F C. Martensite [J]. Acta Metallurgica, 1953, 1 (1): 15-21.

[39] Shiflet G J, van der Merwe J H. The role of structural ledges as misfit-compensating defects: fcc-bcc interphase boundaries [J]. Metallurgical & Materials Transactions A, 1994, 25 (9): 1895-1903.

[40] Zhang M X, Kelly P M. Edge-to-edge matching model for predicting orientation relationships and habit planes-the improvements [J]. Scripta Materialia, 2005, 52 (10): 963-968.

[41] van der Merwe J H. Analytical selection of ideal epitaxial configurations and some speculations on the occurrence of epitaxy III. Epitaxy of thin (111) f. c. c. films on (110) b. c. c. substrates by coherence [J]. Philosophical Magazine A, 1982, 45 (1): 159-170.

[42] Zhang M X, Kelly P M. Crystallography and morphology of Widmanstätten cementite in austenite [J]. Acta Materialia, 1998, 46 (13): 4617-4628.

[43] Zhang W Z, Ye F, Zhang C, et al. Unified rationalization of the Pitsch and T-H orientation relationships between Widmanstätten cementite and austenite [J]. Acta Materialia, 2000, 48 (9): 2209-2219.

[44] Zhang M X, Kelly P M. Edge-to-edge matching and its applications: Part II. Application to Mg-Al, Mg-Y and Mg-Mn alloys [J]. Acta Materialia, 2005, 53 (4): 1085-1096.

[45] 曹晔，钟宁，王晓东，等. 边-边匹配晶体学模型及其应用-HCP/FCC 体系晶体学位向关系的预测 [J]. 上海交通大学学报，2007，(4): 586-591.

[46] Jiang B, Liu W J, Qiu D, et al. Grain refinement of Ca addition in a twin-roll-cast Mg-3Al-1Zn alloy [J]. Materials Chemistry and Physics, 2012, 133 (2-3): 611-616.

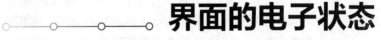

第3章

界面的电子状态

固体电子状态是研究固体材料结构和性能的物理基础，因此要了解固体材料界面的结构和过程及其对材料特性的影响，必须了解界面的电子状态。所有半导体器件的基本单元中都包含半导体、金属或绝缘体之间的界面。界面电子状态最普遍的一个现象就是能带弯曲，此现象可以发生在除两种金属之间界面以外的所有界面。本章先用金属、半导体的自由表面描述这一现象，再对金属-半导体以及金属-绝缘体-半导体界面进行分析，目的是提供关于控制界面电子性质的物理和化学基础知识。本章重难点是表面电子态和界面态产生的微观机理。

3.1 表面电子态

3.1.1 表面电子态的产生及其特征[1]

在三维无限晶体中，晶体内的电子由布洛赫波描述。此时，电子属于整个晶体，在各个原子附近电子波函数有相同的行为。电子运动遵守的薛定谔方程为

$$\nabla^2 \psi + \frac{8\pi^2 m}{h^2}(E - V)\psi = 0 \tag{3-1}$$

式中　ψ——电子波函数；

　　　m——电子质量；

　　　h——普朗克常数；

　　　E——电子能量；

　　　V——电子势能。

在晶体中，V 是晶格坐标的周期函数，即

$$V = V(\boldsymbol{r}) = V(\boldsymbol{r} + \boldsymbol{R}_n) \tag{3-2}$$

式中　$\boldsymbol{r}$——坐标矢量；

　　　$\boldsymbol{R}_n$——晶格矢量。

布洛赫曾证明，对于晶体中的电子运动，薛定谔方程的解具有以下形式

$$\psi_k(\boldsymbol{r}) = u_k(\boldsymbol{r})\mathrm{e}^{\mathrm{i}\boldsymbol{k}\cdot\boldsymbol{r}} \tag{3-3}$$

$$u_k(\boldsymbol{r}) = u_k(\boldsymbol{r} + \boldsymbol{R}_n) \tag{3-4}$$

式中　$\boldsymbol{k}$——波矢；

　　　$\mathrm{e}^{\mathrm{i}\boldsymbol{k}\cdot\boldsymbol{r}}$——平面波因子；

　　　$u_k(\boldsymbol{r})$——晶格的周期函数。

式(3-3) 称为布洛赫波函数。

在三维周期边界的情况下，电子在每个原胞中相同位置上出现的概率应该相等，这就要求波矢 k 的各个分量必须都是实数。对应 k 是实数的能量是电子允许具有的能量，它们构成许可能带。而对应复数 k 的能量是电子所不能具有的，它们构成禁带。

当晶体存在表面时，在平行于固体表面的平面内，仍存在二维对称性，而在垂直于表面的方向（如 Z 方向）上对称性不复存在。电子波函数沿着垂直表面向外的方向可以是指数衰减的。这种波描述的电子在表面出现的概率最大，称为表面态。它是由于表面的存在而造成的附加能态。波矢 k 可能取复数，因而表面电子态对应的能级可能处于体内能带的禁带中。

3.1.2　表面电子态的经典模型及理论计算

(1) 电子态的经典模型[1-2]

电子在半无限一维晶格中的势能如图 3-1 所示。在表面处，晶格突然中断形成一个势垒，这个势垒对应于电子在晶体中的束缚能 ［见图 3-1（a）］。对于整个晶格势，塔姆（Tamm）用图 3-1(b) 所示的表面处有阶跃形势垒的一连串势垒来表示。图中在 $x<0$ 的区域中，$V(x)=W$，W 为固定的功函数。

在这样一个势场的区域中，薛定谔方程的解必定是指数衰减的波函数

$$\psi(x)=ce^{x\eta}(x\leqslant 0) \tag{3-5}$$

$$\eta=\frac{\sqrt{2m(W-E)}}{\hbar} \qquad W<E \tag{3-6}$$

Tamm 能级并未考虑晶体内部原子间距的远近，认为表面态的产生是由于晶体势在表面处发生突变造成的，这个表面态被称为 Tamm 能级或 Tamm 态。

1939 年，肖克莱（Shockley）认为 Tamm 模型失去了表征表面的一些重要特征，于是提出了自己的一维有界晶格的晶体势模型，如图 3-2 所示。他假定势能直到表面处一直具有完整的周期性，在表面处，它对称地中断，如图 3-2(a) 所示。他发现在这种模型中，当原子间距较大时，不可能出现表面态，随着点阵常数的下降，能带变宽。当点阵常数降到一定程度，两个能带相邻的能级相交，随点阵常数继续下降，两个能级从上下两个能带中分裂出来，定域在禁带中，如图 3-2(b) 所示，由此形成的能级，称为 Shockley 表面态。

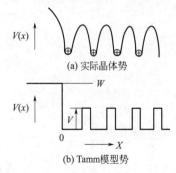

图 3-1　电子在半无限一维晶格中的势能

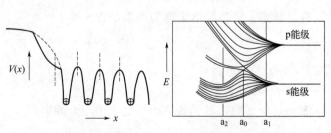

图 3-2　Shockley 一维有界晶格的晶体势
模型以及电子能级与晶格常数关系

Shockley 表面能级产生在两个原子层的中部间距中断的情况下，因此，Shockley 表面

能级视为源于原子价键的断裂，类似表面出现的悬挂键，所以有人称 Shockley 表面能级为悬挂表面态（本征表面态），该条件对具有共价键半导体（如 Ge、Si 等的表面）是能满足的。

(2) 表面势[1]

为了计算表面电子态，就要求解表面区域的薛定谔方程。为此，要知道电子在表面区域受到的相互作用势 $V(x)$。$V(x)$ 由芯电子和价电子的交互关联势 $V_{core}(x)$、离子实和价电子的总静电势 $V_{es}(x)$ 和价电子产生的交换关联势 $V_{xc}(x)$ 组成。

固体中的 $V_{core}(x)$ 具有高度的局域性，对周围环境不敏感。因此，可假定其值在表面和体内相同。常用一个模型赝势来表示，如最简单的是阿锡克洛夫特模型赝势；$V_{es}(x)$ 取决于离子芯和价电子的总电荷密度 $\rho_T(x)$，通过泊松方程来决定，即

$$\nabla^2 V_{es}(x) = -4\pi\rho_T(x) \tag{3-7}$$

$V_{xc}(x)$ 取决于价电子的电荷密度 $\rho_V(x)$。

$$V_{xc}(x) = a[\rho_V(x)]^{1/3} \tag{3-8}$$

其也称为斯雷特 x-a 交换关联近似。

表面势的自洽计算过程如下：选取模型势，假设价电子密度，利用泊松方程，解出 $V_{es}(x)$；由价电子密度计算 $V_{xc}(x)$。这样就能得到表面势，解表面区的薛定谔方程和求解表面的电子波函数。然后在此基础上再次求出电子密度，如此循环，进行自洽计算。

图 3-3 和图 3-4 分别为 Si(111) 面表面势垒能级图以及 Na(100) 表面的电荷密度 ρ 和自洽势 V 在 X-Y 平面内的平均值随 Z 的变化。从图 3-3 可见，Si 的价带宽度约为 12.5eV，平均体内势比价带底约高 2.7eV，体内和真空的势差约为 15eV。$V_{xc}(x)$ 约贡献了表面势垒的 2/3。图 3-4 表明 Na(100) 表面存在表面势垒，在第二原子层处，电子势和体内数值已很接近，而电子密度从最外原子层向真空延伸约 0.2nm 后迅速降到零。

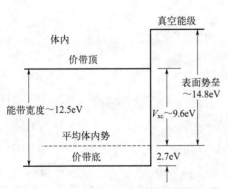

图 3-3　Si (111) 面的表面势垒能级

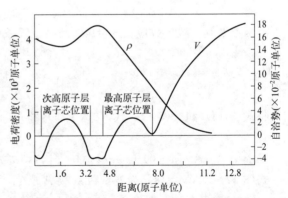

图 3-4　Na(100) 表面电荷密度 ρ 和自洽势 V 在 X-Y 平面内的平均值随 Z 的变化

(3) 表面电子态的理论计算

近年来，采用诸多方法，如赝势法、紧束缚法、波函数匹配法、直接积分法、微扰法、密度泛函数法等对表面电子态进行了大量的理论计算。下面利用波函数匹配法计算表面的电子态[3]。

采用 Tamm 模型，取一个一维有限晶体，电子势能如图 3-5。

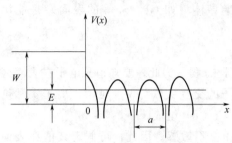

图 3-5 一维有限晶体的势能函数

在图 3-5 中，$x=0$ 处相当于晶体表面，$x \geqslant 0$ 区为晶体内部，势场随 x 周期地变化，周期为 a，$x \leqslant 0$ 区为晶体以外区域，势能为常数 W。电子在这种有限周期势场中，其波函数满足的薛定谔方程为

$$-\frac{\hbar^2}{2m}\frac{d^2\psi}{dx^2}+W\psi=E\psi \quad (x \leqslant 0) \qquad (3\text{-}9)$$

$$-\frac{\hbar^2}{2m}\frac{d^2\psi}{dx^2}+V(x)\psi=E\psi \quad (x \geqslant 0) \qquad (3\text{-}10)$$

式中 $V(x)$——周期场势能函数，满足 $V(x+a)=V(x)$。

由式(3-9)，晶体外真空区域

$$\psi''_{\text{I}}+\frac{2m}{\hbar^2}(E-W)\psi_{\text{I}}=0 \qquad (3\text{-}11)$$

令 $\eta^2=\frac{2m}{\hbar^2}(W-E)$，则式(3-11) 为

$$\psi''_{\text{I}}-\eta^2\psi_{\text{I}}=0 \qquad (3\text{-}12a)$$

式(3-12a) 的解为

$$\psi_{\text{I}}(x)=A e^{x\eta}+B e^{-x\eta} \qquad (3\text{-}12b)$$

当 $E<W$，即 η 为正实数，根据量子力学，当 $x\to-\infty$ 时，波函数必须有限，故式(3-12b)中第二项的系数为零，即得

$$\psi_{\text{I}}(x)=A e^{x\eta} \qquad (3\text{-}13)$$

式(3-13) 代表定域在表面区域的电子波函数。

在 $x \geqslant 0$ 区，$V(x)$ 为周期函数，方程 (3-10) 的一般解为

$$\psi_{\text{II}}(x)=A_1 u_k(x)e^{i2\pi kx}+A_2 u_{-k}(x)e^{-i2\pi kx} \qquad (3\text{-}14)$$

波函数及其一级导数应在 $x=0$ 处满足连续条件，即

$$\psi_{\text{I}}(0)=\psi_{\text{II}}(0) \qquad (3\text{-}15)$$

$$\left(\frac{d\psi_{\text{I}}}{dx}\right)_{x=0}=\left(\frac{d\psi_{\text{II}}}{dx}\right)_{x=0} \qquad (3\text{-}16)$$

将式(3-13) 和式(3-14) 代入式(3-15) 和式(3-16)，得

$$A_1 u_k(0)+A_2 u_{-k}(0)=A \qquad (3\text{-}17)$$

$$A_1[u'_k(0)+i2\pi k u_k(0)]+A_2[u'_{-k}(0)-i2\pi k u_{-k}(0)]=A\eta \qquad (3\text{-}18)$$

式(3-17) 和式(3-18) 为波函数系数 A、A_1 和 A_2 满足的方程。当 k 为实数值时，由式(3-14) 可看出 $x\to\infty$ 时，$\psi_{\text{II}}(x)$ 满足有限条件，因此 A_1 和 A_2 可同时不为零。此时式(3-17) 和式(3-18) 两个方程解三个未知数，解总是存在的，这些解表示一维无限周期场时的允许状态，对应的能量就是允带。说明所有在一维无限周期场时的电子状态在半无限周期场的情况下仍可实现。

再讨论 k 为复数值情况。令 $k=k'+ik''$，其中 k'、k'' 都取实数，将之代入式(3-14)，则有

$$\psi_{\text{II}}(x)=A_1 u_k(x)e^{i2\pi k'x}e^{-2\pi k''x}+A_2 u_{-k}(x)e^{-i2\pi k'x}e^{2\pi k''x} \qquad (3\text{-}19)$$

可以看出，当 $x\to\infty$ 或 $x\to-\infty$ 时，上式中总有一项要趋向无限大，不满足波函数有限

条件。因此，在一维无限周期场情形，k 不能取复数值。但在半无限周期场情形则不然，只要使系数 A_1 和 A_2 中任一个为零，k 可取复数值。如当 $A_2 = 0$ 时，有

$$\psi_{\text{II}}(x) = A_1 u_k(x) e^{i2\pi k'x} e^{-2\pi k''x} \tag{3-20}$$

可见，k'' 取正值时，当 $x \to \infty$，$\psi_{\text{II}}(x)$ 满足有限条件，故有解存在。

根据波函数及其一级导数应在 $x = 0$ 处满足连续条件，以式(3-13) 和式(3-20)代入式(3-15) 和式(3-16)，得

$$A_1 u_k(0) - A = 0 \tag{3-21}$$

$$A_1 [u_k'(0) + i2\pi k u_k(0)] - A\eta = 0 \tag{3-22}$$

式(3-21) 和式(3-22) 中存在 A 和 A_1 的非零解的条件为系数行列式等于零，由此可以求得

$$E = W - \frac{h^2}{2m} \left[\frac{u_k'(0)}{u_k(0)} + i2\pi k \right]^2 \tag{3-23}$$

电子的能量值 E 必须取实数值，因式(3-23) 中的 $\dfrac{u_k'(0)}{u_k(0)}$ 一般为复数，故其虚数部分应与 $i2\pi k$ 中的虚数抵消。

以上证明了在一维半无限周期场情形，存在 k 取复数值的电子状态，其能值由式(3-23) 表示，其波函数分别由式(3-13)（在 $x \leqslant 0$ 区）和式(3-20)（在 $x \geqslant 0$ 区）表示。可以看出，在 $x = 0$ 处两边，波函数都是按指数关系衰减，这表明电子的分布概率主要集中在 $x = 0$ 处，即电子被局限在表面附近。因此这种电子状态被称为表面态，对应的能级称为表面能级。

3.1.3　固体表面的结构[1,4]

表面物理中给出了表面的几种简化概念，如理想表面、清洁表面和吸附表面等。所谓理想表面，除了确定一套边界条件外，系统不发生任何变化，即半无限晶体中的原子位置和电子密度与原来的无限晶体一样，这种理想的表面实际上不可能存在。在垂直表面的方向上原子排列周期性地变化，使表面附近的电子波函数发生畸变，动能高的原子，能够穿透表面势垒，形成表面过剩电子，并和表面下未补偿的正电荷构成表面偶极层。除了电子弛豫外，表面区原子位置也会发生弛豫，如 NaCl 晶体，半径较大的 Cl^- 形成 FCC 结构，半径较小的 Na^+ 分布在八面体空隙中。由于 Cl^- 之间的排斥，表面的 Cl^- 被推向体外，而 Na^+ 则被拉向体内，形成表面偶极层。许多金属氧化物也都存在偶极层，这对其吸附、润湿、腐蚀和烧结都有影响。

清洁表面是相对于受环境污染的表面而言的，其吸附物的表面浓度应低于单分子覆盖层的百分之几。这个定义并未确定晶体结构的完整性，也不涉及表面自身的化学纯度。在原子清洁的表面上，可以发生多种与体内不同的结构和成分变化，如弛豫、重构、台阶化、偏析和吸附，如图 3-6 所示。弛豫就是表面附近的点阵常数发生明显变化，重构就是表面原子重新排列，形成不同于体内的晶面。

吸附表面是外来原子在固体表面形成吸附层。吸附原子可以形成无序的或有序的覆盖层。覆盖层可以具有与衬底相同的结构，也可以形成重构表面层。当吸附原子和衬底原子之间相互作用很强时，则能形成表面合金或表面化合物。覆盖层结构中也存在缺陷，如空位、杂质、原子台阶或畴边界等，且它的结构也随温度变化。

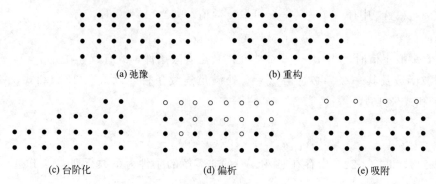

图 3-6　固体表面的结构和成分变化

为了说明晶体表面重构现象或吸附在表面上外来原子的结构，通常都是取与表面平行的衬底网格作为参考网格，将表面层的结构与衬底结构作比较来对表面网格进行定标。

设衬底网格的周期性表示为

$$T = n_1 a_1 + n_2 a_2 \tag{3-24}$$

表面网格的周期性表示为

$$T_s = n_1' a_{s1} + n_2' a_{s2} \tag{3-25}$$

式中　a_1、a_2——衬底网格的基矢；

　　　a_{s1}、a_{s2}——表面网格的基矢。

最简单的情况，$a_{s1} = p a_1$，$a_{s2} = q a_2$，p、q 为整数，亦即表面网格和衬底网格的基矢平行，习惯上用下面的缩写符号表示表面网格

$$R(hkl) p \times q - D \tag{3-26}$$

式中　R——衬底材料的符号；

　　　(hkl)——表面平面的指数；

　　　D——覆盖层或沉积层物质的化学元素符号。

更一般的情况，$a_{s1} = p_1 a_1 + q_1 a_2$，$a_{s2} = p_2 a_1 + q_2 a_2$，如果 a_{s1} 和 a_{s2} 的夹角等于 a_1 和 a_2 的夹角 α，则

$$R(hkl) \frac{|a_{s1}|}{|a_1|} \times \frac{|a_{s2}|}{|a_2|} - \alpha - D \tag{3-27}$$

如在半导体 Si 中，顶层原子形成 Si(111)7×7 结构，表面网格的周期是原来 Si(111) 面上周期的 7 倍，两个网格间没有相对转动。在 Ni 的 (110) 和 (001) 表面层上的 O 和 S 覆盖层结构为 Ni(110)2×1−O，Ni(001)$\sqrt{2} \times \sqrt{2}$−45°−O。

3.1.4　局域态密度[4]

在固体物理中经常引用态密度（density of states，DOS）这一概念，所谓态密度是指单位能量间隔中允许的电子态数目，以 $\rho(E)$ 表示。若电子态 i 的能量为 E_i，则在能量 E 处总的 DOS 应为

$$\rho(E) \mathrm{d}E = \sum_i \delta(E - E_i) \mathrm{d}E \tag{3-28}$$

在一个系统中，许多物理性质往往与单电子态的性质无关，而主要是由电子态在各能量间隔中的分布所决定。因此，有必要定义一个局域态密度（localized density of states，LDOS）的概念。若电子波函数为 ψ_i，能量为 E_i，则在某一表面区域内，某一能量范围，LDOS 定义为单位能量间隔的电子态数目，即

$$\rho(E,r) = \sum_i |\psi_i(r)|^2 \delta(E - E_i) \tag{3-29}$$

由于表面电子态的局域性，$\rho(E,r)$ 对位置 r 有很强的依赖性。总的表面态密度 $\rho(E)$ 是 $\rho(E,r)$ 对于整个表面积分或对表面上所有原子求和。

当局域态密度在表面原子附近有很大的数值，且向晶体内作指数衰减时，这种态称为表面态。此外，还有一种电子态在表面原子处也有很大振幅并向体内很快衰减，但并未完全衰减掉，它在体内原子处有类似布洛赫波的小振幅振荡，这种电子态称为表面共振态。

3.1.5　清洁表面的电子结构[1]

在原子排列周期中断的清洁表面上形成的表面态称为本征表面态，它可以有表面弛豫和重构。表面的弛豫和重构对表面电子态有很大的影响。表面各种结构缺陷以及杂质所产生的表面态，称为外诱表面态。如果给出的表面能级特别容易吸引电子，则称为电子陷阱表面态能级；若容易吸引空穴，则称为空穴陷阱表面态能级。当有氧化膜存在时，它和块体之间的界面能级称为内表面能级，氧化膜表面上的能级称为外表面能级。

金属、绝缘体和半导体都有自由表面，从原则上讲，它们都有表面态。金属没有禁带，体电子在费米能级处的能级密度很高，因此金属的表面态很难与体态区分开来。对于碱金属卤化物、银卤化物、金属氧化物和玻璃等，在块体材料的禁带中充满各种各样的附加能级（如电子和空穴的陷阱等），表面态也很难从以上的附加能级中区分出来。半导体具有适当宽度的禁带，目前的半导体技术已经能制备纯度和完整性非常高的材料，只有极少量的体内陷阱，因此半导体的表面态很容易检测。正因为如此，目前许多有关表面态的数据都来源于半导体（如 Si、Ge、GeAs 等），往往用这些数据来检验表面理论的准确度。

尽管金属和有些物质的表面态比较难单独测量，但它们是存在的，对材料的光学、电学、磁学性质，以及在催化和化学反应中都起着重要的作用。随着测量技术的进步，现在对金属、绝缘体的表面态已能测定，如 Ni 的表面态在费米能级下 $4\sim5\mathrm{eV}$ 的位置，Cu 则在费米能级下 $5\sim6\mathrm{eV}$ 的位置。

很多半导体清洁表面都是重构的。半导体中一般都含有离子键和共价键，这给表面电子结构计算带来复杂性。半导体 Si 和 Ⅲ～Ⅴ族化合物表面电子结构是目前了解最清楚的。块体 Si 的原子结构立体图如图 3-7 所示，其中球代表 Si 原子，棒代表化学键，块体 Si 与真空的界面为（111）未弛豫和未重构的理想表面。

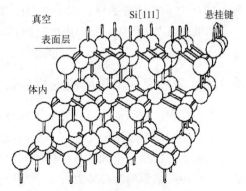

图 3-7　块体 Si 的原子结构立体图

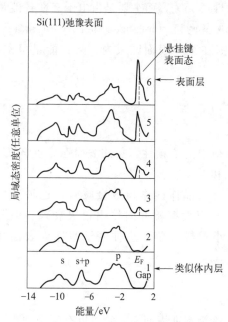

图 3-8　Si(111) 弛豫表面的局域态密度

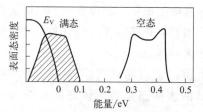

图 3-9　Si(111)2×1 重构表面
上分裂后的悬挂键表面态密度

研究结果表明，未弛豫和未重构的 Si(111) 理想面，在体禁带内的表面态能带宽约为 $0.6\sim0.8eV$，在体价带以及价带以下的能量区无表面态能带。对于弛豫的 (111) 面，形成表面时，键断裂形成的悬挂键伸出表面，图 3-8 所示为表面层以下 6 个原子层的 LDOS，第 6 个原子层有 s 电子、p 电子和 s＋p 电子给出的 3 个峰，LDOS 与体内没有明显差别，而越靠近表面的原子层，在能带间隙区，可以明显看到悬挂键表面态的 LDOS 峰，最表面层大约给出了 0.033nm 的弛豫量。

实际上，Si(111) 面远不是理想的表面，而是存在 (2×1) 重构。理想情况下，每个表面单胞中只有一个原子，而实际上有两个原子，其中一个推向外，一个拉向里，使表面弯曲。表面重构的结果使图 3-8 中的悬挂键表面态峰分裂成两个，如图 3-9 所示，其中一个在价带顶附近，宽约 0.2eV，另一个在禁带中，宽约 0.2eV。推向外的 Si 原子具有被占据的悬挂键表面态，拉向里的 Si 原子具有空的悬挂键表面态。理想情况下，表面原子都是等价的，给出单峰和一个半充满能带，此时 Si 表面具有金属特性。表面重构使其能带分裂成间隙很小的一个满带和一个空带，使 Si 表面具有半导体特性。

当 Si(111) 表面存在台阶时，台阶原子的悬挂键将感生出表面态。图 3-10 所示为利用紫外光电子谱 （UPS）测到的台阶与表面态能量分布之间的关系。可见，在台阶原子密度为 3% 的低台阶密度表面，在 Fermi 能级 E_F 以下 0.9eV 处有一较宽的极大值，与清洁表面一致。而台阶原子密度为 10% 的表面在 E_F 以下 0.5eV 处出现附加的结构，一直延伸到禁带，类似 Si(111)7×7 表面观察到的情况。理论计算也发现，台阶对悬挂键表面态有很大影响，它会在价带边缘附近出现附加的态密度，它所处的位置在 Si(111)2×1 结构的本征表面态附近。图 3-10 中在价带边缘的峰，即来自台阶原子的悬挂键。

如果表面发生吸附，所形成的吸附相也会产生表面电子态，如图 3-11 所示。单层吸附发生在早期，有 C、D 两个峰，长期吸附后，在 A、B 处出现两个峰，相当于生成 SiH_3 新相。

3.1.6　表面空间电荷层的形成及表面能带的弯曲

表面存在的空间电荷层强烈影响固体的电学及化学性质，半导体及绝缘体的电学性质在许多方面受空间电荷层的支配。表面空间电荷层的形成会从能带中注入或抽出载流子，使表面处载流子密度变化很大，从而影响其电导、功函数、光吸收等一系列物理性能。更重要的是目前有相当数量的半导体器件，利用空间电荷层的特性来进行工作。一些气敏、湿敏等传感器工作也与表面空间电荷层有关。

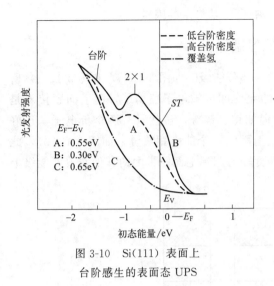

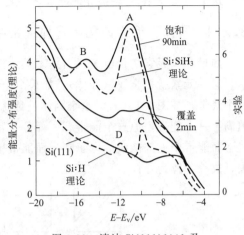

图 3-10　Si(111) 表面上
台阶感生的表面态 UPS

图 3-11　清洁 Si(111)1×1 及
有两种化学吸附相时的 UPS 谱

实验表明，下面任何一种因素都能使半导体或绝缘体表面形成空间电荷层：第一，表面的外电场；第二，半导体上绝缘层中存在的电荷在表面感生的电场；第三，表面因产生离子吸附而引起的表面电场；第四，金属与半导体（或绝缘体）因功函数不同而形成接触电势等。可见，表面处有电场存在是产生表面空间电荷层的主要原因。在外场作用下，载流子将在表面发生屏蔽作用，以阻止外场深入内部。对金属材料，由于它的自由载流子密度很大，表面形成极薄层就足以将外场屏蔽掉。对半导体或绝缘体，由于载流子密度低，必须经过一定距离后，才能将外电场屏蔽掉。

在空间电荷层中，有电场存在，从表面到内部电场，再到电荷区的另一端，场强减小到零。在此区域，电场存在必然引起电势的变化，半导体表面与体内产生电势差。常称空间电荷层两端的电势差为表面电势，以 V_S 表示。在空间电荷层中，存在宏观电势，这样电子在该区域中有一附加的静电势能，即 $-qV(z)$，它随位置而变，这样在空间电荷层中，能带发生弯曲。

能带图是针对电子能量的，如 $V_S < 0$，则 $-qV_S > 0$，电子在表面的能量升高，能带向上弯曲，造成电子的势垒；对空穴而言，这种情况是势阱。对于表面势大于零的情况，电子在表面的能量降低，能带向下弯曲，造成空穴的势垒和电子的势阱，如图 3-12 所示。

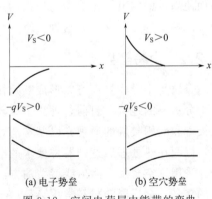

图 3-12　空间电荷层中能带的弯曲

3.2　金属-半导体界面态

绝大多数由电子材料构成的器件是层状结构，它们用平面工艺由若干层不同性质和厚度的薄膜做成。显然，薄膜之间的界面将对电子材料的性能产生影响。

按界面的构成，有半导体-半导体、金属-半导体、绝缘体-半导体和金属-绝缘体之分，其中金属-绝缘体界面对电子材料的影响比较小。因此，电子材料的界面一般指前面的三种。

这节主要介绍金属-半导体界面的特性以及影响肖特基势垒的因素。

3.2.1　导体、绝缘体和半导体能带结构的区别

如果某一元素的价电子只占据了某一能带的一部分能级，如图 3-13（a）和图 3-13（c）所示，这一元素就是金属（导体）。如果一个固体的允许能带被电子填满了，而上面紧接着是一个禁带，如图 3-13（d），这个固体是绝缘体。但如锌、镉等，虽然具有两个价电子，正好填满了一个能带，但这个能带有一部分与紧接在上面的一个能带相重叠，如图 3-13（b），此时下面能带中上部能级的电子在上面能带里，且可轻易调到上面能带中的其他空着的能级上去，故锌、镉为导体。

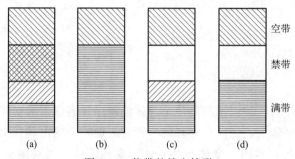

图 3-13　能带的填充情形

半导体的能带分布情形与绝缘体相同，不过满带与空带的距离较小，即禁带的宽度较小，因而在满带中的部分电子，受热运动的影响，能够被激发而越过禁带，进入上面的空带中成为自由电子，产生导电性。空带获得了电子能产生导电性，故又称为导带。温度越高，电子越过禁带的机会越多。当满带中的电子越过禁带进入上面的空带后，就在下面的满带中产生一个空的位置—"空穴"，使满带内其它较高能级的电子可以跃迁到这个"空穴"来，因而使满带中的电子也能参与导电的过程。电子在外电场作用下移动，"空穴"沿与电子运动方向相反的方向移动，这种"空穴"的移动，相当于正电荷的移动，称为"空穴"电流。

3.2.2　肖特基势垒[5]

金属与半导体界面可以形成欧姆接触或做成肖特基势垒二极管，因而在电子材料领域占有十分重要的地位。目前，理想金属与半导体界面的电学特性理论已相当成熟，肖特基检波二极管和欧姆接触的原理亦已基本清楚。现在的问题是如何设计金属层合适的合金组分及结构，以便在热处理后达到器件要求的电学性能。

采用真空蒸发、溅射或镀覆的方法在半导体表面上沉积一层金属，可实现金属与半导体间的接触。金属层的材料常用 Au、Al、Pt、W、Mo 或 MoCr 合金等。

肖特基势垒的形成模型可用图 3-14 来说明。设想一块金属和一块 n 型半导体有共同的真空静止电子能级，且假定金属的功函数大于半导体的功函数，即 $W_m > W_s$。接触前能级如图 3-14（a）所示，金属和半导体中的 Fermi 能是电子在其中的电化学势，金属中的 Fermi 能 E_F 低于半导体中的。因此，若用一根导线把金属与半导体连接起来，电子会从半导体进入金属，使金属表面带负电，半导体表面带正电。它们所带电荷相等，整个系统保持电中性，结果降低了金属的电势，提高了半导体的电势。当达到平衡时，两者的 Fermi 能级达到一致，如图 3-14（b）所示。随接触距离减小，靠近半导体一侧的金属表面负电荷密度增

加，同时靠近金属一侧的半导体表面正电荷密度也随之增加。由于半导体中自由电荷密度的限制，这些正电荷分布在半导体表面相当厚的一层表面层内，即空间电荷区。这些空间电荷区内存在一定的电场，造成能带弯曲，使半导体表面和内部之间存在电势差，即表面势，如图 3-14(c) 和图 3-14(d) 所示。

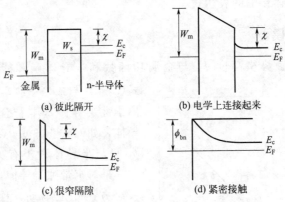

图 3-14　金属与 n 型半导体间势垒形成示意图

对于金属中的电子，界面处的势垒高度

$$\phi_{bn} = W_m - \chi \tag{3-30}$$

式中　χ——半导体亲和能。

式(3-30) 表示了理想肖特基势垒的高度，数值上等于金属 Fermi 能级上的电子进入半导体导带所需的能量。

由式(3-30) 可见，如果 $W_m < \chi$ $(W_m < W_s)$，则 $\phi_{bn} < 0$，界面附近半导体一侧能带下弯，对金属中的电子和半导体导带中的电子都不构成势垒，这样的金属-半导体接触为欧姆接触。

对于 p 型半导体和金属的接触，如图 3-15 所示，假定 $W_m < W_s$，E_g 为半导体的禁带宽度。当 $\chi + E_g > W_m$，对于半导体价带中的电子，界面处的势垒高度

$$\phi_{bp} = E_g + \chi - W_m \tag{3-31}$$

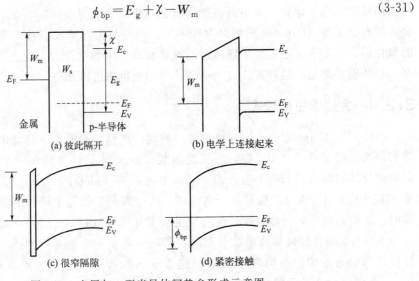

图 3-15　金属与 p 型半导体间势垒形成示意图

式(3-31) 表示了理想肖特基势垒的高度，其值等于电子从价带跃迁到金属中具有费米能级处所需的能量；当 $\chi+E_g<W_m$ 时，$\phi_{bp}=E_g+\chi-W_m<0$，形成欧姆接触。式(3-30)与式(3-31) 相加，得

$$\phi_{bn}+\phi_{bp}=E_g \tag{3-32}$$

这是理想的金属-半导体接触的表达式。

3.2.3 Bardeen 模型[1,5]

金属与半导体接触势垒高度 ϕ_b 与金属功函数和半导体亲和能之差成线性关系，见式(3-30) 与式(3-31)。实验发现这种关系对离子性半导体基本符合，但对典型共价性半导体，如 Ge、Si、GaAs 都不符合，势垒高度 ϕ_b 只与半导体种类有关，与金属种类无关，尤其是对窄带隙半导体，形同 E_F 被钉扎在某一地方，固定不动，称作 Fermi 能级钉扎。图 3-16 所示为四种半导体与不同金属之间接触时的肖特基势垒 ϕ_{bn} 实验值，从图可见，Si 和 GaAs 的肖特基势垒在 0.1eV 范围内变化，与金属类型无关。但对于更多的离子性半导体，如 ZnS 和 ZnSe，它们的肖特基势垒随着金属电负性的提高而提高。

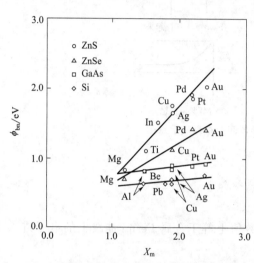

图 3-16　四种半导体与不同金属之间接触时的肖特基势垒 ϕ_{bn} 实验值

(X_m 是金属的电负性)[5]

对共价性半导体，势垒高度 ϕ_b 与金属种类无关现象解释的初始思想是 1947 年 Bardeen 提出的。Bardeen 用半导体表面存在高密度的表面态来解释这个现象。半导体的表面因原子周期性排列中断而产生悬挂键，形成大量的表面态，表面态能俘获电子。在有表面态情况下，半导体表面附近可以因电子被表面俘获而形成耗尽层。当半导体与金属接触时，只是表面态中的电子跑到金属中去实现平衡态，表面处的势垒高度与接触前相同，因此与接触金属的种类无关。Bardeen 的解释存在不足：一是与实际情况不符，半导体表面有一层很薄的氧化层；二是表面态是指半导体表面裸露在真空中的电子态。此后，人们又提出了多种模型，这些模型都是以某种方式对 Bardeen 的初始思想进行修订。

3.2.4 金属诱生能隙态[1]

1965 年，Heine 对 Bardeen 模型提出质疑，他认为金属与半导体的界面不能期望有分立的表面态。根据量子力学原理，金属波函数在金属-半导体系统将在半导体禁带中诱生从界面向半导体内部衰减的电子态，即金属诱生能隙态（metal induced gap states，MIGS）。产生 MIGS 后，才发生 E_F 被钉扎。具体说，当金属的导带与半导体的能隙同处在一个能量范围时，金属的电子波函数将在界面衰减进入半导体中（$x>0$ 区域），如图 3-17 所示。

在 $x=0$ 的界面，其波函数与金属导带同一能量的布洛赫波相匹配，这种能谱是落在半导体能隙中的连续谱。当时 Heine 仍把 MIGS 称作表面态。显然，这种表面态的概念与 Bardeen 的表面态是不同的。后人也把 Heine 模型称作 Bardeen/Heine 模型。

1976 年，Louie 和 Cohen 采用自洽经验赝势，用胶泥代替 Al，并采用薄片模型。在胶泥中假设正电荷均匀分布，而自由电子气的电荷密度与所研究金属的近似，具体计算了 Al-Si(111) 接触的电子特性。图 3-18 给出了 Al-Si 界面临近区域的局域态密度，在Ⅰ、Ⅱ和Ⅲ区内，曲线和自由电子态密度很接近，而在Ⅴ和Ⅵ两区内，则与块体 Si 相近。界面区的 LDOS 变化较显著，如图中Ⅳ区曲线所示，表明界面态偏在 Si 一侧，其中最突出的是在 -8.5eV 附近的 S_k 态，它在 Al 和 Si 两侧迅速衰减，因而是典型的界面态，但由于它位于满带区中，对肖特基势垒的性能不会有显著影响。与 Si 的自由表面（图 3-8）相比，Al-Si 界面的最突出特点是没有悬挂键表面态峰，而在其位置出现了 MIGS，如在区域Ⅳ和Ⅴ，整个带隙内有连续增加的 MIGS 密度，在距离界面的第三层，即区域Ⅵ，带隙中（$0\sim1.2\text{eV}$）几乎没有能态。图 3-19 和图 3-20 分别给出了 S_k 态（-8.5eV）和 MIGS 电荷密度的空间分布，MIGS 看起来像是悬挂键自由表面和金属态杂化的结果，因为它们影响了费米能级的位置，进而决定了肖特基势垒的行为。

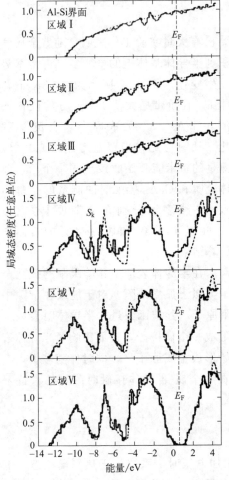

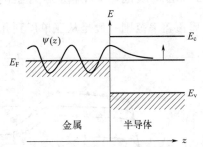

图 3-17　金属-半导体接触波函数示意图

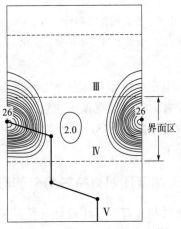

图 3-18　平行于 Al-Si(111) 界面 6 个区域的
局域态密度（虚线为胶体 Al 和 Si 的体态密度）

图 3-19　Al-Si 界面 S_k 态电荷
密度在界面平面内的空间分布

虽然 MIGS 总是存在，但是它们穿入半导体的深度随着半导体的离子性增加而减小，如图 3-21 所示，且其衰减长度随着带隙的增大而迅速降低，它们渗透到半导体中越少，则它们参与半导体中原子间的电荷转移也越少。

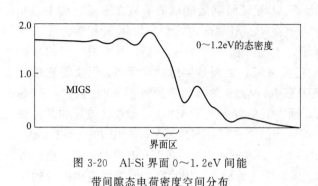

图 3-20 Al-Si 界面 0～1.2eV 间能
带间隙态电荷密度空间分布

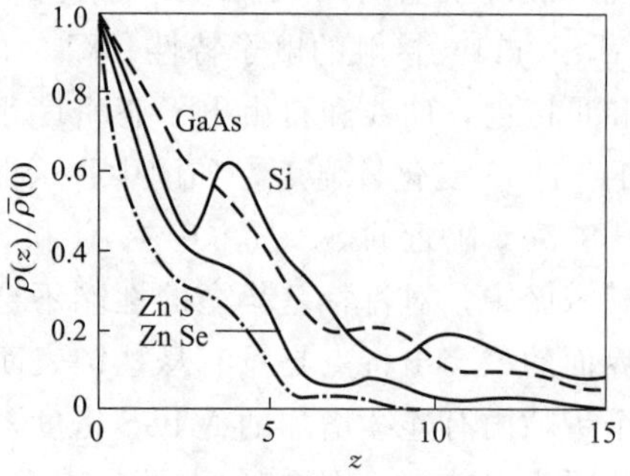

图 3-21 金属感生间隙态穿入
半导体中的电荷分布

3.2.5 金属覆盖率对肖特基势垒的影响[5]

金属覆盖率范围一般是从亚单层到几个单层，已有大量实验工作表明，随着金属气相沉积到半导体基体上的量增多，肖特基势垒会发生变化。图 3-22 所示为在 83K 下，费米能 E_F 在价带最大值 E_V 上方的位置随着清洁 p-GaAs（110）表面上名义覆盖率的变化。从图可见，当覆盖率超过 0.3 单层时，测量的费米能开始收敛至同一个值，此值与体金属和 GaAs 接触时的测量的势垒高度一致。曲线表示分别在价带顶上方 0.87eV、0.76eV、0.68eV 和 0.49eV 处的表面施主态计算结果。

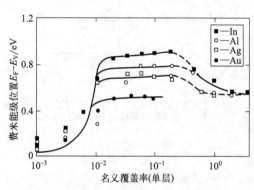

图 3-22 在 83K 下，费米能 E_F 在价带
最大值 E_V 上方的位置随着清洁 p-GaAs
（110）表面上名义覆盖率的变化

在半导体表面上化学吸附的孤立金属原子类似于孤立缺陷。对于能级在带隙中的吸附原子，其波函数进入半导体时衰减。每个吸附原子的电子电荷非对称分布，在界面上诱发形成一个偶极子，进而影响了半导体表面上的费米能位置。当单层覆盖率达到约 0.3 时，开始形成金属原子岛，同时伴随着引入金属屏蔽效应形成连续的 MIGS，进而费米能级被钉扎在与金属-半导体接触时测量的肖特基势垒一致的能量上。

3.2.6 外加电压对肖特基势垒的影响[6]

对于金属与 n 型半导体接触（见图 3-14），未加电压时，系统处于热平衡状态，电子越过势垒从 n 型半导体进入金属形成的电流，等于电子从金属进入半导体所形成的电流，即净电流为零。界面附近半导体一侧的施主离子形成正空间电荷层，能带上弯，相应的内建电势

$$V_D = \frac{1}{q}(W_m - W_s) \tag{3-33}$$

当加上一个金属一侧为正、半导体一侧为负的电压 U（正向偏压）时，半导体一侧的势

垒高度降至 $q(V_D-U)$，而金属一侧的势垒高度不变，仍为 $W_m-\chi$，结果将有一个随 U 指数增大的正向电流从金属流向半导体；反之，加上一个金属一侧为负、半导体一侧为正的电压 U（反向偏压）时，半导体一侧的势垒高度升至 $q(V_D+U)$，电子越过势垒由半导体流向金属所形成的电流减小，而相反方向的电流可认为与电压无关，结果只有一个微弱的反向电流流过金属-半导体接触。可见，肖特基势垒有整流作用。流过肖特基势垒的电流 J 与外加电压 U 间的关系可表示为

$$J=Ae^{-\frac{\phi_{bn}}{kT}}(e^{\frac{qU}{kT}}-1) \tag{3-34}$$

利用肖特基势垒的单向导电性，可制成有检波作用的肖特基二极管。由于通过肖特基接触的电流主要靠半导体中的多数载流子载运，没有少数载流子积累效应，且肖特基二极管没有扩散电容，故肖特基二极管有优良的高频特性，开关速度比 p-n 结二极管高得多，可用作微波领域的检波器件、变容器和开关器件。肖特基接触在制作肖特基二极管、光电二极管、光电探测器、太阳电池和场效应晶体管等方面获得广泛应用。

3.2.7　金属-半导体接触的电流输运机制

肖特基势垒的电流输运机制比较成熟，按 Rohderick 分析，对于 n 型半导体在正向偏压下，电子输运过程可以有以下四种[4]，如图 3-23 所示。

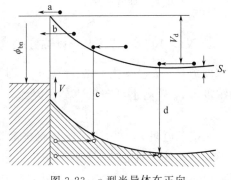

图 3-23　n 型半导体在正向偏压下的电子输运过程

① 电子从半导体越过势垒顶点到金属中（图 3-23 中 a 指示的），这一过程包括热电子发射（TE）和扩散漂移（D）两种机制。这是基本的电流输运过程，即所谓二极管理论。后来，Crowell 和 Sze 研究了扩散漂移和热电子发射两种机制的联合作用[7]。实际上，半导体导带电子从耗尽边界依靠扩散漂移作用向界面运动，当电子达到距界面约一个平均自由程的距离内，就以热电子方式进入金属。在稳定电流情况下，扩散漂移电流应与热电子发射电流相等。若扩散漂移足够快，能完全提供热电子发射的电子，这时热电子发射机制起着限制电流的作用。反之，电流受扩散漂移机制控制。如电子迁移率很高的 GaAs、Ge、Si 等半导体，热电子发射机制起决定作用。

② 电子由隧穿效应穿过势垒，称为场发射（FE）（图 3-23 中 b 指示的）。在极低温度下，热电子发射可以忽略，电子可通过隧穿效应穿过势垒。随着温度的升高，电子被激发到较高的能级上，这时电子穿透势垒的概率较大，这是热电子激发和隧穿效应的联合作用，成为热电子场发射机制（TFE）。对于高掺杂半导体，势垒变得很薄，隧穿效应就起着支配作用，这是形成欧姆接触的基本物理原因。电子隧穿概率的大小取决于势垒的高度和厚度，对于有限的势垒高度，只要势垒足够薄就可以有高隧穿概率。

③ 在空间电荷区中电子与空穴复合（图 3-23 中 c 指示的）。

④ 在半导体中性区电子与空穴复合（空穴注入中性区）（图 3-23 中 d 指示的）。

上述的②、③和④机制引起势垒降低，并使肖特基二极管偏离理想特性。

3.2.8 金属-半导体接触的电学特性表征与测量[4]

表征金属-半导体接触特性的是比接触电阻 r_c 和接触电势 ϕ_b，前者表示欧姆接触特性，后者表示整流特性。单位面积金属-半导体接触的微分电阻称为比接触电阻 r_c，其单位为 $\Omega \cdot cm^2$。一般具有不同能量电子的隧穿概率不同，隧穿概率可写成电子能量的函数，即 $P(E)$。$P(E)$ 对各种能量电子对隧穿电流的贡献积分可得总电流，通过式 $r_c = \left(\dfrac{\partial J}{\partial V}\right)_{V=0}^{-1}$，可求得 r_c。

r_c 取决于势垒高度 ϕ_b 和半导体的掺杂浓度 N_d。Yu[8] 和 Chang 等[9] 细致地分析了 ϕ_b、N_d 和温度对 r_c 的影响，得出下面的结论：

① 半导体的掺杂浓度较低，如 $N_d < 10^{17} cm^{-3}$，通过界面的电流以热发射（TE）为主。此时，$r_c \propto \exp\left(\dfrac{q\phi_b}{kT}\right)$，当 ϕ_b 一定，温度愈高，r_c 愈小；而温度一定时，ϕ_b 愈高，r_c 愈大。

② $N_d = 10^{17} \sim 10^{18} cm^{-3}$，电子穿过势垒是热电子激发和隧穿效应联合作用（TFE）。此时，$r_c \propto \dfrac{q\phi_b}{E_{00} \coth\left(\dfrac{E_{00}}{kT}\right)}$，即 r_c 依赖于温度和隧穿概率参数 E_{00}。

③ $N_d > 10^{18} cm^{-3}$，电子以隧穿效应穿过势垒（FE）为主。此时，$r_c \propto \dfrac{q\phi_b}{E_{00}}$。由于掺杂浓度愈高，$E_{00}$ 愈大，故 r_c 愈小，即 r_c 强烈依赖于掺杂浓度。只要半导体有足够的掺杂浓度，ϕ_b 较高也可产生隧穿。因此，从 ϕ_b 和 r_c 可以了解电子穿过金属-半导体界面的方式。

比接触电阻 r_c 实际上是无法直接测量的，因为接触区包括金属、金属与半导体界面和半导体；此外，测定时还有各种寄生电阻引入。目前，已有多种基于不同模型的测试方法，但无论何种方法，都是在一定的恒定电流下，在一些接触点间测量电压，求出各自电阻，然后按不同模型，从总电阻中扣除各种寄生电阻，最终求得 r_c。

根据样品的不同结构，欧姆接触电阻的测量大致分为两类[4]：一类是在体材料上制备欧姆接触图形进行测试，其方法主要有四探针及其改进法、拟合法和四点结构法；另一类是在薄层材料上制备欧姆接触图形进行测量，如传输线法。

测定 ϕ_b 的实验方法主要有：正向偏压下测定电流 I 和电压 V 关系，得到 $\phi_b(I-V)$；反向偏压下测定电容 C-电压 V 关系，得到 $\phi_b(C-V)$ 关系，或测量光致电流 I 与入射光子能量 E 关系，得到 $\phi_b(I-E)$[10-11]。表 3-1 给出了上述三种方法测得的 Pd 与 p 型、n 型 InP、GaAs 和 Si 组成的 6 种肖特基二极管的 ϕ_b[12]。

表 3-1　Pd 肖特基二极管的接触电势 ϕ_b[12]

半导体	导电类型	$\phi_b(I-V)/eV$	$\phi_b(I-E)/eV$	$\phi_b(C-V)/eV$
InP	p	0.823 ± 0.003	0.810 ± 0.015	0.895 ± 0.016
	n	0.454 ± 0.030		
GaAs	p	0.485 ± 0.012		
	n	0.865 ± 0.005	0.815 ± 0.045	0.929 ± 0.046

续表

半导体	导电类型	$\phi_b(I-V)$/eV	$\phi_b(I-E)$/eV	$\phi_b(C-V)$/eV
Si	p	0.488 ± 0.057		
	n	0.711 ± 0.021	0.710 ± 0.010	

3.2.9　Si 的肖特基势垒[5]

由于 Si 在器件技术方面的主导地位，对于 Si 的肖特基势垒研究得最多。研究发现当 Si 与金属紧密接触时，会发生化学反应和互相混合。但由于表面制备和热处理工艺不同，使得实验测量的结果缺乏可重复性。

图 3-24 所示为气相沉积金属薄膜与 Si(111) 表面紧密接触时，测得的势垒高度随金属功函数的变化。从图可见，具有较大功函数的 Au 和 Pt 倾向于与较大的势垒相关，而具有较低功函数的 Mg 和 Ca 倾向于与较小的势垒相关。此外，金属给定，数据显著发散。这是由于多数情况下，金属薄膜为多晶体，晶粒尺寸和织构取决于沉积条件。有时金属覆盖层与基体之间为外延关系，在层中形成的弹性共格应变改变了金属和半导体的能带结构，进而影响测量的势垒高度。

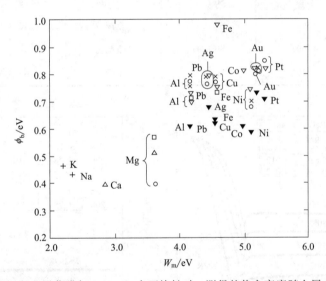

图 3-24　气相沉积金属薄膜与 Si(111) 表面接触时，测得的势垒高度随金属功函数的变化

3.2.10　金属-半导体界面的原子结构[4]

肖特基势垒高度与界面原子结构（结晶学、原子键合）有直接关系。一般晶格错配度小于 0.5％时，才能在 Si 上外延生长质量较好的硅化物单晶薄膜。$NiSi_2$ 和 $CoSi_2$ 与 Si 有很近的晶格常数，晶格错配度约 0.4％或更小，因此，可得到结构完整、洁净的 $NiSi_2$（或 $CoSi_2$)/Si(111) 界面。如 Si(111) 基底上先外延沉积一层金属 Ni，然后在超真空和温度不低于 750℃退火，形成了两个位向的 (111)$NiSi_2$/Si 界面，称为 A 型［见图 3-25(a)］和 B 型［见图 3-25(b)］。A 型位向是硅化物与基底的位向相同，B 型位向是硅化物层绕共有的 [111] 界面法线旋转了 180°。$NiSi_2$/Si(111) A 型和 B 型的势垒高度（SBH）是不同的，如表 3-2 所示。图 3-26 所示为典型的 $NiSi_2$/P-Si(111)二极管的 I-V 特性曲线。

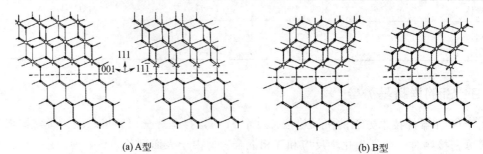

(a) A型　　　　　　　　　　　　　(b) B型

图 3-25　(111)NiSi₂/(111)Si 界面的四种结构

（沿 [1$\bar{1}$0] 观察，Si 原子为黑色，Ni 原子为白色）

表 3-2　NiSi₂/Si(111)A 型和 B 型的势垒高度（SBH）

硅化物	取向	衬底	界面结构	SBH/eV	
				n 型	p 型
NiSi₂	A 型	Si(111)	7 重配位	0.65	0.47
NiSi₂	B 型	Si(111)	7 重配位	0.79	0.33
NiSi₂	(100)	Si(100)	6 重配位	0.40	0.73
NiSi₂	(100)	Si(100)	7 重配位	0.65	0.45
NiSi₂	(110)	Si(110)	7 重配位	0.65	0.45

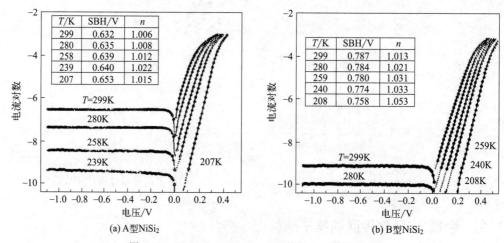

(a) A型NiSi₂　　　　　　　　　　(b) B型NiSi₂

图 3-26　NiSi₂/p-Si(111) 二极管的 I-V 特性曲线

3.3　金属-绝缘体-半导体界面态

　　近代大多数半导体器件是用平面工艺做在半导体的几百埃到十多微米的表层上，这些器件要能持久正常工作，必须有一层绝缘体置于半导体表面上，作为钝化膜免受外界的影响，从而构成绝缘体-半导体结构。正在发展中的超大规模集成电路多为金属-氧化物-半导体器件，这些器件中也包括了作为器件核心部分的绝缘体-半导体结构。这种结构可由各种各样的半导体和绝缘体材料组成，如半导体 Si、GaAs 和 InP，绝缘体 Si_3N_4、Al_2O_3 和 SiO_2 等。到目前为止，只有 SiO_2-Si 结构的性能最佳，应用最广。其它绝缘体与硅直接接触构成的结构尚不能直接应用。有些绝缘体有着一些 SiO_2 所没有的良好性能，如对掺杂离子的强掩蔽能力，对可动离子的强钝化性能，具有更大的介电常数等。为了获得这些优点又不失去良好的绝缘体-半导体界面性能，发展了复合介质的绝缘体-半导体结构，如金属-氮化物-二氧化硅-硅（MNOS）和金属-三氧化二铝-二氧化硅-硅（MAOS）结构。在实际器件中，不挥发存储器就包含了 MNOS 结构。

3.3.1　SiO_2-Si 结构中的电荷和陷阱[1,13]

形成 SiO_2-Si 结构的方法包括热生长、热分解沉积、氢氟酸-硝酸气相沉积等，其中应用最广泛的是热生长。用热生长法在 Si 片表面生成的 SiO_2 最致密，构成的 SiO_2-Si 界面的电学特性最好。但是，Si 的热生长需在高温（900～1200℃）的氧化气氛中进行，容易引起 p-n 结特性的退化。热分解沉积是利用 Si 的化合物热分解生成的 SiO_2 或热分解生成的中间产物 Si，再与氧作用生成 SiO_2 沉积在 Si 的基体上，这种生长的 SiO_2 不如热生长形成的 SiO_2 致密，但沉积温度较低（700～800℃）。氢氟酸-硝酸气相沉积用于不宜进行高温处理的器件，如硅整流器、可控硅等器件。近年来，因高速大规模集成电路发展，要求降低硅氧化工艺的温度和缩短氧化时间。快速热氧化（RTO）工艺大大缩短了氧化时间。随后，又发展了热分解 SiO_2 膜的快速增密处理工艺，缩短了高温处理时间。

绝大多数半导体器件是利用其电性能进行工作的，载流子在电场和本身浓度梯度等驱动力的作用下，达到放大、寄存、读取或产生讯号的目的。

利用平面工艺制作的器件，载流子的运动空间主要在或全部在硅片的表面层内。在 SiO_2-Si 结构中至少存在四种电荷或陷阱，这些电荷和陷阱在其周围会产生不应有的电场或与硅表面交换电荷，影响硅表层内载流子的密度和运动，往往造成不利的后果。这四种电荷或陷阱如图 3-27 所示，包括可动离子电荷、固定氧化物电荷、界面和氧化物捕获电荷。

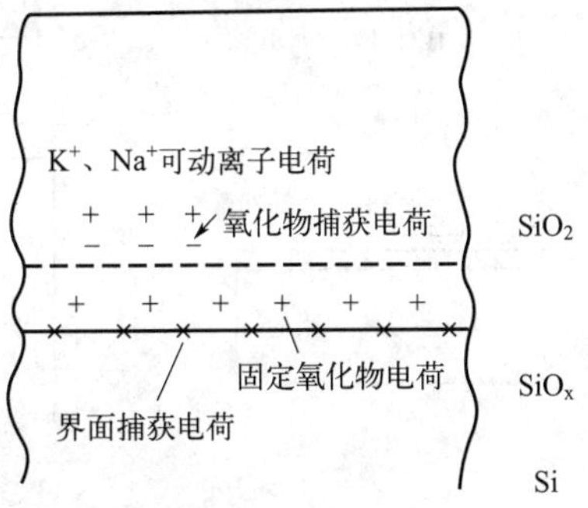

可动离子电荷包括碱金属离子（最主要的是钠离子）和氢离子，它们在 SiO_2 中的分布是不均匀的，主要分布在金属-二氧化硅的界面处。一旦存在电场或温度的作用，离子就被激发出来，并漂向 SiO_2-Si 界面，直接影响硅表面处的载流子分布和运动。

固定氧化物电荷存在于靠近 SiO_2-Si 界面几十埃的二氧化硅中，带正电核。在几百摄氏度温度以下和不太高的电场作用下其数量和位置通常不发生变化，其数量主要决定于形成二氧化硅的工艺，其次是硅片表面的质量和取向。硅的热氧化是氧原子通过已经形成的 SiO_2 扩散到硅表面与硅化合形成新的 SiO_2。在近硅表面的 SiO_2-Si 界面区中，由于从气相扩散来的氧在该处的分布会使氧不足，硅过剩，过剩硅离带正电就是固定电荷。可动离子和固定氧化物电荷都是正的，它们排斥硅表面处的空穴，吸引硅体内的电子到硅表面形成 n 型层，这就是造成半导体器件可靠性问题和增强型 MOS 器件变成耗尽型等

图 3-27　SiO_2-Si 结构中的 4 种类型电荷[1]

问题的根源之一。

界面捕获电荷是位于 SiO_2-Si 界面、能量处于硅禁带内的电子态。界面陷阱在禁带内的分布是不均匀的，带变密，中央稀。常以带中央的值作为界面陷阱多少的一个参数。界面陷阱的产生有两种理论。一是缺陷理论，由于在 SiO_2-Si 界面及邻近几十埃的 SiO_2 中部分硅原子没有氧原子桥联，形成不饱和硅键，在界面处可以与硅的表面交换电荷，这就是界面陷阱。二是杂质理论，认为界面态是由硅表面有杂质沾污引起的。现有的实验事实倾向于缺陷理论。在距硅远处的过渡区，不能与硅表面交换电荷，则形成固定氧化物电荷。

氧化物捕获电荷在二氧化硅膜体内存在，它通常不带电，当诸如二氧化硅的载流子空穴或电子接近氧化物陷阱时，被俘获在陷阱中使其带正电或负电。

3.3.2 空间电荷层及表面势[3,6]

图 3-28 为理想的 MOS 结构，在热平衡状态下，半导体的能带直到界面处都是平的。由于 MOS 结构实际就是一个电容，当在金属与半导体之间加电压后，在金属与半导体相对的两个面上就要被充电。两者所带电荷符号相反，电荷分布情况亦很不同。在金属中自由电子密度很高，电荷基本上分布在一个原子层的厚度范围之内。在半导体中，由于自由载流子密度要低得多，电荷必须分布在一定厚度的表面层内，这个带电的表面层称做空间电荷区。在空间电荷区内，从表面到内部点逐渐减弱，到空间电荷层区的另一端，场强减小到零。空间电荷区的电势也要随距离逐渐变化，这样，半导体表面相对体内就产生电势差，同时能带也发生弯曲。图 3-29 显示了加正向偏压且半导体表面出现反型层时，MOS 结构的能带图。常称空间电荷层两端的电势差为表面势，以 V_S 表示，规定表面电势比内部高时，V_S 取正值，反之为负值。表面势即空间电荷区内电荷的分布情况随金属与半导体间所加的电压 V_G 而变化，基本可归纳为堆积、耗尽和反型三种情况。

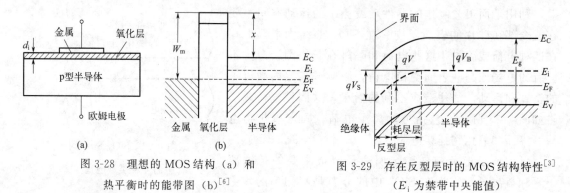

图 3-28 理想的 MOS 结构（a）和
热平衡时的能带图（b）[6]

图 3-29 存在反型层时的 MOS 结构特性[3]
（E_i 为禁带中央能值）

对于 p 型半导体，堆积、耗尽和反型三种情况如图 3-30 所示，具体说明如下：

（1）多数载流子堆积状态

当金属与半导体间加负电压（金属接负）时，表面势为负值，表面处能带向上弯曲[图 3-30(a)]。在热平衡时，半导体费米能级应保持定值，故随着向表面接近，价带顶将逐渐移近甚至高过费米能级，同时价带中空穴浓度也将随之增加，进而表面层内出现空穴的堆积而带正电核。

（2）多数载流子耗尽状态

当金属与半导体间加正电压（金属接正）时，表面势为正值，表面处能带向下弯曲

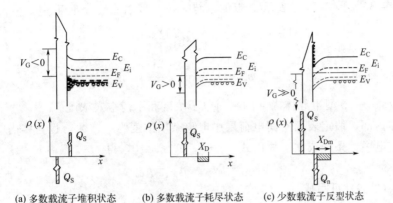

(a) 多数载流子堆积状态　(b) 多数载流子耗尽状态　(c) 少数载流子反型状态

图 3-30　由 p 型半导体构成的理想 MOS 结构在各种外加电压下的表面势和空间电荷分布[3]

[图 3-30(b)]。此时越靠近表面，费米能级离价带顶越远，价带中空穴浓度随之降低。在靠近表面的一定区域内，价带顶位置比费米能级低得多，根据波耳兹曼分布，表面处空穴浓度将较体内低得多，表面层的负电荷基本上等于电离受主杂质浓度。表面层的这种状态称为耗尽。

(3) 少数载流子反型状态

当金属与半导体间的正电压进一步增大，表面处能带相对于体内进一步向下弯曲 [图 3-30(c)]。表面处费米能级位置可能高于禁带中央能量 E_i，即费米能级离导带底比离价带顶更近一些。表面处能带继续下弯，当导带低于 E_F 处，意味着表面处电子浓度将超过空穴浓度，从而形成与原来衬底导电类型相反的一层，叫反型层。反型层发生在近表面处，从反型层到半导体内部还夹着一层耗尽层（见图 3-29）。这种情况下，半导体空间电荷层内的负电荷由两部分组成，一部分是耗尽层中已电离的受主电荷，另一部分是反型层中的电子，后者主要堆积在近表面处。

对于 n 型半导体，不难证明，当金属与半导体间加正电压时，表面层形成多数载流子电子的堆积；当金属与半导体间加不太高的负电压时，半导体表面内形成耗尽层；负电压进一步增大时，半导体表面层内形成少数载流子空穴堆积的反型层。

3.3.3　表面电荷随表面势的变化[3,6]

从图 3-30 可知，在正向电压下，界面附近的半导体空间电荷层（耗尽层）内分布着电离受主的负电荷 $qN_A^- d$；正向电压足够大时，半导体表面电荷 Q_S 由空间电荷层电荷 $qN_A^- d$ 和反型层电荷 Q_n 构成，它与金属表面电荷 Q_M 形成偶极层，故在数值上有

$$Q_M = Q_S = qN_A^- d + Q_n \tag{3-35}$$

式中　N_A^-——电离受主的浓度；

　　　d——空间电荷层宽度。

取 x 轴垂直于半导体表面指向其内部，绝缘体-半导体界面处为 x 轴原点，表面电荷是随表面处的场强和电势而变化的。以 $Q(x)$ 表示空间电荷层的体电荷密度，它可表示为

$$Q(x) = q(N_D^+ - N_A^- + p_p - n_p) \tag{3-36}$$

式中　N_D^+——电离施主的浓度；

　　　p_p 和 n_p——p 型半导体中 x 点处的空穴浓度和电子浓度。

设电势 $V = V(x)$，$V(x)$ 表示 x 点的电势，按照玻尔兹曼分布有

$$n_p = n_{p0} \exp\left(\frac{qV}{kT}\right) \tag{3-37}$$

$$p_p = p_{p0} \exp\left(-\frac{qV}{kT}\right) \tag{3-38}$$

式中　n_{p0}，p_{p0}——p 型半导体内部的平衡电子浓度和平衡空穴浓度。

在半导体内部，假定表面空间电荷层中电离杂质浓度为一常数，且与体内的相等，则在半导体内部，电中性条件成立，故由式(3-36)，$Q(x) = 0$，得

$$N_D^+ - N_A^- = n_{p0} - p_{p0} \tag{3-39}$$

因此，式(3-36) 可写成

$$Q(x) = q \left\{ p_{p0} \left[\exp\left(-\frac{qV}{kT}\right) - 1 \right] - n_{p0} \left[\exp\left(\frac{qV}{kT}\right) - 1 \right] \right\} \tag{3-40}$$

表面空间电荷层中电势 $V = V(x)$ 的泊松方程为

$$\frac{d^2 V}{dx^2} = -\frac{q}{\varepsilon_s \varepsilon_0} \left\{ p_{p0} \left[\exp\left(-\frac{qV}{kT}\right) - 1 \right] - n_{p0} \left[\exp\left(\frac{qV}{kT}\right) - 1 \right] \right\} \tag{3-41}$$

式中　ε_0——真空介电常数；

ε_s——半导体的相对介电常数。

dV 乘式(3-41) 两边，并取积分，得

$$\int_0^{\frac{dV}{dx}} \frac{dV}{dx} d\left(\frac{dV}{dx}\right) = -\frac{q}{\varepsilon_s \varepsilon_0} \int_0^V \left\{ p_{p0} \left[\exp\left(-\frac{qV}{kT}\right) - 1 \right] - n_{p0} \left[\exp\left(\frac{qV}{kT}\right) - 1 \right] \right\} dV \tag{3-42}$$

电场 $E = -\dfrac{dV}{dx}$，积分后得

$$E = \pm \frac{2kT}{q x_D} F\left(\frac{qV}{kT}, \frac{n_{p0}}{p_{p0}}\right) \tag{3-43}$$

$$F\left(\frac{qV}{kT}, \frac{n_{p0}}{p_{p0}}\right) = \left\{ \left[\exp\left(-\frac{qV}{kT}\right) + \frac{qV}{kT} - 1 \right] + \frac{n_{p0}}{p_{p0}} \left[\exp\left(\frac{qV}{kT}\right) - \frac{qV}{kT} - 1 \right] \right\}^{1/2} \tag{3-44}$$

$$x_D = \left(\frac{2\varepsilon_s \varepsilon_0 kT}{q^2 p_{p0}}\right)^{1/2} \tag{3-45}$$

式中　x_D——德拜长度，它表征着为屏蔽外加电场所需要的空间电荷层宽度。

式(3-44) 一般叫做 F 函数，是表征半导体空间电荷层性质的一个重要函数。从式(3-45) 可见，空穴或受主浓度越高，x_D 越短。

在绝缘体-半导体界面处 ($x = 0$)，电势 V 与表面电势 V_S 相等。半导体表面处的电场强度

$$E_S = \pm \frac{2kT}{q x_D} F\left(\frac{qV_S}{kT}, \frac{n_{p0}}{p_{p0}}\right) \tag{3-46}$$

根据高斯定理，表面的电荷面密度 Q_S 与表面处电场强度关系如下

$$Q_S = -\varepsilon_s \varepsilon_0 E_S \tag{3-47}$$

将式(3-46) 代入式(3-47)，得

$$Q_S = \mp \frac{2\varepsilon_s \varepsilon_0 kT}{q x_D} F\left(\frac{qV_S}{kT}, \frac{n_{p0}}{p_{p0}}\right) \tag{3-48}$$

下面应用式(3-48) 定量地分析各种表面层的状态。

（1）多数载流子堆积状态

当外加电压 $V_G < 0$ 时，表面势 V_S 及表面层内的电势 V 都是负值，对于足够大的 $|V|$ 和 $|V_S|$ 值，F 函数中 $\exp\left(-\dfrac{qV}{kT}\right)$ 因子的值远比 $\exp\left(\dfrac{qV}{kT}\right)$ 的值大，且在 p 型半导体中 $\dfrac{n_{p0}}{p_{p0}}$ 比值远小于 1。因此，F 函数中只有含 $\exp\left(-\dfrac{qV}{kT}\right)$ 的项起主要作用，其他项都可略去，故

$$F\left(\frac{qV_S}{kT}, \frac{n_{p0}}{p_{p0}}\right) = \exp\left(-\frac{qV_S}{2kT}\right) \tag{3-49}$$

将式（3-49）代入式（3-48），得

$$Q_S = \frac{2\varepsilon_s\varepsilon_0 kT}{qx_D}\exp\left(-\frac{qV_S}{2kT}\right) \tag{3-50}$$

从式（3-50）可见，表面电荷随表面势绝对值 $|V_S|$ 增大而按指数增长。这表明表面势越负，能带在表面处向上弯曲越厉害，表面层的空穴浓度急剧增长，正如图 3-31 所示。

（2）平带状态

当外加电压 $V_G = 0$ 时，表面势 $V_S = 0$，表面处能带不发生弯曲，称做平带状态。根据式（3-44），$F\left(\dfrac{qV_S}{kT}, \dfrac{n_{p0}}{p_{p0}}\right) = 0$，从而 $Q_S = 0$。

（3）耗尽状态

当外加电压 $V_G > 0$，且其大小还不足以使表面处禁带中央能量 E_i 弯曲到费米能级以下时，表面不会出现反型，空间电荷区处于空穴

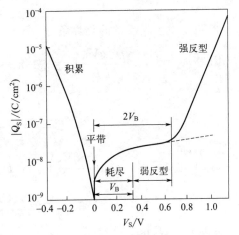

图 3-31　室温下，电离受主浓度为 $4 \times 10^{15}\,\text{cm}^{-3}$ 的 p-Si 中，表面电荷绝对值随表面电势的变化[3]

耗尽状态。此时，V 和 V_S 都大于零，且 $\dfrac{n_{p0}}{p_{p0}} \ll 1$，$F$ 函数中只有 $\left(\dfrac{qV_S}{kT}\right)^{1/2}$ 项起主要作用，其他项都可略去，故

$$F\left(\frac{qV_S}{kT}, \frac{n_{p0}}{p_{p0}}\right) = \left(\frac{qV_S}{kT}\right)^{1/2} \tag{3-51}$$

将式（3-51）代入式（3-48），得

$$Q_S = -\frac{2\varepsilon_s\varepsilon_0}{x_D}\left(\frac{kT}{q}\right)^{1/2}(V_S)^{1/2} \tag{3-52}$$

Q_S 为负值，表示空间电荷是由电离受主杂质形成的负电荷。从式（3-52）可见，表面电荷的绝对值随表面势 V_S 增大而提高，如图 3-31 所示。

（4）反型状态

随外加电压 V_G 增大，且表面处禁带中央能量 E_i 下降到费米能级以下，即出现反型层。反型层可分为强反型和弱反型两种情况，以表面处少数载流子浓度 n_S 是否超过体内多数载流子浓度 p_{p0} 为标志来定。

表面处少子浓度可由式（3-37）得到

$$n_S = n_{p0} \exp\left(\frac{qV_S}{kT}\right) = \frac{n_i^2}{p_{p0}} \exp\left(\frac{qV_S}{kT}\right) \tag{3-53}$$

当表面处少子浓度 $n_S = p_{p0}$ 时，式(3-53) 转化为

$$p_{p0} = n_i \exp\left(\frac{qV_S}{2kT}\right) \tag{3-54}$$

根据玻尔兹曼统计得

$$p_{p0} = n_i \exp\left(\frac{qV_B}{kT}\right) \tag{3-55}$$

由式(3-54) 和式(3-55)，得强反型的条件是

$$V_S \geqslant 2V_B \tag{3-56}$$

$V_S = 2V_B$ 是发生强反型的临界条件。

因为 $n_{p0} = n_i \exp\left(\frac{-qV_B}{kT}\right)$，$p_{p0} = n_i \exp\left(\frac{qV_B}{kT}\right)$，所以 $\frac{n_{p0}}{p_{p0}} = \exp\left(\frac{-2qV_B}{kT}\right)$。临界强反型时，$F$ 函数为

$$F\left(\frac{qV_S}{kT}, \frac{n_{p0}}{p_{p0}}\right) = \left\{\frac{qV_S}{kT}\left[1 - \exp\left(\frac{-qV_S}{kT}\right)\right]\right\}^{1/2} \tag{3-57}$$

当 $qV_S \gg kT$ 时，$\exp\left(\frac{-qV_S}{kT}\right) \ll 1$，$F$ 函数为

$$F\left(\frac{qV_S}{kT}, \frac{n_{p0}}{p_{p0}}\right) = \left(\frac{qV_S}{kT}\right)^{1/2} \tag{3-58}$$

将式(3-58) 代入式(3-48)，得

$$Q_S = -\frac{2\varepsilon_s\varepsilon_0 kT}{qx_D}\left(\frac{qV_S}{kT}\right)^{1/2} \tag{3-59}$$

V_S 比 $2V_B$ 大很多时，而且 $qV_S \gg kT$，F 函数中的 $\left(\frac{n_{p0}}{p_{p0}}\right)\exp\left(\frac{qV_S}{kT}\right)$ 项随 qV_S 按指数关系增大，其值较其他项都大得多，故可略去其他项，得表面电荷

$$Q_S = -\frac{2\varepsilon_s\varepsilon_0 kT}{qx_D}\left(\frac{n_{p0}}{p_{p0}}\right)^{1/2}\exp\left(\frac{qV_S}{2kT}\right) \tag{3-60}$$

一旦出现强反型，表面耗尽层宽度达到一个极大值 x_{Dm}，不再随外加电压的提高而增厚。这是因为反型层中积累电子屏蔽了外电场的作用。

📚 思考题

1. 三维无限晶体中电子的运动由什么方程描述？其解具有什么形式？波矢 k 为实数和复数时，各自对应的物理状态是什么？

2. 引起表面电子态的条件是什么？表面电子态有何特点？

3. 什么是表面势？它由哪几部分组成？

4. 什么是塔姆表面态和肖克莱表面态？

5. 什么是本征表面态和外诱表面态？

6. 导体、半导体和绝缘体的能带结构有何区别？

7. 什么是肖特基势垒？它描述什么界面？影响肖特基势垒高度的因素有哪些？

8. 描述金属诱生能隙态产生的原因以及影响其在半导体内穿入深度的因素。

9. 用哪些参数可以表征金属-半导体接触的电学特性？说明半导体掺杂浓度对这些参数的影响。

10. 金属-绝缘体-半导体的界面电荷类型有哪些？其界面态产生的原因是什么？

11. 以 p 型半导体为例，说明表面势对表面电荷密度的影响规律。

参 考 文 献

[1] 闻立时 . 固体材料界面研究的物理基础 [M]. 北京：科学出版社，2011.

[2] Shockley W. On the surface states associated with a periodic potential [J]. Physical Review, 1939, 56（4）: 317-323.

[3] 刘恩科，朱秉升，罗晋生 . 半导体物理学 [M]. 北京：电子工业出版社，2003.

[4] 许振嘉 . 近代半导体材料的表面科学基础 [M]. 北京：北京大学出版社，2002.

[5] Sutton A P, Balluffi R W. 晶体材料中的界面 [M]. 叶飞，顾新福，邱冬，等译 . 北京：高等教育出版社，2014.

[6] 黄波 . 固体材料及其应用 [M]. 广州：华南理工大学出版社，1995.

[7] Crowell C R, Sze S M. Current transport in metal-semiconductor barriers [J]. Solid State Electronics, 1966, 9（11-12）: 1035-1048.

[8] Yu A YC. Electron tunneling and contact resisitance of metal-silicon contact barriers [J]. Solid State Electronics, 1970, 13（2）: 239-247.

[9] Chang C Y, Fang Y K, Sze S M. Specific contact resistance of metal-semiconductor barriers [J]. Solid State Electronics, 1971, 14（7）: 541-550.

[10] Raoderick E H. Metal-semiconductor contacts [M]. London: Oxford University Press, 1978.

[11] Sze S M. Physics of semiconductor devices [M]. New York: Wiley, 1969.

[12] Hökelek E, Robinson G Y. A comparison of Pd Schottky contacts on InP, GaAs and Si [J]. Solid State Electronics, 1981, 24（2）: 99-103.

[13] 李恒德，肖纪美 . 材料表面与界面 [M]. 北京：清华大学出版社，1990.

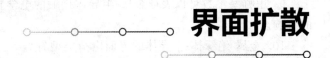

第4章
界面扩散

界面扩散传质是一种基本的界面过程，它包括沿表面和界面的扩散、穿越界面的扩散和界面移动等多种与界面原子运动有关的物质运输。界面扩散与体内扩散相比有许多显著的特点，界面扩散也是重要的物理和化学现象。因此，认识它的机理和规律，成为研究界面扩散物理和化学现象的关键环节[1]。本章主要介绍扩散的基本方程和机理、表面扩散、晶界扩散、晶界的运动、界面扩散的测量技术及一些最新的界面扩散的应用实例。目的是加深对界面扩散理论知识的理解，并了解一些最新的界面扩散应用研究。本章重难点为界面扩散的机理与晶界扩散的模型。

4.1 扩散的基本方程和机理[1-2]

4.1.1 扩散的基本方程

扩散的基本方程为菲克第一定律和菲克第二定律的数学表达式。菲克第一定律的表达式为

$$J = -D\frac{\partial C}{\partial x} \tag{4-1}$$

式中，J 为扩散通量，表示单位时间内通过垂直于扩散方向单位截面积的扩散物质流量，$g/(cm^2 \cdot s)$ 或 $mol/(cm^2 \cdot s)$；D 为扩散系数，是反映扩散能力和决定扩散过程的一个重要物理量，cm^2/s；$\frac{\partial C}{\partial x}$ 为扩散物质沿扩散方向的浓度梯度；C 为体积浓度，g/cm^3 或 $1/cm^3$。由于扩散方向与浓度梯度方向相反，故式中加负号。

菲克第一定律既适用于 $\frac{\partial C}{\partial t} = 0$ 的稳态扩散，又适用于 $\frac{\partial C}{\partial t} \neq 0$ 的非稳态扩散，但菲克第一定律中的微分关系中不显含变量 t，实际中的扩散过程多属于与时间有关的非稳态扩散。为便于求出 $C(x,t)$，在处理扩散问题时，除应结合扩散第一方程外，还可根据扩散物质的质量平衡关系，建立菲克第二定律数学表达式及其在具体扩散条件下的求解。

下面推导菲克第二定律方程。在图 4-1 中，在一沿 x 轴方向扩散的系统中考虑一个横截面积为 A，厚度为 dx 的微小体积元。体积元左端（x_1）的浓度为 C_1，流入体积元的扩散通量为 J_1，体积元右端（x_2）的浓度为 C_2，流入体积元的扩散通量为 J_2。则单位时间内扩散组元流经微体积元的质量变化为

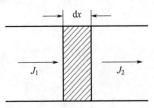

图 4-1 在微体积元中扩散的质量平衡

流入体积元的质量－流出体积元的质量＝体积元内积存的质量

单位时间内扩散组元流入体积元的质量（或原子数）为 $J_1 A$，流出体积元的质量（或原子数）$J_2 A = J_1 A + \dfrac{\partial (JA)}{\partial x} \mathrm{d}x$，所以在微体积元中积存的体积元的质量（或原子数）为

$$J_1 A - J_2 A = -\frac{\partial J}{\partial x} A \mathrm{d}x \tag{4-2}$$

若积存的体积元的质量用扩散物质的体积浓度 C 在单位时间内在微体积元 $A\mathrm{d}x$ 的变化率来表示，即

$$\frac{\partial (CA\mathrm{d}x)}{\partial t} = A\mathrm{d}x\,\frac{\partial C}{\partial t} \tag{4-3}$$

由式(4-2) 和式(4-3) 得

$$-\frac{\partial J}{\partial x} = \frac{\partial C}{\partial t} \tag{4-4}$$

将式(4-1) 代入式(4-4)，则得

$$\frac{\partial C}{\partial t} = \frac{\partial}{\partial x}\left(D\,\frac{\partial C}{\partial x}\right) \tag{4-5}$$

式(4-5) 即为菲克第二定律的数学表达式，也称扩散第二方程。

如果扩散系数 D 与浓度无关，则式(4-5) 可写为

$$\frac{\partial C}{\partial t} = D\,\frac{\partial^2 C}{\partial x^2} \tag{4-6}$$

在三维扩散情况下，扩散第二方程的普遍式为

$$\frac{\partial C}{\partial t} = D\left(\frac{\partial^2 C}{\partial x^2} + \frac{\partial^2 C}{\partial y^2} + \frac{\partial^2 C}{\partial z^2}\right) \tag{4-7}$$

若其中 D 在三维方向不同，则应分别表示。

4.1.2　扩散机理

从原子结构的观点看，扩散传质是原子随机运动的结果。宏观扩散流是大量原子迁移造成的，而原子的迁移是其热运动的统计结果。

(1) 原子跳动频率与扩散系数

图 4-2 为溶质原子在固溶体两个平行的相邻晶面之间跳动的示意图。

设晶面 Ⅰ、Ⅱ（面积为 1）分别含有 n_1、n_2 个溶质原子（$n_1 > n_2$）。在一定温度下其跳动频率为 Γ（单位时间内跳动的次数），且每个原子由 Ⅰ→Ⅱ 和由 Ⅱ→Ⅰ 任意跳动落到对面上的概率 P 相同，则在 δt 时间间隔内分别跳到 Ⅰ、Ⅱ 面上的溶质数为

$$N_{\text{Ⅰ}-\text{Ⅱ}} = n_1 \Gamma \delta t P \tag{4-8}$$

$$N_{\text{Ⅱ}-\text{Ⅰ}} = n_2 \Gamma \delta t P \tag{4-9}$$

晶面 Ⅱ 净增加溶质原子数等于 δt 时间内的扩散通量

$$(n_1 - n_2) P \Gamma \delta t = J \delta t$$

即

$$J = (n_1 - n_2) P \Gamma \tag{4-10}$$

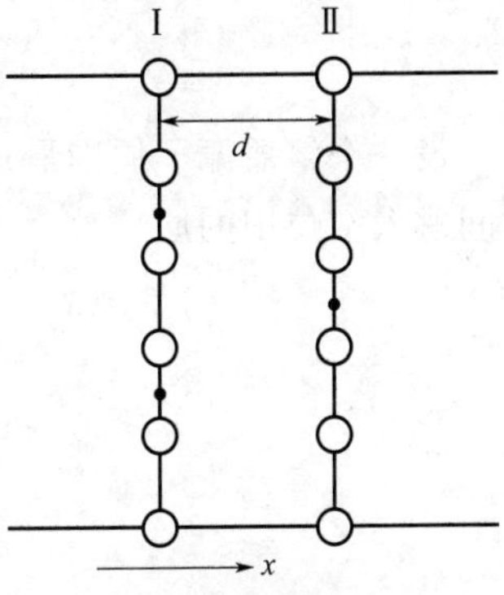

图 4-2　相邻晶面间的原子跳动

设Ⅰ、Ⅱ晶面的间距为 d，溶质原子体积浓度分别为 $C_1 = n_1/d$ 和 $C_2 = n_2/d$。以溶质原子沿 x 方向的浓度分布表示，则晶面Ⅱ上的浓度可确定为

$$C_2 = C_1 + \frac{dC}{dx}d$$

即

$$n_2 - n_1 = \frac{dC}{dx}d^2 \tag{4-11}$$

将式(4-11) 代入式(4-10)，得

$$J = -d^2 P \Gamma \frac{dC}{dx} \tag{4-12}$$

将式(4-12) 与扩散第一定律方程式(4-1) 相比较，可得

$$D = d^2 P \Gamma \tag{4-13}$$

上式表明，扩散系数 D 与原子的跳跃特性密切相关，即与原子的跳动频率 Γ 和 d^2P 成正比。Γ 取决于原子本性与温度，d 和 P 与晶体结构有关。

(2) 扩散机制

在多晶材料中，原子的扩散可以通过表面、晶界、位错和晶格等途径进行扩散。对于晶格扩散来说，根据单原子的跳动方式，主要有间隙扩散和空位扩散两种机制。

对于间隙扩散机制。设一个溶质原子的最近邻间隙位置数为 Z（间隙配位数），且假定这些间隙是空的，则单位时间跳到邻近间隙中的原子数，即原子的间隙跳动频率 Γ 为

$$\Gamma = \nu Z \exp(-\Delta G/kT) \tag{4-14}$$

式中，Γ 为原子的间隙跳动频率；ν 为原子振动频率；$\exp(-\Delta G/kT)$ 为温度 T 下，具有跳跃势垒的间隙原子分数。根据热力学第二定律，$\Delta G = \Delta H - T\Delta S \approx \Delta E - T\Delta S$，将式(4-14) 代入式(4-13)，得

$$D = (d^2 P \nu Z e^{\Delta S/k}) e^{-\Delta E/kT} \tag{4-15}$$
$$= D_0 e^{-\Delta E/kT}$$

式中，D_0 为间隙扩散常数；ΔE 为间隙扩散时溶质原子跳动所需的额外内能，称为原子跳动的激活能。

对于空位扩散来说，扩散原子周围应存在点阵空位，同时该扩散原子还应具有可以超越能垒的自由能。空位浓度 C_V 可表达为：

$$C_V = A e^{-\frac{\Delta E_V}{kT} + \frac{\Delta S_V}{k}} \tag{4-16}$$

设一个溶质原子周围最近邻的阵点数为 Z_0，则该原子周围空位的数目为 $Z_0 C_V$。单位时间跳入空位中的原子数

$$\Gamma = A\nu Z_0 e^{-\frac{\Delta G}{kT}} e^{-\frac{\Delta E_V}{kT} + \frac{\Delta S_V}{k}}$$
$$= A\nu Z_0 e^{-\frac{\Delta E}{kT} + \frac{\Delta S}{k}} e^{-\frac{\Delta E_V}{kT} + \frac{\Delta S_V}{k}} \tag{4-17}$$
$$= A\nu Z_0 e^{\frac{\Delta S + \Delta S_V}{k}} e^{-\left(\frac{\Delta E + \Delta E_V}{kT}\right)}$$

式(4-17) 代入式(4-13)，得

$$D = Ad^2 P \nu Z_0 \mathrm{e}^{\frac{\Delta S + \Delta S_V}{k}} \mathrm{e}^{-\left(\frac{\Delta E + \Delta E_V}{kT}\right)}$$

$$= D_0 \mathrm{e}^{-\frac{\Delta E + \Delta E_V}{kT}} \tag{4-18}$$

式中　D_0——空位扩散常数。

可见空位扩散所需的能量，除原子跳动激活能 ΔE 外，还包括空位形成能。

由于扩散受到温度的强烈影响，式(4-15) 和式(4-18) 式改写成

$$D = D_0 \mathrm{e}^{-Q/kT} \tag{4-19}$$

式中　D_0——扩散常数；

　　　Q——扩散激活能。

4.2　表面扩散[1,3]

4.2.1　表面扩散的主要特征和种类

表面扩散发生在距表面 2～3 层原子面内的范围，依赖于外界条件（T、P 和气氛）、晶面取向、表面化学成分、电子结构及表面势的影响。一般来说，表面扩散有跳跃和换位两种形式，如图 4-3，形式上与体扩散类似。

室温下的晶体真实表面不是原子整齐有序排列的理想光滑平面，而是有各种各样表面缺陷的十分复杂的表面。研究真实表面虽然困难，但对应用具有重要意义。

(a) 跳跃式　　　　　　　　(b) 换位式

图 4-3　两种表面扩散机制

图 4-4 就是著名的 TLK（terrace-ledge-kink）表面模型，这是一个用简单立方 {100} 面描述最常见的可能表面缺陷模型，它包括部分表面缺陷：平台（terrace）、突壁（ledge）、扭折（kink）、平台空位、突壁添加原子等。这个模型反映了真实表面的一些主要特征。TLK 模型的基本思想是，晶体表面是由低指数面的平台和一定密度的单原子或多原子层的台阶构成。这些台阶本身又包含了一定密度的扭折。在这样一个表面上，还可能出现各种缺

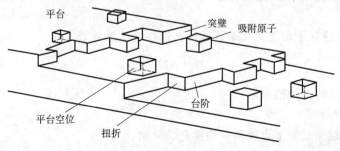

图 4-4　单晶表面的 TLK 模型

陷，如空位、吸附原子等。这些缺陷在扩散时的作用，与体内的缺陷类似，不过它们的形成能与跳动能比体内小。

表面扩散是原子在固体表面上由一个表面位置向另一个位置移动。它与体扩散最明显的差异是，体内扩散要求有一个近邻空位才能移动，所需能量包括空位形成能和原子迁移能，而表面扩散则不需近邻空位也可以跳跃到别的位置。

表面扩散可分为原子浓度梯度引起的扩散和毛细管作用引起的扩散两类。由原子浓度梯度引起的扩散可用菲克定律，根据边界条件求解，类似于体扩散。第二类扩散，如粉体烧结、粒子聚结、晶界沟槽等都是由于毛细管作用引起的，如图 4-5，在界面张力作用下，出现沟槽，在相同的压力和温度下，沟槽原子比表面原子具有更高的化学势 μ，其差值

$$\Delta\mu = \gamma_g V_a \frac{\mathrm{d}^2 y}{\mathrm{d}x^2} \tag{4-20}$$

式中　γ_g——晶界张力；

　　　V_a——原子体积。

晶界处 $x=0$ 化学势最高，这会使原子由晶界流向两侧，沟槽加深加宽，可用来研究晶界的热蚀及控制晶界的形貌。

对 W、Cu、Ni 金属表面的扩散进行自测量表明，内吸附杂质对自扩散起着抑制效应或增强作用。如果杂质熔点比衬底材料高，表面扩散系数下降；如果杂质熔点比衬底材料低，表面扩散系数增大，其增大量取决于杂质覆盖程度。

4.2.2　表面扩散系数方程

下面以表面扩散的跳跃机制为例，求表面扩散的系数方程。表面的 TLK 模型指出，在任意给定的低指数晶面上，沿着某一密排方向通过热激活形成单原子台阶或平台空位等缺陷，见图 4-6。表面扩散由单原子台阶在平台上迁移或空位在平台内迁移实现。

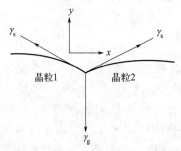

图 4-5　毛细管作用引起的晶界沟槽

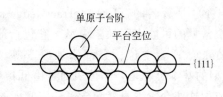

图 4-6　表面单原子台阶或平台空位的迁移

这个单原子台阶在平台上无规则跳跃，其迁移的扩散系数

$$D_s = \alpha L^2 / \tau \tag{4-21}$$

式中　α——与配位数有关的系数；

　　　L——跳跃距离；

　　　τ——每次跳动状态下点缺陷平均存在的时间。

$$L \approx \overline{V}\tau^+ \tag{4-22}$$

式中　τ^{+}——原子在激活态的平均寿命；

　　　$\overline{V}$——原子热运动速度，cm/s。

$$\overline{V}=\sqrt{\frac{kT}{2\pi m}} \tag{4-23}$$

式中　m——原子质量。

则

$$L^{2}=\frac{kT}{2\pi m}(\tau^{+})^{2} \tag{4-24}$$

所以

$$D_{s}=\alpha\frac{kT}{2\pi m}(\tau^{+})^{2}\frac{1}{\tau} \tag{4-25}$$

由于

$$\frac{1}{\tau}=\beta\nu\,\mathrm{e}^{-G^{+}/kT} \tag{4-26}$$

式中　G^{+}——点缺陷迁移激活能；

　　　ν——原子振动频率；

　　　β——有效当量值。

所以

$$D_{s}=\nu\alpha\beta\mathrm{e}^{-\frac{G^{+}}{kT}}\frac{kT}{2\pi m}(\tau^{+})^{2} \tag{4-27}$$

表面扩散系数也可用空位机制扩散公式表达

$$D_{s}=GPa^{2}\mathrm{e}^{\frac{\Delta S_{V}+\Delta S}{k}}\mathrm{e}^{-\frac{\Delta E_{V}+\Delta E}{kT}} \tag{4-28}$$

式中　G——与表面状态有关的几何学因子。

表面扩散系数 D_{s} 的测定，一种是通过利用类似解扩散方程方法，另一种是利用 Mullins 和 Winegard 提出的方法，即 M-W 法。

M-W 法是利用表面张力驱动或诱发的表面扩散法，求在表面发生自扩散时的扩散系数。表面扩散通量

$$J_{s}=n_{0}\overline{V} \tag{4-29}$$

式中　n_{0}——原子体积浓度；

　　　$\overline{V}$——原子运动速度。

$$\overline{V}=BF \tag{4-30}$$

$$F=-\frac{\partial u}{\partial x} \tag{4-31}$$

式中　F——作用在粒子上的扩散推动力。

根据能斯特-爱因斯坦公式：

$$B=\frac{D_{s}}{kT} \tag{4-32}$$

将式(4-31)和式(4-32)代入式(4-30)，整理后再代入式(4-29)，得

$$J_{s}=-\frac{D_{s}n_{0}}{kT}\times\frac{\partial u}{\partial x} \tag{4-33}$$

若金属表面为曲面，在表面与晶粒之间由于曲率不同使化学位发生了变化，见图 4-7。当 $\gamma_g < 2\gamma_s\sin\theta$，即表面能大于晶界能，此时在表面能（用化学位 Δu 表示）驱使下，沟槽处曲面将趋于平坦化。

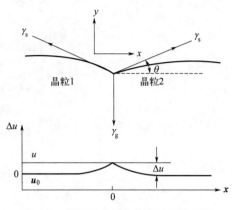

图 4-7　表面张力驱动的表面扩散模型

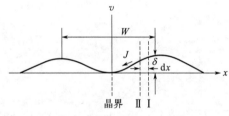

图 4-8　表面张力驱动扩散流

由于

$$u = u_0 + \Delta u \tag{4-34}$$

$$\Delta u = \gamma_s \Omega K \tag{4-35}$$

式中，Ω 为每摩尔原子体积；K 为曲度。曲度 K 为

$$K = \frac{\mathrm{d}^2 y/\mathrm{d}x^2}{[1 - (\mathrm{d}y/\mathrm{d}x)^2]^{3/2}} \tag{4-36}$$

当表面倾斜度很小时，$\left(\dfrac{\mathrm{d}y}{\mathrm{d}x}\right)^2$ 远远小于 1，$K \to \mathrm{d}^2 y/\mathrm{d}x^2$

所以

$$u = u_0 + \gamma_s \Omega \mathrm{d}^2 y/\mathrm{d}x^2 \tag{4-37}$$

观察图 4-8 所示的平面 I 和 II 之间的物质输送，其中曲面间距为 W，高度为 δ。

平面 I 处　$J_s = -D_s \dfrac{n_0}{kT}\left(\dfrac{\partial u}{\partial x}\right)$ （4-38）

平面 II 处　$J_{s+ds} = J_s + \dfrac{\partial J}{\partial x}\mathrm{d}x$ （4-39）

在平面 I → II 间的流量变化

$$\mathrm{d}J = J_s - J_{s+ds} = -\frac{\partial J}{\partial x}\mathrm{d}x \tag{4-40}$$

由式(4-38) 得：

$$\frac{\partial J}{\partial x} = -D_s \frac{n_0}{kT} \times \frac{\partial^2 u}{\partial x^2} \tag{4-41}$$

式(4-41) 代入式(4-40)，则

$$\mathrm{d}J = D_s \frac{n_0}{kT} \times \frac{\partial^2 u}{\partial x^2}\mathrm{d}x \tag{4-42}$$

由图可知，流过平面 I 的原子全部进入一个体积单元使凹处填平了 $\mathrm{d}y$ 这段高度，即

$$(\mathrm{d}J \times \delta)\mathrm{d}t = (\mathrm{d}x \times \mathrm{d}y)n_0 \tag{4-43}$$

则

$$\frac{\mathrm{d}y}{\mathrm{d}t} = \frac{\delta}{n_0} \times \frac{\mathrm{d}J}{\mathrm{d}x} \tag{4-44}$$

将式(4-42) 代入式(4-44)，得

$$\frac{\mathrm{d}y}{\mathrm{d}t} = \frac{D_s\delta}{kT} \times \frac{\partial^2 u}{\partial x^2} \tag{4-45}$$

由式(4-45) 和式(4-37)，得

$$\frac{\mathrm{d}y}{\mathrm{d}t} = \frac{D_s\delta}{kT}\gamma_s\Omega \frac{\partial^4 y}{\partial x^4} \tag{4-46}$$

式（4-46）即为表面张力驱动的表面扩散时的平坦化方程，Mullins 按不同表面形状计算了表面扩散系数 D_s。

4.3　晶界扩散[1]

4.3.1　晶界扩散的板片模型

由于晶界原子排列不规则，点阵畸变较大，原子处于高能量的跳动状态，故沿晶界扩散较快。

研究晶界扩散首先研究同位素在金属中的自扩散。为了建立统一的扩散方程并求解，1951 年 Fisher 首先用简化的孤立晶界扩散模型，建立了晶界扩散方程并进行数学解析。由于该模型过于简单，且不严密。以后由 Whipple 和 Levine 等进一步研究了多晶体中非平面边界的解。20 世纪 70 年代，Harrison 针对多晶体扩散进一步提出了扩散动力学的三种模型。

现介绍 Fisher 建立的晶界扩散方程及其解。在被研究的试样金属表面涂以该种金属的同位素，取坐标轴 oy 垂直于试样表面并在晶界的对分面上，见图 4-9。沿 y 轴方向在晶界中的扩散系数为 D_b，沿 x 轴方向在晶内的体扩散系数为 D_L，δ 为晶界宽度。

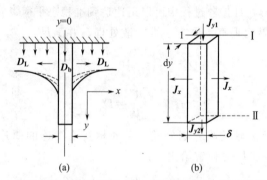

图 4-9　晶界扩散的板片模型（a）和晶界微元内的质量平衡（b）

现考虑二维，即 $J_z = 0$，求 $C(x, y, t)$ 的函数形式。

其边界条件为

$$y = 0, t > 0, C = C_0 \tag{4-47}$$

$$y > 0, t = 0, C = 0 \tag{4-48}$$

单位时间内，平面 Ⅰ 的扩散通量为 $J_y \delta \times 1$

平面 Ⅱ 的扩散通量为 $\left[J_y + \left(\dfrac{\partial J_y}{\partial y} \right) \mathrm{d}y \right] \delta \times 1$

在 x 轴方向的扩散通量为 $J_x(\mathrm{d}y \times 1) \times 2$

则在 $\mathrm{d}y \times \delta$ 体积内，单位时间内示踪原子物质的量变化为

$$\delta J_y - \delta \left(J_y + \frac{\partial J_y}{\partial y} \mathrm{d}y \right) - 2 J_x \mathrm{d}y$$

则
$$\frac{\partial C}{\partial t}=\frac{1}{\mathrm{d}y\times\delta}\left[\delta J_y-\delta\left(J_y+\frac{\partial J_y}{\partial y}\mathrm{d}y\right)-2J_x\mathrm{d}y\right] \tag{4-49}$$

$$\frac{\partial C}{\partial t}=-\frac{2}{\delta}J_x-\frac{\partial J_y}{\partial y} \tag{4-50}$$

此处
$$J_x=-D_L\frac{\partial C}{\partial x} \tag{4-51}$$

$$J_y=-D_b\frac{\partial C}{\partial y} \tag{4-52}$$

所以
$$\frac{\partial C}{\partial t}=D_b\frac{\partial^2 C}{\partial y^2}+\frac{2}{\delta}D_L\left(\frac{\partial C}{\partial x}\right)_{x=\frac{\delta}{2}} \tag{4-53}$$

式 (4-53) 即沿晶界扩散方程。

而在晶界周围，应以体扩散进行，按 Ficker 第二定律

$$\frac{\partial C}{\partial t}=D_L\nabla^2 C \tag{4-54}$$

对上述方程，Fisher 解的假设条件为：

① 设晶内扩散物质均由晶界扩散渗透而获得；

② 晶界浓度为 $C(y)$，且扩散过程中可以迅速达到准稳态平衡，并令 $y=0$，$C(y)=C_0$；

③ 体扩散方向与晶界面垂直，作为一维扩散处理，并满足

$$x=0,\left(\frac{\partial C}{\partial t}\right)_{x=0}=0$$

$$0<x<\infty,\frac{\partial C}{\partial t}=D_L\frac{\partial^2 C}{\partial x^2}$$

Fisher 假设将垂直于 x 轴的晶界划分成一系列相互不渗透的薄片 $\mathrm{d}y$，每一薄片处浓度可用半无限大空间非稳态扩散方程解给出，即

$$C(x,y,t)=C(y)\left[1-\mathrm{erf}\left(\frac{x}{2\sqrt{D_L t}}\right)\right] \tag{4-55}$$

由式 (4-55)，得式 (4-56) 和式 (4-57)

$$\frac{\partial^2 C}{\partial y^2}=C''(y)\left[1-\mathrm{erf}\left(\frac{x}{2\sqrt{D_L t}}\right)\right] \tag{4-56}$$

式中，$\mathrm{erf}(\beta)=\frac{2}{\sqrt{\pi}}\int_0^\beta e^{-\beta^2}\mathrm{d}\beta$

$$\frac{\partial C}{\partial x}=C(y)\left[1-\frac{2}{\sqrt{\pi}}\int_0^{\frac{x}{2\sqrt{D_L t}}}e^{-\frac{x^2}{4D_L t}}\times\frac{\mathrm{d}x}{2\sqrt{D_L t}}\right]' \tag{4-57}$$

由式 (4-57) 得

$$\frac{\partial C}{\partial x}=-C(y)\frac{2}{\sqrt{\pi}}e^{-\frac{x^2}{4D_L t}}\times\frac{1}{2\sqrt{D_L t}} \tag{4-58}$$

$$=-C(y)\frac{1}{\sqrt{D_L t\pi}}e^{-\frac{x^2}{4D_L t}}$$

将式(4-56)和式(4-58)代入式(4-53),得

$$\frac{\partial C}{\partial t}=D_{\mathrm{b}}C''(y)\left[1-\mathrm{erf}\left(\frac{x}{2\sqrt{D_{\mathrm{L}}t}}\right)\right]+\left[-\frac{2D_{\mathrm{L}}}{\delta}C(y)\frac{1}{\sqrt{\pi D_{\mathrm{L}}t}}\mathrm{e}^{-\frac{x^2}{4D_{\mathrm{L}}t}}\right] \tag{4-59}$$

又因为 $x=0$,$\left(\dfrac{\partial C}{\partial t}\right)_{x=0}=0$,$\mathrm{erf}\left(\dfrac{x}{2\sqrt{D_{\mathrm{L}}t}}\right)=0$,则式(4-59)变为

$$D_{\mathrm{b}}C''(y)-\frac{2D_{\mathrm{L}}}{\delta}C(y)\frac{1}{\sqrt{\pi D_{\mathrm{L}}t}}=0 \tag{4-60}$$

所以

$$C(y)=C_1\exp\left[-\frac{\sqrt{2}\,y}{\delta^{1/2}\left(\dfrac{D_{\mathrm{b}}}{D_{\mathrm{L}}}\right)^{1/2}(\pi D_{\mathrm{L}}t)^{1/4}}\right]+C_2\exp\left[\frac{\sqrt{2}\,y}{\delta^{1/2}\left(\dfrac{D_{\mathrm{b}}}{D_{\mathrm{L}}}\right)^{1/2}(\pi D_{\mathrm{L}}t)^{1/4}}\right] \tag{4-61}$$

因 $C(y)$ 随 y 增大很快减小,所以上式只取第一项,则

$$C(y)=C_1\exp\left[-\frac{\sqrt{2}\,y}{\delta^{1/2}\left(\dfrac{D_{\mathrm{b}}}{D_{\mathrm{L}}}\right)^{1/2}(\pi D_{\mathrm{L}}t)^{1/4}}\right] \tag{4-62}$$

上式(4-62)代入式(4-55)式,得

$$C(x,y,t)=C_1\exp\left[-\frac{\sqrt{2}\,y}{\delta^{1/2}\left(\dfrac{D_{\mathrm{b}}}{D_{\mathrm{L}}}\right)^{1/2}(\pi D_{\mathrm{L}}t)^{1/4}}\right]\left[1-\mathrm{erf}\left(\frac{x}{2\sqrt{D_{\mathrm{L}}t}}\right)\right] \tag{4-63}$$

若 $x=0$,$y=0$,$C(x,y,t)=C_0$,则 $C_1=C_0$,所以

$$C(x,y,t)=C_0\exp\left[-\frac{\sqrt{2}\,y}{\delta^{1/2}\left(\dfrac{D_{\mathrm{b}}}{D_{\mathrm{L}}}\right)^{1/2}(\pi D_{\mathrm{L}}t)^{1/4}}\right]\left[1-\mathrm{erf}\left(\frac{x}{2\sqrt{D_{\mathrm{L}}t}}\right)\right] \tag{4-64}$$

式(4-64)即为 Fisher 解。令 $\beta=\dfrac{D_b\delta}{2D_{\mathrm{L}}\sqrt{D_{\mathrm{L}}t}}$,称它为晶界因子,则

$$C(x,y,t)=C_0\left[1-\mathrm{erf}\left(\frac{x}{2\sqrt{D_{\mathrm{L}}t}}\right)\right]\exp\left[-\frac{y}{\pi^{1/4}\sqrt{\beta D_{\mathrm{L}}t}}\right] \tag{4-65}$$

令 $\beta=0.1$、1 和 10,$\delta=4\times10^{-8}\mathrm{cm}$,$D_{\mathrm{L}}=10^{-11}\mathrm{cm}^2/\mathrm{s}$,$t=28\mathrm{h}\approx10^5\mathrm{s}$,绘出 $C(x,y,t)=0.2C_0$ 的等浓度曲线,见图 4-10。从图中可见,只有当 $\beta\geqslant1$、$\Delta=D_{\mathrm{b}}/D_{\mathrm{L}}\geqslant5\times10^4$ 时,晶界扩散的贡献才突出显示出来。β 和 $D_{\mathrm{b}}/D_{\mathrm{L}}$ 越大,沿晶界优先渗入作用越明显。

在 Fisher 近似解的基础上,Whipple 用傅里叶空间变换获得无限源边界条件孤立晶界扩散问题的精确解。这种边界条件可表示为

$$C=C_0 \quad (y=0,t\geqslant0) \tag{4-66}$$

界面扩散对浓度轮廓的贡献可表示为

$$C(x,y,t)=C_0\frac{\eta}{2\sqrt{\pi}}\int_1^\Delta\frac{\mathrm{d}\sigma}{\sigma^{3/2}}\exp\left(-\frac{\eta^2}{4\sigma}\right)\times\mathrm{erf}\left[\frac{1}{2}\sqrt{\frac{\Delta-1}{\Delta-\sigma}}\left(\frac{\sigma-1}{\beta}+\xi\right)\right] \tag{4-67}$$

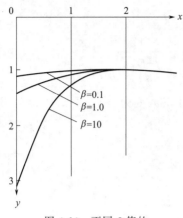

图 4-10　不同 β 值的
等浓度曲线（$C=0.2C_0$）

其中

$$\eta = \frac{y}{\sqrt{D_L t}} \tag{4-68}$$

$$\xi = \frac{x - \delta/2}{\sqrt{D_L t}} \tag{4-69}$$

$$\beta = \frac{D_b \delta}{2D_L \sqrt{D_L t}} \tag{4-70}$$

在晶界以外区域里，其浓度由正常无晶界的块体扩散和晶界扩散叠加而成，即

$$C = C_0 \operatorname{erf}(\eta/2) + C(x,y,t) \tag{4-71}$$

此外，Suzuoka 利用表面边界条件与薄膜有限源，即表面有一层薄的均匀扩散物质，当 $t=0$，镀在表面上的物质浓度为 M，且未扩散。当 $t>0$，才由表面向晶粒内及晶界扩散，获得了一种更复杂的解。沿晶界扩散

$$C(x,y,t) = \frac{M}{4\sqrt{\pi D_L t}} \int_1^\Delta \frac{\mathrm{d}\sigma}{\sigma^{3/2}} \left(\frac{\eta^2}{\sigma} - 2\right) \exp\left(-\frac{\eta^2}{4\sigma}\right) \times \operatorname{erf}\left[\frac{1}{2}\sqrt{\frac{\Delta-1}{\Delta-\sigma}}\left(\frac{\sigma-1}{\beta} + \xi\right)\right] \tag{4-72}$$

晶界外区域扩散

$$C = \frac{M}{4\sqrt{\pi D_L t}} \operatorname{erf}(-\eta/4) + C(x,y,t) \tag{4-73}$$

上述分析是对孤立晶界所作的，如果多晶的尺寸与点阵扩散距离相近，则上述结果不再适用。有关多晶体中的晶界扩散主要研究的是平行晶界扩散，并把平行晶界作为周期性晶界处理。

晶界扩散对于总的传质效果的影响程度，决定了传质过程的动力学模型。Harrison 针对在多晶体点阵扩散对晶界扩散影响的不同程度，设计了三种动力学模型，见图 4-11，其中 D_L 为晶格扩散系数，D_b 为晶界扩散系数，δ 为晶界宽度，$2L$ 为晶界距离。

对于 A 型，晶粒扩散很快，晶界扩散更快，属于混合扩散，扩散深度为 $\sqrt{D_L t} \geqslant L$，杂质分布截面基本是平面，截面浓度分布为

$$C = \frac{M}{\sqrt{\pi D_b t}} \exp\left(-\frac{x^2}{D_b t}\right) \tag{4-74}$$

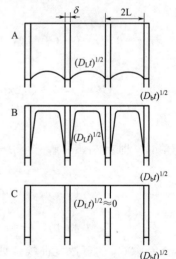

图 4-11　晶界扩散三种动力学模型

式中，M 为 $x=0$，$t=0$ 时杂质总数。

B 型类似于晶格扩散，较慢，晶界扩散快，扩散表达式为 $10\sqrt{D_L t} \leqslant L$，扩散后晶界附近包上一层杂质。例如陶瓷晶界层电容器利用这类扩散使半导体陶瓷周围包一层绝缘物。

C 型这种扩散只能通过晶界向内部扩散，体内几乎没有，扩散表达式为 $10\sqrt{D_L t} \leqslant \delta/2$。扩散初期阶段，按 C 型模型进行，随扩散时间延长，发展成 B 型，最后发展成 A 型。

4.3.2　晶界扩散的管道模型

晶界扩散的板片模型无法解释为什么晶界扩散比晶内扩散快，也说明不了界面扩散的许多特性，如各向异性等，同时不能给出原子随机运动及晶界原子结构和扩散系数的关系。

早在 20 世纪 50 年代，Turnbull 和 Hoffman 就在小角晶界位错模型基础上，提出了管道模型。他们假设位错之间的晶界区，其晶格虽然已畸变，然而还是比较完善的，其扩散系数和完善的晶格相近。

位错芯或管道是高度无序的，具有较高的扩散系数 D_p。用截面为 A_p 和间距为 d 的管道平面阵列来表征晶界，而不用厚度为 δ 的均质板片。按照位错模型，测得的晶界扩散系数可表示为

$$D_g = \frac{D_p A_p}{d} = 2 D_p A_p \frac{\sin(\theta/2)}{b} \tag{4-75}$$

其中 D_p 与温度的关系为

$$D_p = D_p^0 \exp\left(-\frac{E_p}{kT}\right) \tag{4-76}$$

式中　E_p——管道扩散的激活能。

式(4-76) 代入式(4-75)，得

$$D_g = \frac{D_p^0 A_p}{d} \exp\left(-\frac{E_p}{kT}\right) \tag{4-77}$$

以上各式表明，在管道模型适用的范围内，对于所有的 θ，都有 $D_g \propto \sin(\theta/2)$。

管道模型对晶界扩散作出了以下预判：

① 晶界扩散在小角度范围内将是高度各向异性的。如平行和垂直位错方向，扩散系数将会有很大差别；

② 晶界的扩散激活能将和晶界的倾转角无关，而扩散系数与 $\sin\frac{\theta}{2}$ 成比例；

③ 晶界的类型将会对扩散系数数值有影响。

通过实验验证了以上预判。

Hoffman 用剖面法测量了 450℃ 下 Ag 在 [100] 对称倾转晶界上平行和垂直位错芯方向上的扩散系数 $D_{//}$ 和 $D_\perp$，见图 4-12。随着 θ 角增大，$D_{//}/D_\perp$ 比值减小，直到 45°角，各向异性仍未完全消失。

Couling 和 Smoluchowski 用放射性自显迹法在平行和垂直倾转轴两个方向上，测量了 Ag 在 Cu [100] 倾转晶界中的扩散深度，见图 4-13。在小角度晶界区随倾转角增大，$\Delta y/y$ [$=(y_{//} - y_\perp)/y_{//}$]减小，即扩散各向异性，而在大角度区也有明显的各向异性。这说明大角度晶界中也存在造成扩散各向异性的某种结构。

Turnbull 和 Hoffman 的 Ag 自扩散实验结果表明，θ 在 9°～28° 和温度在 400～325℃ 范围内，扩散系数与 $\sin(\theta/2)$ 成正比，这是位错管道模型的重要实验证明。同时还证明，Ag 在 [100] 倾转晶界中，当 9°≤θ≤16°，$E_p = 79.5 J/mol$。当 $\theta = 28°$，E_p 略有增大。在任意的多晶体中，Ag 的晶界扩散激活能也在 79.5J/mol 左右。即晶界自扩散激活能不依赖于 θ，这与扩散位错模型也是一致的。

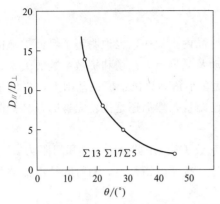

图 4-12 Ag 在 [100] 对称倾转晶界上扩散
各向异性与倾转角的关系

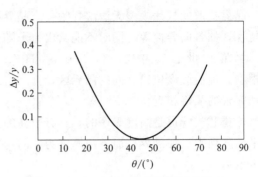

图 4-13 Ag 在 Cu [100] 倾转晶界中
的扩散深度

位错的分解及其类型对晶界扩散系数有着显著影响。在 $\theta = 9° \sim 16°$ 范围内，Ag 的 [100] 倾转晶界，得到 $E_p/E_L \approx 0.44$，而沿 [211] 小角度（$\theta = 18°$）倾转晶界的扩散和 Ni 沿 [211] 小角度（$\theta = 10°$）倾转晶界的扩散，有 $E_p/E_L \approx 0.6$。这表明 [211] 晶界上的扩散比 [100] 晶界上的扩散要慢得多。这是因为在 [211] 晶界上，位错位于滑移面上，且 Ag 具有低的堆垛层错能。当 θ 较小时，位错将会分解成部分位错。这说明沿着分解位错和堆垛层错的扩散，比沿未分解位错扩散要慢得多。研究还表明，沿 10° 扭转晶界的扩散深度比沿 10° [211] 倾转晶界的扩散深度小，对于 Ni 的扭转晶界，$E_p/E_L \approx 0.7$。

上述讨论是针对静止的晶界而言的。对于运动中的晶界，其结构特点及结构敏感性质与静止的晶界是不同的。研究表明，在运动晶界上的扩散比在静止晶界上的扩散快几个数量级。如 Zn 在 α-Fe 中的运动晶界上的扩散系数是在静止晶界上的 10^4 倍。Al 在 Ni-Cr-Al 固溶体中扩散时，在运动晶界上的 D_L 和 $D_b\delta$ 是静止晶界的 10^4 和 $10^2 \sim 10^3$ 倍。

随着 θ 的增加，位错间距减小。当位错间距小到位错芯量级时，离散位错模型不再成立。但随着 θ 的增加，各种扩散性能都是发生平移的变化，没有突变。这表明晶界扩散的基本机理并未发生变化。计算机模拟表明，在大角晶界上存在一些通道，其原子结构与未分解的位错芯类似。这些通道的数目和截面积与 θ 及晶界类型有关，其结果也是与实验相符的。

4.4 晶界的运动[1]

晶界的运动一般可分为滑动和移动两种，前者为晶粒沿晶界的滑移，后者可以看作是晶粒的相互吞并而产生的晶界迁移。晶界的运动往往不是能很明确地分清楚滑动和移动，而是两者混在一起进行的。尤其当金属在高温形变时，由于这两过程的交替进行还会产生晶界的变形以致形成裂纹。

4.4.1 晶界的滑动

晶界的滑动一般又分成两种，一种是沿晶界切应力作用下产生沿晶界的宏观滑动，另一种是像内耗那样小幅度的滑动。

　　晶界的宏观滑动工作主要集中在双晶上，其实验装置如图 4-14 所示。实验结果表明，晶界的滑动是一不连续过程，一般开始时快速滑动，然后变为恒速，最后为减速。如再反向施加切应力后，其速度就会重新变快，并又重复上述变化。但也有一开始存在很明显的孕育期，即受力后有一段时间不滑动，其激活能同内耗所得结果基本一致，见表 4-1。不同旋转角的试样，或者甚至同一试样中晶界上的不同地方，其结果都有明显差别。

表 4-1　晶界滑动激活能　　　　　　　　单位：cal^①/mol

表 4-1　晶界滑动激活能　　　单位：cal[①]/mol

金属	Al	Sn	Cu
内耗	32000	19000	33000
双晶	40000	19000	31000

　　① 1cal=4.1868J。

　　关于晶界滑动的机制，目前尚不十分清楚。从表 4-1 的数据来看，还不能得出晶界滑动的原子过程和内耗一样的结论。但有一点还是明确的，就是晶界的滑动并不是晶粒沿晶界单纯地作黏滞性滑动。因为实验表明，产生滑动的晶界两边出现亚结构现象，并且它们有的相对基体作较大角度的旋转。从原子结构来看，也很难设想在晶界滑动时，为了松弛晶界应力同时尽可能保持结构的不受破坏而不引起一定程度的晶界滑动，所以晶界滑动总是在温度较高时容易产生。从晶界的位错结构来看，可将晶界滑动比作晶内滑动，也就是晶界的滑动是通过晶界位错的运动实现的。那么，根据相符点阵模型晶界滑动应与晶界的取向差有关。图 4-15 给出了晶界滑动位移与取向差的关系曲线。

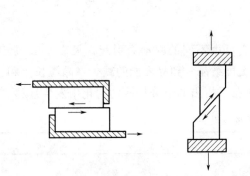

图 4-14　晶界滑动装置示意图

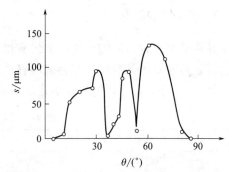

图 4-15　<001>Al 倾转晶界在 560℃及
40gf/mm² 切应力下，滑动位移与取向差的关系

　　此外，晶界中的"坎"显然也应对晶界的滑动有影响，它除了作为晶界位错源和障碍外，当温度较高时，晶界滑动应取决于物质由受压应力的"坎"沿晶界扩散到受张应力的"坎"上去这一过程的控制。同样，三叉晶界处对晶界的滑动也会起着类似"坎"的作用。有人用竹节型多晶所作晶界滑动实验指出，晶界滑动激活能接近晶内扩散激活能，并指出它受控于晶界的扩散。总之，晶界滑动的机制不能用单一的模型来说明。

　　金属中的界面往往是一种很重要的内耗源，譬如非共格界面的内耗源有晶界和一般相界，共格界面的内耗源有共格的孪晶界和相界等。

　　葛庭燧在纯铝中，曾对晶界内耗作过系统的研究。多晶试样出现了明显的内耗峰，而单晶试样则没有内耗峰。葛庭燧认为这种内耗峰归之于在外应力作用下晶界滑动所引起的弛豫过程，即在外力作用下，晶界发生相对滑动，直到被晶粒角上产生的弹性应力集中阻止，所以这是一个典型的弛豫过程。温度低时，晶界滑动阻力大，不易滑动，故能量耗损小；温度高时，晶界易于滑动，阻力小，故能量耗损也小；只有在适中的温度下才出现内耗极大值。晶界峰常常很宽，即不能用单一的弛豫时间来表征。这是由于发生了弛豫叠加或弛豫耦合的缘故。但峰高与晶粒大小无关，说明这种晶界滑动完全是黏弹性的。实验测得弛豫激活能为 1.48eV，十分接近 Al 的自扩散激活能，但这对说明晶界内耗的原子机制并无帮助。

正因为晶界滑动是一个弛豫过程，所以可以认为晶界具有滞弹性。葛庭燧设晶界厚为 d，黏滞系数为 η，故晶界滑动速率可写为

$$v = \frac{\sigma}{\eta}d \tag{4-78}$$

$$v = \sigma A e^{-\frac{Q}{RT}} \tag{4-79}$$

式中，A、Q 为两个实验常数；R 为气体常数；T 为绝对温度，故得

$$\eta = \frac{d}{A}e^{\frac{Q}{RT}} \tag{4-80}$$

葛庭燧设 $d = 4\overset{\circ}{A}$ 后，用上式将温度外推到 Al 的熔点 670℃时，所得 $\eta = 0.014$Pa·s，这个数值同液体 Al 的黏滞系数一样。这样既说明晶界具有黏滞性，同时还支持了薄晶界层的观点。

杂质一般能使晶界峰的高度降低，有的还可能在晶界峰附近出现另一合金晶界峰，两者有互相消长的关系。

4.4.2 晶界的移动

晶界移动是一种重要的界面扩散传质现象，它可由不同的驱动力引起，见表 4-2。从工艺角度看，最重要的是冷加工储存能的释放（一次再结晶）和晶界能的减少（晶粒长大和二次再结晶）。此外，晶界还能够在不连续析出中和在不析出的组分扩散均匀化中发生迁移。

表 4-2　界面迁移的驱动力

种类	数值/(N/m²)
一次再结晶	10^8
晶粒长大	10^4
二次再结晶	10^3
磁化率的变化	10^3
电迁移	10^2
不连续析出	4×10^8

图 4-16 显示了对称倾转晶界在切应力作用下的移动。晶体的左端夹头固定，右端加一铅垂负荷。如果沿柏氏矢量方向所加切应力为 τ，则每一位错所受作用力为 τb。而晶界上单位长度有 θ/b 根位错线，故单位面积晶界上所受的压力为

$$p = \theta\tau \tag{4-81}$$

产生晶界移动的条件是 p 大于各位错在滑移时所受的阻力。

上述这种晶界移动的形式已由 Zn 的双晶实验所证实。图 4-17 中（a）为原始晶界所在位置，（b）为在外力作用下向右移动的结果，（c）为外力反向后晶界向左移动的结果。

后来的工作进一步证实，晶界的移动速度随旋转角的增加而增加；高温时晶界的移动是

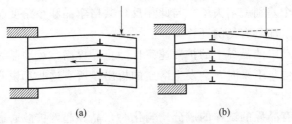

图 4-16　切应力作用下小角晶界的移动

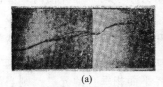 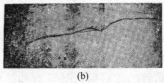 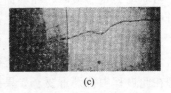

(a)　　　　　　　　　　(b)　　　　　　　　　　(c)

图 4-17　Zn 双晶中晶界的滑动

均匀的，而低温时则是跳跃的，并且每跳跃一次，其旋转角都有所减小，所以为了维持常速移动，必须不断增加外力。此外，还证实小角晶界亦能作为位错运动中的障碍，有时位错被它吸收后，晶界的旋转角就相应增加；同号或异号晶界可以合并，其结果是旋转角为合并前两晶界旋转角的代数和；外力反向后合并的晶界又能分裂，但不一定恢复原状。不对称倾侧晶界中，当整个晶界向前移动时，一组位错作滑移，而另一组位错作攀移，这时晶界的移动就要受扩散的控制，通常在较高的温度下才能实现。

　　所有上述实验事实进一步证明，构成小角晶界的位错就是在第 2 章中所讲述的晶格位错，并且小角晶界可以移动而难于滑动，不像大角晶界两者皆较容易。

　　大角晶界的移动问题比较复杂，如果仍要写出迫使晶界移动的压力，则

$$p = -\frac{1}{S}\frac{dF}{dx} \tag{4-82}$$

式中　S——移动晶界的面积；

　　　dx——移动的距离；

　　　dF——移动后自由能的变化。

　　所以这时晶界移动的驱动力就来自自由能。譬如，具有各向异性的磁性金属，由于晶粒取向不同，磁化能力就有所差异，在磁场中能量密度也就不同，易于磁化的晶粒逐渐长大，并吞并不易于磁化的晶粒；又如对形变度不同的晶粒而言，缺陷密度较小的晶粒就逐渐吞并缺陷密度较大的晶粒。此外，任何减小晶界能的倾向也使晶粒长大。至于退火状态良好的金属，其驱动力仅来自晶界能，如令 γ 为晶界能，R 为其曲率半径，则得

$$p = 2\gamma/R \tag{4-83}$$

它驱使晶界向着曲率中心移动，但移动的速度较慢。

　　实验显示，某些取向差具有最大的迁移率。根据晶体结构的不同，对应于最大迁移率的转角也不同。对于给定的取向差，迁移率随晶界平面相对于旋转轴的取向不同而变化。从大角晶界的 CSL 模型出发，晶界移动激活能应与旋转角有周期性变化关系，这与一些实验结果是一致的，见图 4-18。在铝和铜中，与 $\Sigma = 7/38.2°/$ [111] 相关的倾转晶界的迁移率，比相应的与 $\Sigma = 7$ 相关的扭转晶界迁移率高。单个晶界迁移的实验还表明，当驱动力低并且存在溶质时，CSL 相关晶界迁移率比任意取向晶界高。然而，当溶质浓度很高或很低，或

者驱动力很大时，这个差别就消失了。与此相反，共格孪晶和小角度晶界（除了能够滑移的简单对称倾转晶界外）却具有低的迁移率。

研究还表明，运动中的晶界上的扩散速率比静止晶界高，运动晶界上的析出生长速率也较高。当运动的晶界停止下来时，会发生溶质的析出。所有这些都说明，运动中的晶界具有不同于静止晶界的结构。

人们发现，当含有晶界的试样的成分均匀化时，晶界起着扩散通道的作用，这时将发生晶界迁移，这就是扩散感生晶界迁移，它可以伴随有析出，也可以没有析出。

当驱动力足够大时，在界面上会发生连续生长。而当驱动力小于某个临界值时，界面生长过程通过在台阶上增添原子来进行。

关于大角晶界移动的机制主要有两种，即台阶运动机理和位错机理。处于冷加工状态的材料，在滑移带和晶界相交处有很多的台阶。然而，在开始迁移后，台阶会耗尽。螺旋生长机理在此过程中特别重要。如果晶界的柏格斯矢量具有和晶界平面相垂直的分量，则当晶格位错和晶界相遇时就会产生螺旋。台阶机理在退火孪晶生长中特别重要。晶界迁移的另一种可能机理是位错机理，孪晶和马氏体界面的高速迁移即为此种机理。在变形孪晶化时，位错通过在接合面中的滑移使孪晶传播。此外，位错机理也可以通过其它方式（既没有滑移，也没有长距离的扩散）来实现。表 4-3 给出了不同迁移机理的界面迁移速率，由表可见，位错机理给出的界面迁移速率一般比台阶模型高。

表 4-3 不同迁移机理的界面迁移速率

迁移机理	迁移速率/(m/s)
单个原子添加到成线性阵列的原子尺度台阶上	2×10^{-9}
单个原子添加到螺旋台阶上	2×10^{-9}
晶界位错线性阵列的运动	$> 2 \times 10^{-8}$
晶界位错螺旋的运动	6×10^{-9}

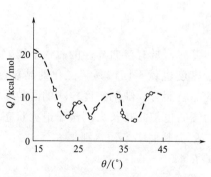

图 4-18 转轴为＜001＞的铅晶界移动激活能与旋转角关系

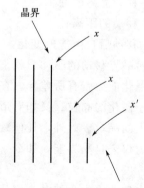

图 4-19 大角晶界移动机制示意图

大角晶界移动的机制可以参看图 4-19，设晶界一边晶粒中原子平面为图中直线所示，显然"x"处为原子最易脱开原晶粒的地方，也是晶粒长大时最易附着原子之处。但这两个地方一般不可能正好紧相邻，故如果晶界要移动就必须借助原子沿晶界的扩散。此外，晶界两边晶粒中平行于晶界的原子面密度也不会一样大，故完成晶界移动时，必定有多余的原子或空位产生。所以不论晶界移动的机制如何，沿晶界扩散是必不可少的过程之一。实验结果也证明，晶界移动激活能和沿晶界扩散激活能很相近。电子显微镜实验也指出，晶界两边晶粒表面有阶梯状结构。所谓晶界上的"坎"系由 $\{111\}$ 面在晶界中的露头所形成，而晶界的移动即原子自阶梯处释放同吸收的量的不同造成阶梯本身的运动；长大的晶粒如 Frank 生长螺旋一样沿垂直晶界方向推进。

4.4.3　溶质对晶界运动的影响

金属中的溶质可分为可溶解的和不可溶解的两种，它们对晶界的滑动和移动都有明显的阻碍作用。下面仅介绍溶质对晶界移动的影响。

溶质原子与晶界或相界面的交互作用，使晶界或相界迁动发生困难，称为溶质拖曳。1948 年 Cottrell 提出溶质原子与位错交互作用形成气团的模型。溶质原子对运动着的位错所产生的影响，需视位错运动的速度而定。当位错移动较慢（称为慢位错），则在位错移动的同时将形成一定程度的气团；当位错移动得很快，会使气团跟不上形成。慢位错的移动速度受溶质原子迁动速率的限制，而快位错可能以声速运动。总之，位错不可能以稳态的中等速率进行运动。

溶质对运动位错的作用作为溶质拖曳模型的基础。设一个溶质原子使位错在滑移方向受到的力为 $\partial E / \partial x$，则气团使滑移方向上单位长度位错所受的扰动力 P_i 为

$$P_i = N_V \iint C \frac{\partial E}{\partial x} \mathrm{d}x \, \mathrm{d}y \tag{4-84}$$

式中　N_V——平均每平方米内溶质的原子数；

　　　C——当气团含溶质较稀且位错处于静止时，邻近 (r, θ) 处溶质的平衡浓度；

　　　E——间隙原子与位错之间的交互作用能。

对间隙固溶体，间隙原子总是进入位错的膨胀区形成气团，则间隙原子与位错之间的交互作用能为

$$E = A \frac{\sin\theta}{r} = \Delta V \frac{G\lambda}{3\pi} \frac{1+\nu}{1-\nu} \frac{\sin\theta}{r}, r > r_0 \tag{4-85}$$

式中　r 和 θ——原子相对于位错的极坐标；

　　　G——刚性模量；

　　　ν——泊松比；

　　　λ——位错的滑移距离；

　　　ΔV——间隙原子所引起的体积改变。

由于　　　　　　　　　$\theta = \tan^{-1}(y/x)$ 和 $r = (x^2 + y^2)^{1/2}$

则　　　　　　　　　　$$\frac{\partial E}{\partial x} = -A \sin 2\theta / r^2 \tag{4-86}$$

邻近 (r, θ) 处溶质的平衡浓度 C 可写为

$$C = C_0 (1 + Q) \exp(-E/kT) \tag{4-87}$$

式中，C_0 为平均溶质浓度；Q 为溶质在 (x, y) 处对位错的"相对扰动"。则可将式(4-84) 写成

$$P_i = -2A N_V C_0 \iint \exp(-E/kT)(1+Q) \frac{xy}{(x^2 + y^2)^2} \mathrm{d}x \, \mathrm{d}y \tag{4-88}$$

　　Lucke 和 Detert 首先对晶界和溶质的交互作用进行了处理，他们提出当溶质浓度低且驱动力 P 值大时，如 $P \geqslant N_V C_0 E e^{E/kT}$，晶界（位错）会挣脱气团，不存在拖曳效应。当杂质浓度高且驱动力小时，将形成拖曳效应，晶界（位错）运动的速度应和驱动力 P 及整体的扩散系数 D 成正比，和晶界（位错）吸收的杂质数量成反比，即

$$v = \frac{PD}{kT\Gamma} \tag{4-89}$$

式中　Γ——单位晶界面积上所吸收杂质原子的数目。

　　经比较一些溶质在铅中的扩散率，得 Ag 和 Cu 在铅中的扩散率大于 Sn 在铅中的 D，但含 Ag、Cu 的铅中晶界迁动速率却较低，因此上式过于近似，并不适用。

　　Cahn 认为，在纯材料中存在其他因素的拖曳力，设为 P_0。驱动力决定晶界移动的速率，两者近似呈线性关系。促使晶界迁动的驱动力 P 可由实验测得。在溶质与位错形成气团，因此造成迁动的扰动力情况下，为使晶界（位错）迁动，P 就是克服扰动力 P_i 所必需的驱动力。P_i 是 v 和 C 的函数，假定 $P_0 = \lambda v$，其中 λ 为其他因素影响拖曳力的系数，也就是纯材料中晶界迁动性的倒数，则可列出

$$P = \lambda v + \frac{\alpha C_0 v}{1 + \beta^2 v^2} \tag{4-90}$$

　　式（4-90）可解决在什么成分、多大驱动力的条件下得到晶界迁动的速率。现分别以 v 很小和很大情况下讨论式（4-90）的应用。当 v 很小时，式（4-90）中 $\beta^2 v^2$ 项可予略去，即

$$v = \frac{P}{\lambda + \alpha C_0} \tag{4-91}$$

　　由式（4-91）可见，当 v 很小时，在一定成分下，晶界迁动的速率和驱动力成正比；$1/v$ 为杂质浓度的线性函数，由两者线性关系的斜率可求得 α 的数值。当晶界迁动速率很大时，式（4-90）可写成

$$v = \frac{P}{\lambda} - \left(\frac{\alpha}{\beta^2}\right)\frac{C_0}{P_0} \tag{4-92}$$

　　由式（4-92）可知，只有在极纯材料，即 $C_0 = 0$，或当 P_0 很大，使 $\left(\frac{\alpha}{\beta^2}\right)\frac{C_0}{P_0}$ 接近于零时，v 和 P 才成正比关系；随驱动力升高，溶质的拖曳效应减小。或者说，在更高的驱动力下需更高的杂质含量才保持一定的拖曳效应；具有较大扩散率的杂质，其拖曳效应更大。

　　式（4-91）和式（4-92）分别表示在很低和很高晶界运动速率时的溶质拖曳效应。在高速运动时，杂质扩散率的增大将使拖曳效应加大；在低速运动时就恰恰相反。当杂质浓度增加或温度降低，由于杂质和位错之间交互作用发生变化，拖曳效应也将发生改变。

　　相变时溶质和相界面的交互作用也会引起相界面迁动的拖曳效应。

　　高纯度材料在接近熔点 T_m 退火时，其无序晶界的迁动由晶界扩散控制。当含有足够浓度的合金元素或微量杂质，尤其当 T/T_m 相当低时，溶质对晶界的吸附所产生的拖曳效应将成为速率控制过程。该过程的有效激活焓为体积扩散激活能。当固溶体发生沉淀时，进展着的相界面两边持续地保持成分的改变，新相长大由体积扩散控制时，溶质在相界面上的吸附对相界面的迁动并无显著影响。拖曳过程中原子扩散距离仅几个跳跃距离，而长大过程的扩散距离相当于沉淀相的晶粒大小，尽管置换原子和溶剂原子的扩散率不同，拖曳作用还是不大。

在含有间隙原子的三元系，如 Fe-X-C 情况就较复杂。由奥氏体析出先共析铁素体时，当过饱和度足够大，只有碳原子在两相间进行分配，两相含合金元素 X 和 Fe 的浓度相同。此时铁素体的长大由碳在奥氏体中的扩散所控制，相界浓度偏离平衡态而呈亚稳平衡。合金元素在两相间不进行分配，它只通过改变碳的扩散率对铁素体的长大呈现影响。此时 X 在奥氏体内不需要扩散。在 α/γ 界面上出现 X 的吸附是由两项驱动力造成的，一是 X 和 Fe 原子大小不同，为减低错配的应变能而形成的驱动力，二是 X 和 C 原子之间的化学交互作用，后者在 γ/α 相界面显得更为重要，因为当界面为平面及无序时靠近 γ 界面处碳浓度达最大值。

当 X 完全为 α/γ 界面吸附，不改变铁素体长大受碳在奥氏体内体积扩散的控制。但当 X 的浓度相当高时，将改变和界面相呈平衡的奥氏体内的碳浓度，如 X 显著降低碳在奥氏体内的活度时，这部分碳浓度将降低，使奥氏体内浓度梯度减小，也使长大速率降低，这称为类似溶质拖曳效应。如 X 增加碳在奥氏体内的活度时，长大速率增大，称为类似反溶质拖曳效应。Mo 属于前一类型。

一般情况下，可溶溶质在一定温度范围内都有抑制晶界移动的效果，尤其内吸附作用强的原子（即表面活性的原子）起的作用更大。譬如，高纯铝中加入 0.005% 的锡，能使晶界移动减缓三个量级。这样少的溶质引起如此巨大的影响，显然和晶界的内吸附现象有关。不论溶质原子与晶界的相互作用是哪一种类型，如果溶质原子在晶粒内和晶界上的能量差为 ΔE，则晶界上的溶质原子浓度 C 和晶粒内浓度 C_o 应满足下述关系

$$C = C_o e^{\frac{\Delta E}{kT}} \tag{4-93}$$

由此可见，$\Delta E > 0$ 时，$C > C_o$，溶质原子呈表面活性，故表面活性元素大都难溶于基体，因此叫正吸附，它富集在晶界上便导致晶界能的下降；当 $\Delta E < 0$ 时，$C < C_o$，溶质原子呈非表面活性，故非表面活性元素与基体互溶性好，因此叫负吸附。

对于表面活性溶质原子，一般认为它能钉扎住晶界，妨碍它的移动。此时不是由基体原子沿晶界的扩散来控制晶界的移动，而是由溶质原子的体扩散来控制。由于体扩散要比沿晶界扩散慢得多，这样就可以解释表面活性溶质原子对晶界移动的不利影响。

在一定温度下，溶质原子在外力 f 作用时的移动速度为 v，根据爱因斯坦关系，有

$$v = \frac{D}{kT} f \tag{4-94}$$

式中

$$D = D_0 e^{-\frac{U}{kT}} \tag{4-95}$$

式中，D 为溶质原子的体扩散系数；U 为激活能。当溶质原子形成的气团未离开晶界时，它对晶界的拉力应和晶界移动的驱动力 p 平衡，即

$$p = \delta C f \tag{4-96}$$

式中，δ 为晶界的厚度。由式（4-89）、式（4-90）、式（4-91）和式（4-92）即可求出

$$v = \frac{D_0 p}{\delta C_0 kT} e^{-(\Delta E + U)/kT} \tag{4-97}$$

由于晶界的移动受溶质原子体扩散的控制，故此时晶界移动的激活能也应为（$\Delta E + U$）。当温度高过临界温度后，溶质原子气团已不复存在，这时晶界移动的激活能又重新为基体原子沿晶扩散的激活能。

上述溶质原子的作用随晶界两侧晶粒取向的不同也会有很大差异，图 4-20 为在高纯铅中加入少量锡后，对其晶界迁移的影响。这里面值得注意的是存在一些特殊晶界，它们的迁移速率虽大，但对锡含量不如一般晶界的敏感。这正好与大角晶界中的相符晶界有关，譬如 28.1°即为绕〈100〉轴旋转时 $\Sigma=17$ 的相符晶界。

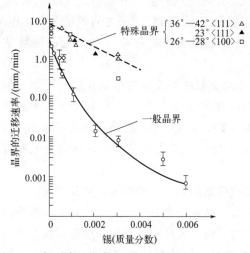

图 4-20　锡对高纯铅在 300℃时晶界迁移速度的影响

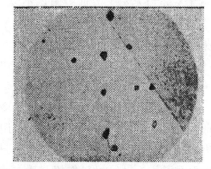

图 4-21　α-黄铜中第二相对晶界移动的影响

不溶溶质形成的第二相对晶界移动的抑制作用也很明显，如图 4-21 所示。当第二相总含量不变时，其分散度越大，对抑制晶界移动越有效。

晶界迁移的主要实验研究方法主要有以下几种：

① X 射线织构分析，可用来测定试样中晶粒取向的统计分布；

② 光学显微术，可用于微米尺度的晶粒形貌和晶界位置观测；

③ 扫描电子显微术，可用来进行 10nm 尺度的晶粒形貌和晶界位置观测，还可用来测定界面取向偏差，并可进行动态观察；

④ 透射电子显微术，可用来观察晶粒形貌和晶界位置，测定取向，透射电子显微术突出的特点是分辨率高，并能将形貌、化学组成和结构原位结合；

⑤ 场离子显微术，可在原子尺度水平上观察晶粒形貌、晶界位置和结构、界面化学组成、界面取向差等。

4.5　界面扩散的测量技术[1]

测量界面扩散的关键是求出界面扩散系数。所有的扩散理论都只有通过实验才能验证其是否正确。为了测定界面的扩散系数，通常是将某种示踪物质涂敷到试样表面上，使其在给定条件下向试样中扩散。这时，示踪物质将会在试样中形成一定的浓度分布，如图 4-22 所示。有三个量可用来求出界面扩散系数，即扩散距离 y、等浓度线和晶界夹角 φ，以及扩散到试样中的示踪物质总量。示踪物质可以是放射性同位素，也可以是具有某种易检测特性的其它物质。

为了从测得的数据计算界面扩散系数，需要利用 4.3.1 节中给出的数学关系。如果表面扩散系数足够大，使得 $y=0$ 处的浓度始终保持 C_0，即式(4-66) 成立，则由式(4-67) 和

式(4-71) 得到

$$\frac{C}{C_0} = \mathrm{erfc}\ \frac{\eta}{2} + \frac{\eta}{2\sqrt{\pi}} \int_1^{\Delta} \frac{\mathrm{d}\sigma}{\sigma^{3/2}} \exp\left(-\frac{\eta^2}{4\sigma}\right) \times \mathrm{erf}\left[\frac{1}{2}\sqrt{\frac{\Delta-1}{\Delta-\sigma}}\left(\frac{\sigma-1}{\beta}+\xi\right)\right] \tag{4-98}$$

式中的无因次量 η、ξ 和 β 分别由式(4-68)、式(4-69) 和式(4-70) 给出。勒克雷尔给出了 $x=0$ 处，在不同 β 值下，C/C_0 和 $\eta\beta^{-1/2}$ 的关系，见图 4-23。当 $\beta>10$ 时，C/C_0 仅仅是 $\eta\beta^{-1/2}$ 的函数，故利用一组 t、C/C_0 和 y，就可由图 4-23 得出 $\eta\beta^{-1/2}$，并由式(4-68) 和式(4-70) 计算出 $D_b\delta$。

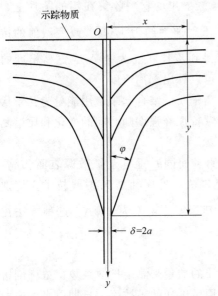

图 4-22　晶界扩散实验的几何关系

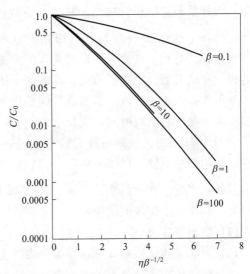

图 4-23　由维勃解得到的晶界内扩散物质相对浓度和 $\eta\beta^{-1/2}$ 的关系

由维勃解还可以得到

$$\cot\varphi = \left(\frac{\eta\beta}{4}\right)^{1/3} - \frac{1}{3}\left(\frac{1}{2\eta\beta}\right)^{1/3} \tag{4-99}$$

由式(4-99) 可见，β 的值越大，φ 也愈小，晶界扩散的作用也愈明显。这些实验中，值 β 以大于 10 为好。利用式(4-99)，可以将 φ 和 $D_b\delta$ 联系起来。

常用的实验方法有两大类：

(1) 浓度剖析法

这类方法又可分成两种。

① 剖面法。放射性示踪原子剖析技术是一种精确而又直接的方法，它测量的是垂直于扩散方向的扩散物质实际分布。用于这种研究的放射性材料数量一般低于微克，因而基质的化学成分和纯度将保持不变。为了测量示踪原子浓度，需要得到不同深度的试样截面。因为扩散深度一般较浅，所以用常规机械剥离的方法不合适。目前较好的办法有电化学逐层剥离和射频溅射法。

戴维斯等最早用电化学法剖析 Al、Si 和 W 中高能离子的分布，以研究近表面的扩散反常现象。他们采用了一种分两步进行的电解抛光方法。首先在恒定电压下进行阳极氧化，然后进行氧化物在溶剂中的溶解。帕韦尔等用此法取得了很高的精度和重复性，并能测量低于

$2.5 \times 10^{-19} \text{cm}^2/\text{s}$ 的扩散系数。坎贝尔等进一步改进这种技术，用于测量外延生长硅中砷的晶格扩散和沿位错的扩散。如果形成的氧化物薄膜能够保持其本性，并且其厚度可用电压控制，则其最小剥离厚度可达 30Å。一个组元的选择性氧化对此方法并没有很大的影响，但能否用所加的电压控制氧化膜的厚度却是个严重的问题，并成为这个方法的主要限制。用射频氩离子反向溅射进行微观剖析的技术是国际商业机器公司首先发展的。这个方法是利用辉光放电的 Ar^+ 来进行溅射剥离，放电条件为频率 13.56MHz、放电电压低于 1kV。为使晶界溅射（剥离）所受到取向关系的影响尽可能少，在阴极面积上的溅射有效功率密度应保持在 0.4W/cm^2，溅射时的压强为 $(2.7\pm1)\times10^{-2}\text{Pa}$。被溅射出的材料收集在铝的圆片上，并在分隔的计数装置中进行检测。对于大系数的金属，溅射速率约为 1Å/s。改变溅射的持续时间，从每个剖面 30 秒到每个剖面几十分钟，就能得到步长间隔为 30Å 或更高精度的剖析。用试样的直径、密度及两次剥离间的重量损失，可以算出剥离厚度。

进一步的发展是把离子溅射和俄歇电子谱或二次离子质谱结合起来，用能量为几千伏的离子溅射作微观剥离手段，而其成分则是由表面的俄歇特征峰强度随时间的变化和质谱测定的二次离子强度系数随时间的变化求出。

② 无损检测法。一种是放射性自动显迹法，其测量面同时垂直于扩散源表面和晶界。泰和奥林用扫描电镜发展了一种高分辨放射性自动显迹法。另一种是 X 射线技术。特别值得注意的是卢瑟福背散射法，当采用 $3\text{MeV}^4\text{He}$ 时，其深度分辨率为 150Å。这种方法在薄膜研究中，得到了较多的应用。

（2）表面富集法

这种方法是通过监测富集在样品外表面上扩散物质的数量来测定扩散系数。浓度剖析法测量的是试样内的成分分布，而表面富集法则是测定通过试样的扩散流。长期以来，这种方法限于放射性示踪。然而，由于功函数测量、X 射线光电子能谱和俄歇电子能谱的发展，表面富集法得到了很大的改进。

4.6 界面扩散的应用实例

原子扩散是自然界的常见现象，也是材料制备加工过程中调控材料结构性能的基本过程。金属材料中原子扩散速率显著高于具有共价键或离子键的陶瓷材料，利用金属的高扩散速率可以在较低温度下大幅度调控金属材料的结构和性能，获得良好的综合性能。而高扩散速率会使金属材料在高温下结构失稳，导致较多优异性能丧失，如较多金属的强度在高温下会显著下降。如何有效降低金属和合金中的原子扩散，提高材料结构和性能在高温下的稳定性，是材料科技领域的重要科学难题，也是发展高性能金属材料的技术瓶颈。实际上，提升高温合金耐热温度的本质是如何有效降低合金中的原子扩散以增强其结构的高温稳定性。以往研究表明，通过适当的合金化和减少结构缺陷（如晶界管）可在一定范围内降低原子的扩散速率，但降低幅度有限。尤其是在接近材料熔点的高温下，降低原子扩散速率十分困难，这是由于在接近熔点时金属原子振动加剧，晶格中的平衡空位浓度急剧升高，导致原子扩散大幅提升。最近，中国科学院金属研究所沈阳材料科学国家研究中心纳米金属科学家工作室在上述科学难题研究中取得了重要进展[4]。研究团队利用自主研发的低温塑性变形技术，将过饱和 Al-15%Mg 合金薄片的晶粒尺寸细化至 10nm 以下并获得 Schwarz crystal（受限晶体）结构。图 4-24 为受限晶体 Al-15％Mg 合金的结构与成分。研究者利用这种 Schwarz crystal 结构，探究了该合金在升温过程中的三种原子扩散控制的结构演化过程：金属间化合物的析出过程、晶粒长大过程和熔化过程。结果表明，在接近合金熔点的高温下，Schwarz crystal 结构可以有效抑制这三种结构演化过程，在该合金平衡熔化温度附近 Schwarz crystal 结构的表观晶间扩散速率比同成分材料的晶界扩散降低约 7 个数量级，表现出超低的原子扩散速率。该现象源于平均曲率为零的极小界面结构，具有极高的高温结构稳定性，改变了界面原子的振动模式，从而抑制了原子的扩散。

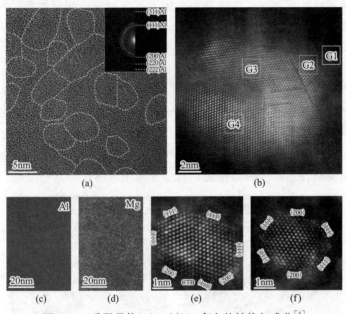

图 4-24　受限晶体 Al-15％Mg 合金的结构与成分[4]

时效析出强化作为一种重要的强韧化手段，广泛地应用于常见合金体系中。时效析出本质上属于溶质原子扩散控制的固态相变行为，而铝合金中置换型溶质原子扩散与空位迁移密切相关，因此经典时效析出理论认为过饱和空位起到了不可或缺的促进作用。空位的形成是热激活过程，过饱和空位的形成机制主要包括温度效应（如淬火）和变形效应（如冷变形）。通过严重塑性变形制备的超细晶或纳米晶铝合金，空位浓度与淬火的粗晶铝合金相比提高了 1~2 个数量级，显著加速了溶质原子向高能大角晶界的扩散并聚集，以降低体系总能量。当晶界的溶质浓度达到一定程度后，将很容易越过相变能垒，发生不可控的室温晶界析出，一方面抑制了具有强化效果的晶内析出，另一方面晶界粗大颗粒的存在极大降低了材料塑性。室温下溶质脱溶的热稳定性不足，以及晶内位错存储匮乏的塑性变形能力不足，成为制约超细/纳米晶铝合金工程化应用的两大瓶颈问题。单纯从理论上考虑，空位浓度最小化是解决该瓶颈问题的可能途径，即在细化晶粒的同时尽量消除空位，将空位对溶质扩散的牵引力趋近于零。但是在实际应用中，消除空位几乎是无法实现的。

针对上述问题，西安交大金属材料强度国家重点实验室孙军院士团队[5] 提出了采用超高空位浓度来稳定纳米铝合金中溶质原子的新策略，不同于以往消除空位以稳定溶质原子的传统观点。他们基于强结合溶质原子-空位复合体的微观组织设计思想，通过在原子层次解析溶质原子-微合金化元素-空位之间的交互作用，借助第一性原理的计算模拟与分析，选用团队具有研究特色的 Al-2.5%（质量分数）Cu-0.3%（质量分数）Sc 合金作为模型材料，在液氮温度下采用高压扭转方法制备了纳米晶合金（简称 AlCuSc-C）；同时归因于低温抑制热激活效应，以及 Sc 微合金化元素对空位的强力捕获作用，获得了超高浓度的空位［约0.2%（原子分数）］，与常规大变形制备的铝合金相比提高了近 2 个数量级。在如此高的空位浓度下，自发形成了具有极强结合力的、热力学上稳定的（空位-Cu-Sc-空位）原子复合体［如图 4-25(a) 和图 4-25(b) 所示］，均匀弥散而且稳定地分布在纳米晶晶粒内部，有效地阻止了 Cu 向晶界的扩散、偏聚和析出。这种双空位与 Cu 和 Sc 原子形成的原子复合体显示出了极好的热稳定性，在 230℃ 下时效 50h 仍未发生分解，相应地在 AlCuSc-C 合金中未观察到晶内或晶界的第二相颗粒析出。AlCuSc-C 合金突破了纳米晶铝合金原有组织/成分设计理念和常规制备方法的局限，克服了大变形与热稳定性之间的互斥关系［图 4-25(c)］，实现了大变形纳米晶铝合金中的超高热稳定性，甚至比粗晶 Al-2.5%（质量分数）Cu 合金更稳定。在显著改善热稳定性的同时，高密度的（Cu，Sc，空位）原子复合体还具有类似溶质原子团簇的强韧化机理，同步提升了 AlCuSc-C 合金的强度和塑性，其室温拉伸屈服强度和均匀延伸率分别达到了约 500MPa 和约 10%。超高浓度空位和微合金化的溶质原子稳定化策略，在科学层面上补充和拓展了空位促进时效析出的传统认知，在技术层面上同时解决了热稳定性差和室温塑性不足的瓶颈难题，有望推动纳米晶铝合金的工程化应用。

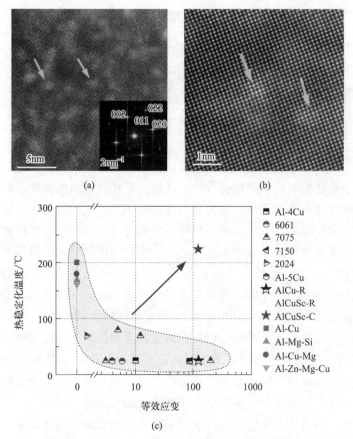

图 4-25　（a，b）纳米晶 AlCuSc-C 合金中（Cu、Sc、空位）原子复合体 HAADF 照片；
（c）本合金中热失稳温度（时效 50h 发生相分离的临界温度）与等效应变（代表晶粒尺寸大小）对应关系
及其与前人报道的粗晶和常规大变形超细晶、纳米晶铝合金相关数据之间的对比[5]

由于高熔点、优异的高温力学性能和良好的化学稳定性，钼（Mo）及其合金常被作为火箭、飞船、高速飞行器等装备关键部件的高温结构候选材料之一，其应用前景十分广阔。然而，弱的抗氧化性能严重制约了其在高温有氧环境中的应用。从目前的研究和应用现状来看，增强其高温抗氧化性能最有效的策略是在 Mo 及其合金上涂覆 $MoSi_2$ 陶瓷层。然而，在高温服役时，$MoSi_2$ 涂层/Mo 及其合金界面元素互扩散，促进了 $MoSi_2$ 涂层内部微裂纹和孔洞的产生，导致涂层中元素 Si 缺失，从而降低了涂层抗氧化和自愈合能力，缩短了钼及其合金高温长时服役寿命。因此，抑制 $MoSi_2$ 涂层/基体界面元素互扩散，是 Mo 及其合金高温长时防护涂层亟待解决的重要科学问题。为了抑制涂层/基体界面元素互扩散，在防护涂层/基体界面引入阻扩散层是一种有效的方法。近年来，难熔高熵合金（HEAs）作为具有优异综合性能的先进高温结构材料被广泛研究。基于 HEAs 具有较高的混合熵，高温下具有稳定相结构和迟滞扩散效应，其合金元素的高温扩散系数远低于常规合金。因此，HEAs 在高温下作为阻扩散材料具有极大的应用潜力。颜建辉教授团队[6] 以 WMoNbVTa 高熵合金层作为扩散阻挡层，通过两步放电等离子烧结（SPS）方法在 Mo 基体上制备了新型双层 WMoNbVTa/$MoSi_2$ 涂层，比较研究了该体系在 1200～1500℃高温有氧环境中的界面扩散行为。图 4-26 分别为为 Mo/$MoSi_2$，WMoNbVTa/$MoSi_2$ 和 WMoNbVTa/Mo 界面的背散射图片和浓度分布图。与单层 $MoSi_2$ 涂层相比，双层 WMoNbVTa/$MoSi_2$ 涂层中 $MoSi_2$ 的结构退化非常缓慢。难熔 WMoNbVTa 合金作为扩散阻挡层，有效抑制了 Mo 基体与 $MoSi_2$ 涂层之间的界面元素扩散，延长了 $MoSi_2$ 陶瓷涂层的使用寿命。

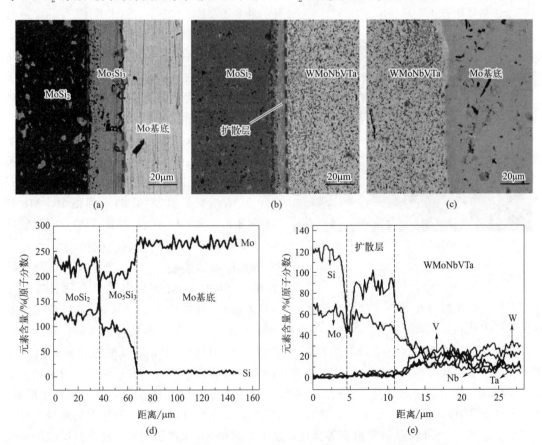

图 4-26

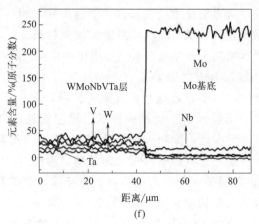

(f)

图 4-26 (a) Mo/MoSi₂，(b) WMoNbVTa/MoSi₂，(c) WMoNbVTa/Mo 界面的背散射图片和

(d) Mo/MoSi₂，(e) WMoNbVTa/MoSi₂，(f) WMoNbVTa/Mo 界面的浓度分布图[6]

SiC 纤维增强钛合金基复合材料相比于钛合金具有更高的比强度、比模量和工作温度，被认为是下一代航空发动机的重要新型材料，在航空航天领域具有广阔的应用前景。然而，在其复合成型及高温服役的过程中，基体与纤维会发生元素扩散和化学反应，反应产物均是脆性相。这些脆性相通常是复合材料破坏的裂纹起源，会显著降低材料的力学性能。因此，界面反应及其控制是一项非常重要的研究内容。王玉敏研究员等[7] 采用磁控溅射先驱丝法并结合真空热压技术制备 SiC_f/TC17 复合材料，并在 973K、1023K、1073K 和 1123K 进行

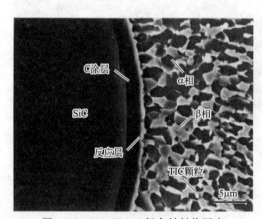

图 4-27 SiC_f/TC17 复合材料热压态
的界面区域形貌[7]

长时热暴露实验。图 4-27 为 SiC_f/TC17 复合材料热压态的界面区域全貌。在热压和热暴露过程中，界面附近的元素扩散形式主要为化学反应和浓度梯度导致的界面互扩散，以及基体相变扩散。化学反应扩散是 C 和 Ti 扩散的主要动力，也是反应层形成和长大的原因；原子浓度梯度使 Si、Al、Mo、Cr、Zr 和 Sn 在 C 层/反应层界面进行下坡扩散，但扩散程度有限；基体相变扩散使 Al 向 α 相偏聚，Mo 和 Cr 向 β 相偏聚，Sn 向 Ti₃AlC 偏聚，同时使这些元素的互扩散受到抑制。杨锐研究员等[8] 采用真空吸铸法制备了 SiC_f/TiAl 复合材料，利用 SEM 和 TEM 对制备态复合材料界面反应层进行元素扩散分析和产物确定。图 4-28 为制备态 SiC_f/TiAl 复合材料 SEM 像及纤维到基体端元素线扫描结果。图 4-28 (a) 中Ⅰ区为界面反应层，Ⅱ区为钛合金涂层，Ⅲ区为钛合金涂层与基体合金的过渡层，Ⅳ区为 TiAl 基体合金。可以看出，纤维中的 C 元素和 Si 元素已扩散到Ⅱ区钛合金涂层中，但扩散距离有限，仅在靠近Ⅰ区附近有所分布。由于钛合金涂层的存在，基体合金与纤维间隔较远，基体合金中的元素仅与钛合金涂层之间有互扩散，产生了过渡层Ⅲ。从图中也能看出，钛合金涂层中的元素均有向纤维一侧扩散的趋势，但仅有 Ti、Al、Sn、Zr 4 种元素扩散至界面反应层中。其中 Sn 元素已明显穿过界面反应层和碳层扩散至 SiC 中。用真空吸铸法所制备的 SiC_f/TiAl 复合材料，复合成型过程较快，界面处

元素扩散不充分，界面反应产物为单一的 TiC 相；800℃热暴露下，界面反应层随热暴露时间的延长而增长，元素充分扩散，界面反应层逐渐长大，且在长大过程中出现了分层现象。

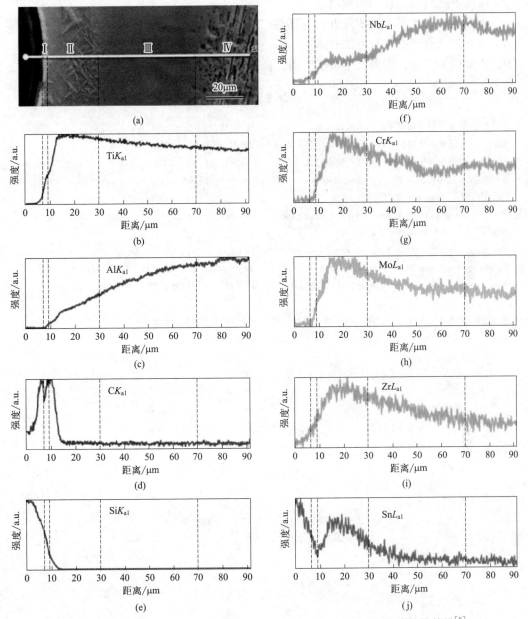

图 4-28　制备态 $SiC_f/TiAl$ 复合材料 SEM 像及纤维到基体端元素线扫描结果[8]

思考题

1. 菲克第一定律和菲克第二定律的数学表达式是什么？表达式中每个物理量的物理意义是什么？

2. 扩散系数与哪些因素有关？

3. 简述表面扩散的主要特征和种类。

4. 简述大角晶界移动的主要机制。

5. 简述溶质对晶界移动的影响。

6. 晶界迁移的主要实验研究方法有哪些？

7. 界面扩散常用的实验方法有哪些？

8. 查阅相关文献，举例说明关于界面扩散应用研究的最新进展。

参考文献

［1］闻立时. 固体材料界面研究的物理基础［M］. 北京：科学出版社，2011.

［2］潘金生，田民波，仝健民. 材料科学基础［M］. 北京：清华大学出版社，2011.

［3］戚正风. 固态金属中的扩散与相变［M］. 北京：机械工业出版社，1998.

［4］Xu W，Zhang B，Li X Y，et al. Suppressing atomic diffusion with the Schwarz crystal structure in supersaturated Al-Mg alloys［J］. Science，2021，373：683-687.

［5］Wu S H，Soreide H S，Chen B，et al. Freezing solute atoms in nanograined aluminum alloys via high-density vacancies［J］. Nature Communications，2022，13：3495.

［6］Yan J H，Lin Y Z，Wang Y，et al. Refractory WMoNbVTa high-entropy alloy as a diffusion barrier between a molybdenum substrate and $MoSi_2$ ceramic coating［J］. Ceramics International，2022，48，11410-11418.

［7］张旭，王玉敏，雷家峰，等. SiC_f/TC17 复合材料界面热稳定性及元素扩散机理［J］. 金属学报，2012，48（11）：1306-1314.

［8］沈莹莹，张国兴，贾清，等. SiC_f/TiAl 复合材料界面反应及热稳定性［J］. 金属学报，2022，58（9）：1150-1158.

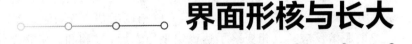

第5章
界面形核与长大

固体材料界面许多变化过程都是通过形核与长大进行的，它们的共同特点是形成有界面分割开的新相区域，即核，然后，这些核通过消耗原始相而长大。因此，形核与长大过程是界面的形成和演变过程。本章主要介绍界面的扩散形核、新相长大及界面的形核与长大的一些最新应用实例。通过界面形核与长大的相关基础理论知识和应用实例的介绍，加深对基础理论的理解并了解界面形核长大的一些最新研究进展。本章的重难点是相变与形核驱动力、非均匀形核、界面控制和长程扩散控制的新相长大。

5.1　相变驱动力与形核驱动力[1]

5.1.1　相变驱动力

与液态金属结晶相似，固态相变也需要驱动力。在恒温恒压下，相变驱动力通常指吉布斯自由能的净降低量。对于具有 α↔β 同素异构转变的纯组元，在恒压下两相自由能随温度的变化如图 5-1 所示。在 T_0 温度，两相自由能相等，相变驱动力为 0。要使母相 α 向 β 相转变，必须将其过冷到 T 温度以下。

当过冷度为 ΔT 时相变驱动力为

$$\Delta G^{\alpha \to \beta} = G^\beta - G^\alpha \tag{5-1}$$

式中，G^β 与 G^α 分别为相变温度下 β 及 α 相的摩尔自由能。由于 $G^\alpha = H^\alpha - TS^\alpha$，$G^\beta = H^\beta - TS^\beta$，式(5-1) 又可以写为

$$\Delta G^{\alpha \to \beta} = \Delta H^{\alpha \to \beta} - T\Delta S^{\alpha \to \beta} \tag{5-2}$$

其中 ΔH 与 ΔS 分别表示每摩尔 α 相转变为 β 相焓和熵的变化。在 $T = T_0$ 时 $\Delta G = 0$，由式(5-2) 得 $\Delta S = \dfrac{\Delta H}{T_0}$。由于过冷度不大时 ΔH 和 ΔS 均可视为常数，因此可以把 $T = T_0$ 时 ΔH 和 ΔS 之间的关系式代入式(5-2)，从而得到在 ΔT 过冷度下，α→β 相变的驱动力为

$$\Delta G^{\alpha \to \beta} = \Delta H^{\alpha \to \beta} \frac{\Delta T}{T_0} \tag{5-3}$$

由此式可见，相变驱动力随过冷的增大呈线性增加。若过冷度较大，ΔH 和 ΔS 不能看作常数，此时应按照标准的热力学方法求出相变驱动力 ΔG。

由亚稳过饱和 α′ 母相中析出第二相 β，而自

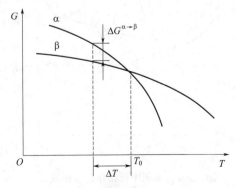

图 5-1　纯组元相变驱动力示意图

身转变为更稳定的 α，这种反应称为脱溶转变，反应式为 α′→α+β。其中 α′相与 α 相具有相同的结构，但具有不同的成分。α 相的成分是接近平衡态或就是平衡态的成分，析出的 β 相可以是稳定相也可以是亚稳相。这种脱溶反应的相变驱动力，可由图 5-2 所示的二元系说明。将成分为 C_0 的合金加热至 α 单相区后快冷至 T_1 温度，在该温度下将发生 α′→α+β 的脱溶反应。当相变终了达稳定平衡态后，α 相和 β 相的成分均为该温度下的平衡成分，即如图 5-2(a) 中的 C_α 与 C_β。在自由能-成分曲线上，C_α 与 C_β 分别是 G^α 及 G^β 两条曲线公切点的成分，如图 5-2(b) 所示。此时相变驱动力为

$$\Delta G^{\alpha' \to \alpha+\beta} = G^{\alpha+\beta} - G^{\alpha'} \tag{5-4}$$

式中　$G^{\alpha+\beta}$——转变后混合相（α+β）的自由能；

　　　$G^{\alpha'}$——转变前母相 α′的自由能。

从热力学角度很容易证明 $\Delta G^{\alpha' \to \alpha+\beta}$ 的大小相当于图 5-2(b) 中 DC 线段的长度。

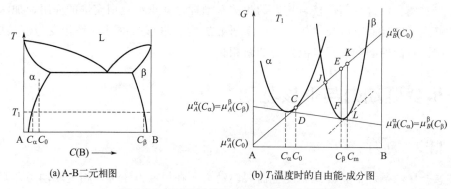

(a) A-B二元相图　　　　　(b) T_1 温度时的自由能-成分图

图 5-2　二元系脱溶反应驱动力的示意说明

5.1.2　形核驱动力

大多数固态相变都经历形核和生长过程，形核时由于新相的量很少，此时的自由能变化不能用图 5-2(b) 中的 DC 长度来量度。对于这种从大量母相中析出少量新相的情况，自由能的变化（即形核驱动力）可通过母相自由能-成分曲线上该母相成分点的切线与析出相自由能-成分曲线之间的垂直距离来量度。按照这种求法，不同成分的核心形核驱动力将不同。由图 5-2(b) 可知，C_0 成分的 α 相析出的 β 相核心成分只有大于 J 点成分时才可能有形核驱动力，并且随着析出相成分的不同，形核驱动力也不同。为确定具有最大形核驱动力核心的成分，可在 β 相自由能-成分曲线上做一条如图 5-2(b) 所示的切线，使之与 α 相自由能曲线上过 C 点的切线相平行。显然，图中 LK 长度即为最大形核驱动力，所对应的析出相核心成分为 C_m。

固态相变特征之一是有亚稳过渡相的析出，现在从相变驱动力和形核驱动力角度对此加以说明。

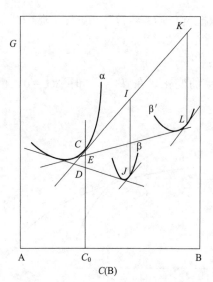

图 5-3　由 α 相中析出稳定 β 相或
亚稳 β′相的热力学说明

图 5-3 是 A-B 二元系在某一温度下的自由能-成分曲线，图中 β 与 β′ 分别是与 α 相平衡的稳定相与亚稳相。成分为 C_0 的 α 相，在 T 温度析出 β 相并达到平衡时，自由能的降低为 CD 的长度。若析出相为亚稳的 β′ 相，则两者达到平衡时系统自由能的降低为 CE 的长度。可见，由 α 相中析出稳定相 β 相变驱动力远比析出亚稳相 β′ 大。从相变总体来看，相变应以转变为最稳定的 α+β 结束。然而，从形核驱动力来看，两者却截然不同。按照前面所述的确定形核驱动力的方法可以求得，在 T 温度下由成分为 C_0 的 α 相中析出 β 相时最大形核驱动力为 IJ 的长度，而析出亚稳 β′ 相的形核驱动力为 KL 的长度。显然，形成亚稳 β′ 相核心的驱动力大。因而在析出稳定平衡相之前，可优先析出 β′ 亚稳相。但 β′ 亚稳相只是在转变为平衡相之前的一种过渡性产物，从总的平衡趋势看，这种亚稳过渡相将为平衡相所取代。

当亚稳相的相变驱动力和形核驱动力均低于平衡相时，在相变过程中亚稳相也可能优先析出。这种情况的发生，主要是由亚稳过渡相的相变阻力明显低于平衡相所致。

5.2　界面的扩散形核[1-3]

5.2.1　均匀形核

经典形核理论是由 Gibbs、Volmer、Weber、Becker、Doring 及 Turnbull 和 Fisher 对汽-液和液-固相变提出的，并且由 Becker 等首先将其应用于固态相变。但固态相变有不同于凝固相变的特点。其一，新相与母相间的界面结构比液固界面复杂，因而对固态相变过程有重要影响。形成的新相与母相间有任何的体积质量差异时，都会在母相和新相引起弹性应变，即形核时会附加弹性应变能。其二，母相和新相都是晶体，新相核心和母相不同取向的匹配会使界面能和应变能不同，引起核心形状的多样性。

假如形成一半径为 r 的球形新相晶核，系统的自由能变化可以写为

$$\Delta G = \frac{4}{3}\pi r^3 (\Delta G_V + \varepsilon_E) + 4\pi r^2 \gamma \tag{5-5}$$

式中，ΔG_V 为新相与母相的体积自由能差；γ 为界面能；ε_E 为单位体积新相形成时增加的弹性应变能。其中 $\Delta G_V < 0$，$\varepsilon_E > 0$。应变能的出现减少了形核时的驱动力。

令 $\dfrac{\mathrm{d}\Delta G}{\mathrm{d}r} = 0$，求得临界晶核的半径 $r^*_{均}$，将 $r^*_{均}$ 代入式（5-5），可得临界晶核形核功 $\Delta G^*_{均}$，即

$$r^*_{均} = \frac{-2\gamma}{(\Delta G_V + \varepsilon_E)} \tag{5-6}$$

$$\Delta G^*_{均} = \frac{16\pi\gamma^3}{3(\Delta G_V + \varepsilon_E)} \tag{5-7}$$

这表明，界面能和弹性应变能增大，都会增大临界晶核的半径和形核功，形核困难。所以核心总是倾向于使其总的界面能和应变能以最小的方式形成，因而析出物的形状是总应变能和总界面能综合影响的结果。当新相与母相共格时，相变阻力主要是应变能，界面能可以忽略。对于非共格析出相，应变能可以忽略不计，相变阻力主要是界面能。若新相呈圆盘状，其半径为 r，厚度为 t，在与母相共格条件下应变能为 $\left(\dfrac{3}{2}E\delta^2\right)\pi (At)^2 t$，其中 $A = r/t$，称为半径与厚度比。在非共格条件下，这种形状析出相的界面能为 $\gamma [2\pi(At)^2 + 2\pi(At)t]$。

可以看出，共格晶核的形核阻力与 t^3 成正比，而非共格晶核的形核阻力与 t^2 成正比。图 5-4 定性地给出了上述两种情况下相变阻力与片厚之间的关系。当 t 值小时，由于 $t^3 < t^2$，新相以共格方式形成时相变阻力较小。当 t 值较大时，$t^3 > t^2$，新相呈非共格存在时相变阻力较小。图中两条曲线相交时的 t 值称为临界厚度，以 t_c 表示，其大小为 $t_c = \dfrac{4}{3}\dfrac{\gamma}{E\delta^2}\left[1+\dfrac{1}{A}\right]$。

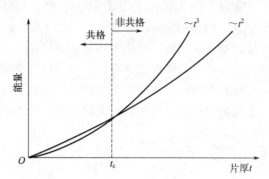

图 5-4 　共格与非共格析出相的能量与片厚之间的关系

由上面讨论可见，具有低界面能、高应变能的共格界面晶核，其形状倾向于盘状或片状；而具有高界面能、低应变能的非共格晶核，往往呈球状，但当体积胀缩引起的应变能较大或界面能各向异性显著时，也可能呈针状或片状。

下面讨论均质形核时的形核率。以 N 表示单位体积母相中能够形成新相核心的原子位置数，以 N^* 表示均质形核时单位体积中具有临界尺寸晶核的个数，根据统计力学，两者之间应有如下关系：

$$N^* = N\exp\left(-\frac{\Delta G_{均}^*}{kT}\right) \tag{5-8}$$

式中　　$\Delta G_{均}^*$——临界晶核形核功；

　　　　k——玻耳兹曼常数。

对于临界晶核，只要再加上一个原子，它就可以稳定长大。令 A^* 表示临界晶核表面能够接受原子的位置数，靠近晶核表面的原子能够跳到晶核上的频率为 $\nu\exp\left(\dfrac{-\Delta G_{m}}{kT}\right)$，则单位时间在单位体积中形成的晶核个数，即形核率可以写为

$$\dot{N} = NA^*\nu\exp\left(-\frac{\Delta G_{m}}{kT}\right)\exp\left(-\frac{\Delta G_{均}^*}{kT}\right) \tag{5-9}$$

式中　　ν——原子的振动频率；

　　　　ΔG_{m}——原子迁移激活能。

当临界晶核长大后，其数量就要减少。通常，新的临界晶核数目总是不足以补偿由于长大而减少的数目，所以实际存在的临界晶核数目总是少于平衡数目。因此实际形核率的大小应是将上式再乘上一个约为 0.05 的修正因子。

由于 $\Delta G_{均}^*$ 随过冷度的增大急剧减小，而 ΔG_{m} 几乎不随温度变化，所以均质形核率也表现出随过冷度增加，开始时急剧增大，而当过冷度大到一定程度之后又重新降低的规律。

5.2.2 非均匀形核

实际晶体材料中含有大量缺陷，如晶界面、晶粒棱边、角隅、位错、堆垛层错等，在这些位置形核将抵消部分缺陷，从而使形核功降低。因此，在这些缺陷处形核要比均质形核容易得多。由于这类形核位置不是完全随机分布，因而将这种形核方式称为非均质形核。

5.2.2.1 晶界形核

多晶体材料中，2 个相邻晶粒的边界是一个界面；3 个晶粒的共同交界构成一条界线（晶棱）；4 个晶粒可以交于一点构成角隅。为满足晶核表面积与体积之比（S/V）最小，并符合界面张力力学平衡的要求，在这三种不同位置形核时，晶核应取不同的形状，图 5-5、图 5-6 和图 5-7 所示的是在非共格条件下，在三种不同位置形成新相晶核的可能形状。

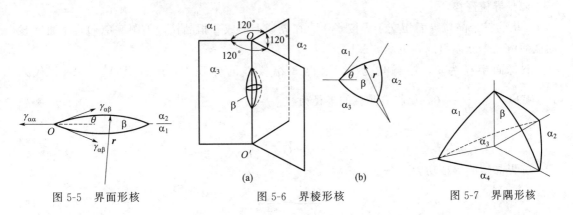

图 5-5 界面形核   图 5-6 界棱形核   图 5-7 界隅形核

(1) 界面形核

若 β 相以与母相 α 非共格方式在界面形成，其晶核呈图 5-5 所示的双凸透镜状。图中 $\gamma_{\alpha\alpha}$ 表示母相的晶界能，$\gamma_{\alpha\beta}$ 表示母相与新相间的界面能，r 表示曲面的半径。

在核心与母相交界处的界面张力平衡条件为

$$\gamma_{\alpha\alpha} = 2\gamma_{\alpha\beta}\cos\theta \tag{5-10}$$

在界面上形成晶核的能量变化为

$$\Delta G_{gb} = V_\beta(\Delta G_V + \varepsilon_E) + (A_{\alpha\beta}\gamma_{\alpha\beta} - A_{\alpha\alpha}\gamma_{\alpha\alpha}) \tag{5-11}$$

式中 V_β——核心体积；

$A_{\alpha\beta}$——新相的界面面积；

$A_{\alpha\alpha}$——形成新相时消失的母相晶界面积。

设球冠的半径为 r，求得核心的体积 V_β 和面积 $A_{\alpha\beta}$、$A_{\alpha\alpha}$ 分别为

$$A_{\alpha\alpha} = \pi r^2 \sin\theta$$

$$A_{\alpha\beta} = 2(2\pi r)r(1-\cos\theta) = 4\pi r^2(1-\cos\theta)$$

$$V_\beta = \frac{2}{3}\pi(2 - 3\cos\theta + \cos^3\theta)r^3$$

将它们代入式(5-11)，令 $\dfrac{\partial \Delta G}{\partial r} = 0$，得临界晶核的半径为

$$r_{gb}^* = \frac{-2\gamma_{\alpha\beta}}{\Delta G_V + \varepsilon_E} \tag{5-12}$$

它与母相的界面能无关。临界晶核的形核功为

$$\frac{\Delta G_{gb}^{*}}{\Delta G_{均}^{*}}=\frac{1}{2}(2-3\cos\theta+\cos^{3}\theta)=2f(\theta) \tag{5-13}$$

其中 $f(\theta)=\frac{1}{4}(2-3\cos\theta+\cos^{3}\theta)$，$f(\theta)$ 为接触角因子，取 $\eta_{\beta}=\frac{2\pi}{3}(2-3\cos\theta+\cos^{3}\theta)=\frac{8\pi}{3}f(\theta)$，$\eta_{\beta}$ 为体积形状因子。

界面形核时，临界晶核半径未变，但临界形核功降低，其值与接触角 θ 有关。$\theta=0°$，临界形核功为零；$\theta=90°$，界面形核与均匀形核相同。从形核功来看，界面形核是有利的，但界面的范围比晶内范围要小得多，因此，对形核的总贡献未必一定大于晶内的均匀形核。

(2) 界棱形核

α 相的三个晶粒界面相交于界棱 OO'，在界棱上形成 β 相晶核，见图 5-6(a)，垂直界棱的截面由三个球面组成，见图 5-6(b)。

设球面半径为 r，接触角为 θ，求得 β 相核心的体积 V_{β} 和面积 $A_{\alpha\beta}$、$A_{\alpha\alpha}$，代入式(5-11)，令 $\frac{\partial \Delta G}{\partial r}=0$，得临界晶核的半径为

$$r_{ge}^{*}=\frac{-2\gamma_{\alpha\beta}}{\Delta G_{V}+\varepsilon_{E}} \tag{5-14}$$

临界晶核的形核功为

$$\frac{\Delta G_{ge}^{*}}{\Delta G_{均}^{*}}=\frac{3}{4\pi}\eta_{\beta} \tag{5-15}$$

体积形状因子 η_{β} 为

$$\eta_{\beta}=2\left[\pi-2\arcsin\left(\frac{1}{2}\csc\theta\right)+\frac{1}{3}\cos^{2}\theta(4\sin^{2}\theta-1)^{\frac{1}{2}}-\arccos\left(\frac{\cot\theta}{\sqrt{3}}\right)\cos\theta(3-\cos^{2}\theta)\right]$$

界棱与界面形核一样，临界半径未变，但临界形核功降低，其值与接触角 θ 有关。

(3) 界隅形核

四个相邻的 α 晶粒，每三个形成一界棱，四根界棱相交于一点，形成界隅，即为球面四面体，见图 5-7。设球面半径为 r，接触角为 θ，求出 β 相核心的体积 V_{β} 和面积 $A_{\alpha\beta}$、$A_{\alpha\alpha}$，代入式(5-11)，令 $\frac{\partial \Delta G}{\partial r}=0$，则临界晶核的半径和临界晶核的形核功分别为

$$r_{gc}^{*}=\frac{-2\gamma_{\alpha\beta}}{\Delta G_{V}+\varepsilon_{E}} \tag{5-16}$$

$$\frac{\Delta G_{gc}^{*}}{\Delta G_{均}^{*}}=\frac{3}{4\pi}\eta_{\beta} \tag{5-17}$$

体积形状因子 η_{β} 为

$$\eta_{\beta}=8\left[\frac{\pi}{3}-\arccos\frac{\sqrt{2}-\cos\theta(3-C^{2})^{\frac{1}{2}}}{C\sin\theta}\right]+C\cos\theta\left[(4\sin^{2}\theta-C^{2})^{\frac{1}{2}}-\frac{C^{2}}{\sqrt{2}}\right]-\frac{4\cos\theta(3-\cos^{2}\theta)\arccos C}{2\sin\theta}$$

其中

$$C = \frac{2}{3} \left[\sqrt{2} \left(4\sin^2\theta - 1 \right)^{\frac{1}{2}} - \cos\theta \right]$$

由式（5-6）、式（5-12）、式（5-14）和式(5-16)可以看到，临界晶核半径与母相的界面能无关，且尺寸未变。而对于非均匀形核，形核功与 θ 有关。为比较在晶界不同位置形核时对临界形核功的影响，可将式（5-13）、式(5-15)和式(5-17)作图，得到图5-8。由图可见，当 $\theta = 90°$，$\cos\theta = 0$，为均匀形核，晶界作用消失。随 θ 角降低，$\cos\theta$ 增大，非均匀形核功下降，其中界隅下降最快。

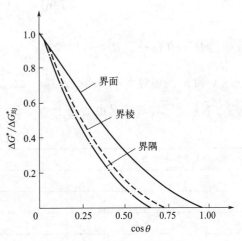

图 5-8　不同类型形核的临界形核功随 $\cos\theta$ 的变化

（4）三种形核方式对形核率的贡献

形核率除了与形核功有关外，还与单位体积中形核位置的原子数 N 有关。现假设晶界的有效厚度为 δ，晶粒的平均线尺寸为 L，则单位体积中不同形核位置数为

$$N_{gb} = N\left(\frac{\delta}{L}\right)$$

$$N_{ge} = N\left(\frac{\delta}{L}\right)^2$$

$$N_{gc} = N\left(\frac{\delta}{L}\right)^3 \tag{5-18}$$

据此，固态相变晶界形核时的形核率为

$$\dot{N} = N\nu A^* \left(\frac{\delta}{L}\right)^{3-i} \exp\left(-\frac{\Delta G_m}{kT}\right) \exp\left(-\frac{B_i \Delta G_{均}^*}{kT}\right) \tag{5-19}$$

式中 $i = 0$、1、2、3 分别表示在角隅、晶棱、晶界面和晶内形核。由于 $\frac{\delta}{L} \ll 1$，所以随着 i 值的增大，晶界形核特征因子 $\left(\frac{\delta}{L}\right)^{3-i}$ 增大。式中 B_i 称为形核功系数，其含义为晶界形核时的形核功与均匀形核时形核功的比值。对于以上几种形核位置，显然有 $B_0 < B_1 < B_2 < B_3 = 1$，其中 $B_3 = 1$ 时即为均匀形核，形核功为 $\Delta G_{均}^*$，$B_2 \Delta G_{均}^*$ 即为晶界面形核的形核功。

界面、界棱和界隅的形核率 $\dot{N}_{gb}$、$\dot{N}_{ge}$、$\dot{N}_{gc}$ 与均匀形核率 $\dot{N}_{均}$ 的比值分别为

$$\frac{\dot{N}_{gb}}{\dot{N}_{均}} = \frac{\delta}{L} \exp\left(\frac{\Delta G_{均}^* - \Delta G_{gb}^*}{kT}\right) \tag{5-20}$$

$$\frac{\dot{N}_{ge}}{\dot{N}_{均}} = \left(\frac{\delta}{L}\right)^2 \exp\left(\frac{\Delta G_{均}^* - \Delta G_{gb}^*}{kT}\right) \tag{5-21}$$

$$\frac{\dot{N}_{gc}}{\dot{N}_{均}} = \left(\frac{\delta}{L}\right)^3 \exp\left(\frac{\Delta G_{均}^* - \Delta G_{gb}^*}{kT}\right) \tag{5-22}$$

由式(5-20) 得

$$kT\ln\left(\frac{\dot{N}_{gb}}{\dot{N}_{均}}\right)=(\Delta G_{均}^{*}-\Delta G_{gb}^{*})-R \tag{5-23}$$

式中的 $R=kT\ln\dfrac{\delta}{L}$。从中可以发现，$\dot{N}_{gb}$ 和 $\dot{N}_{均}$ 何者对总形核率贡献大，取决于 $(\Delta G_{均}^{*}-\Delta G_{gb}^{*})$ 和 R 的相对大小。当 $(\Delta G_{均}^{*}-\Delta G_{gb}^{*})>R$，$\dot{N}_{gb}>\dot{N}_{均}$。反之，$(\Delta G_{均}^{*}-\Delta G_{gb}^{*})<R$，$\dot{N}_{gb}<\dot{N}_{均}$。同样的情况也适用于 $\dot{N}_{ge}$ 和 $\dot{N}_{gc}$，分析结果列于表 5-1。

表 5-1 具有最大形核率类型的条件

最大形核率类型	条件
$\dot{N}_{均}$	$R>(\Delta G_{均}^{*}-\Delta G_{gb}^{*})$
$\dot{N}_{gb}$	$(\Delta G_{均}^{*}-\Delta G_{gb}^{*})>R>(\Delta G_{gb}^{*}-\Delta G_{ge}^{*})$
$\dot{N}_{ge}$	$(\Delta G_{gb}^{*}-\Delta G_{ge}^{*})>R>(\Delta G_{ge}^{*}-\Delta G_{gc}^{*})$
$\dot{N}_{gc}$	$(\Delta G_{ge}^{*}-\Delta G_{gc}^{*})>R$

5.2.2.2 位错线形核

新相晶核也往往在位错线上优先形成，位错这种促进形核的作用可以从如下几个方面来理解。首先，新相在位错上形核可松弛一部分位错的弹性应变能，从而使新相的形核功降低。其次，位错附近存在溶质原子气团，位错又是溶质原子的高速扩散通道，这就为富溶质原子核心的形成提供了有利条件。

在小角晶界及滑移带上常常优先成核，这是由于在这些部位有位错的高度集中，位错促进了不均匀形核。

假定在单位长度位错线上形成一圆柱形新相核心，如图 5-9 所示。在非共格时忽略应变能后，形成一个 β 相晶核引起的自由能变化为

$$\Delta G=\pi r^{2}\Delta G_{V}+2\pi r\gamma-A\ln\frac{r}{r_{0}}$$

r_0 为位错中心半径，系数 A 与位错类型有关。

对于刃型位错
$$A=\frac{\mu \boldsymbol{b}^{2}}{4\pi(1-\nu)}$$

而螺型位错
$$A=\frac{\mu \boldsymbol{b}^{2}}{4\pi}$$

式中，μ 为弹性切变模量；$\boldsymbol{b}$ 为位错的柏氏矢量；ν 为泊松比。取 $\dfrac{\partial \Delta G}{\partial r}=0$，得

$$r_{c}=\frac{-\gamma}{2\Delta G_{V}}\left[1\pm\sqrt{1-\frac{-2A\Delta G_{V}}{\pi\gamma^{2}}}\right] \tag{5-24}$$

令 $\alpha=\dfrac{-2A\Delta G_{V}}{\pi\gamma^{2}}$，上式成为

$$r_{c}=\frac{-\gamma}{2\Delta G_{V}}\left[1\pm\sqrt{1-\alpha}\right] \tag{5-25}$$

当 $\alpha<1$，r_c 为实数，存在临界半径，见图 5-10 中的 A 线，若 $\alpha>1$，r_c 为虚数，不存

在临界半径，见图 5-10 中的 B 线，即位错线本身起晶核作用，以其为中心一直长大。

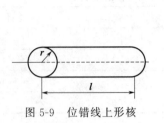

图 5-9　位错线上形核

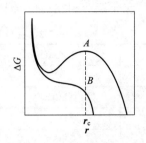

图 5-10　位错形核的自由能变化

A：$\alpha < 1$；B：$\alpha > 1$

当 $\alpha < 1$ 时，具有形核的能量。形核时在圆筒局部处长厚，呈腰鼓突出，见图 5-11。腰鼓突出达到临界值后，自由能趋于下降。

在 $\alpha < 1$ 时，位错形核的形核功 $\dfrac{\Delta G^*}{\Delta G^*_{均}}$ 与 α 存在图 5-12 所示的关系，增大 α 值相当于加大 A 和 ΔG_V 值及减小 γ 值。

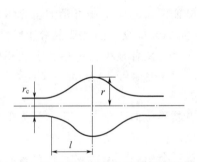

图 5-11　$\alpha < 1$ 时在位错线上形成的腰鼓状晶核

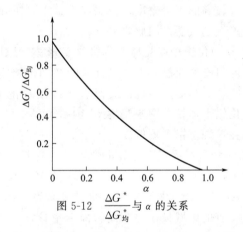

图 5-12　$\dfrac{\Delta G^*}{\Delta G^*_{均}}$ 与 α 的关系

应当指出，尽管过冷度不大时在位错上形核需要一定的形核功，但其大小不仅远低于均质形核，而且也低于晶界形核，因此固态相变时位错形核比晶界形核更为容易。据此，通过塑性变形增加晶体中的位错密度，便可促进析出相在晶内位错线处形核，避免在晶界集中析出，从而可以改变析出相的分布状态。

位错形核已为大量实验事实所证实，Aaronson 根据实验事实总结出以下一些规律：

① 刃型位错比螺型位错作为更有效的形核位置。表 5-2 列出一些金属和合金在缺陷处优先沉淀形核的事例。一般在较低的饱和程度（较低的过冷度）时，沉淀相只在刃位错上形核，而不在螺位错上形核。在刃位错形核时 α 值为

$$\alpha = -\frac{\mu b^2 \Delta G_V}{2\pi^2 \gamma^2_{\alpha\beta}(1-\nu)} \tag{5-26}$$

在螺位错形核时 α 值为

$$\alpha = -\frac{\mu b^2 \Delta G_V}{2\pi^2 \gamma^2_{\alpha\beta}} \tag{5-27}$$

可见刃位错形核时 α 值较大，而图 5-12 指出，较大的 α 表示形核能量较小，也就是形核率较大，这就解释了沉淀相在刃位错上优先形核。

表 5-2 在位错上优先沉淀形核的事例

合金	基体点阵	沉淀相	位错排列
Al-4Cu	FCC	θ'	小角晶界
Al-7Mg	FCC	β	柱状环
0.75%KCl	FCC	Ag	位错网
AgCl	FCC	Ag	螺旋

② 较大柏氏矢量的位错将更有效地促进形核。如 Ag 由 KCl 沉淀时，$<100>a$ 位错沉淀较快，而在 $\frac{a}{2}<110>$ 位错上沉淀较慢。由式(5-26) 可见，α 正比于 b^2，因此在柏氏矢量较大的位错上形核，使临界形核功减小。

③ 在位错结和位错割阶处容易形核。在 FCC 的 Al-Zn-Mg-Cu 合金和 BCC 的 Fe-P 合金中，位错结都是优先形核之处。Ag 从 KCl 沉淀时几乎全部在位错结上形核。从金属及离子合金的定性观察中发现，形变试样在单独位错上单位长度的形核率要比退火试样高。形变材料内具有较高的割阶密度，位错线上加上割阶和位错结，使局部位错的柏氏矢量加大，从而使临界形核功减低，因此容易形核。

④ 单独位错较亚晶界上位错易于形核。原则上单独位错的应变场可延伸至无限远，而处于平衡组态的亚晶界上位错伸展距离和位错间距在同一数量级。因此亚晶界上位错形核，减小应变场对临界形核功的贡献较小。BCC 的 Fe-P 和 Fe-N 合金中，观察到沉淀相较快地在单独位错上形核。图 5-13 表示 Fe-0.006N 和 Fe-0.011N 合金经 100℃时效 2h 后，$Fe_{16}N_2$ 较快地在单独位错上形核。

⑤ 小角度晶界或亚晶界上惯习面选择性形核。当晶界位向不变时，几个晶体学相当的惯习面中，只有 1~2 个惯习面供形核之用。当晶界位向改变时，优先形核的惯习面也随之改变。Al-4Cu 合金中沉淀相 θ' 的惯习面为 {100}，有三个变态。电镜观察到在弯曲的伸展晶界上，有的区域只在一个惯习面上形核，其余两个不起作用，如图 5-14 所示，而在其它晶界面区域上，在两个变态惯习面上形核，另一个不起作用。表 5-3 列出一些合金中沉淀相在惯习面上的选择性形核。

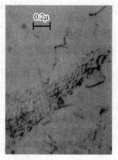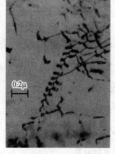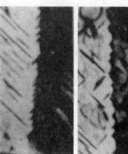

图 5-13 (a) Fe-0.006N；(b) Fe-0.011N 合金经 100℃时效 2h 后，$Fe_{16}N_2$ 较快地（和亚晶界位错相比）在位错上形核

图 5-14 Al-4Cu 合金中位向差 2.7°的晶界上，不同区域中对惯习面的选择性形核

表 5-3　一些合金的沉淀相在惯习面上选择性形核

合金	基体点阵	沉淀相	惯习面
Al-4Cu	FCC	θ'	(100)
Al-2.5Cu-1.2Mg	FCC	s'	(210)
Ni-25Fe-15Cr-5Nb	FCC	γ'	(100)
Fe-0.02N	BCC	$Fe_{16}N_2$	(100)

Thomas 和 Nutting 认为沉淀相和母相之间点阵匹配较好的是沿沉淀相的宽面，而错配度最大的，往往垂直于宽面方向；形核率最大的惯习面常垂直于亚晶界位错的柏氏矢量，相当于基体和核心之间弹性应变交互作用能最大的面，在这个面上优先形核得以消除大的应变能。该机制已为 Vaughan 实验所证实。当沿亚晶界上存在两组位错时，才沿两个不同惯习面沉淀。一列位错上两个惯习面上沉淀相的形核速率也可能接近相等，但并不常见，这是因为即使临界形核功改变很小，但对形核率的影响可能很大，因此往往总是在一个惯习面上沉淀具有较大的形核率。

⑥ 在较大的过冷度下，$|\Delta G_V|$ 增加，一定惯习面上及刃位错上优先沉淀的选择性均将减小，最终将失去。发现 Cu 由 Si 在低的过冷度下沉淀时，优先在刃位错形核，但当过冷度增加时，刃位错和螺位错上均能形核。在 Fe-N 合金中 $Fe_{16}N_2$ 片在一定惯习面上的选择性沉淀，将因过冷度的增加而变得不明显。由于 α 和 $|\Delta G_V|$ 成正比，增加 α 使临界形核功减小。因此即使不利于形核的惯习面以及螺位错上也会达到形核的条件。

⑦ 在 FCC 的基体中，在小角度晶界或亚晶界上不同结构的沉淀相均成一次边片或边针形，见表 5-4。只有在 Al-(6~7)Zn-(2.5~3)Mg 合金 M'(HCP) 相在小角度晶界位错上呈一次边片状外，还呈晶界块状，以及 Au-5Co 合金 FCC 的沉淀相在小角度晶界上也呈晶界块状作为例外。

在 BCC 基体中，小角度晶界上沉淀相的形态各不相同，理由尚不清楚。

表 5-4　在 FCC 基体上晶界位错沉淀相的形态

合金	沉淀相	晶界位向差	形态	
			小角度	中等角度
Al-4Cu	θ'	0~12°	一次边片	
Fe-0.29C	α	小角度	一次边片	一次锯齿状
Al-18Ag	γ'	0~17°	一次边片	一次锯齿状
Ag-5.6Al	β	0~14°	一次边片＋一次锯齿状	一次锯齿状
Co-20Fe	α		一次边片＋一次锯齿状	一次锯齿状

5.2.2.3　其它缺陷形核

层错往往也是新相形核的有利场所。例如 FCC 晶体中，若层错能较低，全位错会分解为扩展位错。扩展位错中的层错区实际上便是 HCP 晶体的密排面，这就为在 FCC 母相中析出 HCP 新相准备了结构条件，倘若在层错区有铃木气团，则又为新相的析出准备了成分条件，所以层错是新相形核的潜在位置。对层错形核，新相和母相之间应有如下位置关系

$$\{111\}_{FCC}//\{0001\}_{HCP}$$

$$\langle 1\bar{1}0\rangle_{FCC}//\{11\bar{2}0\}_{HCP}$$

这种位向关系导致新相与母相间形成低能的共格或半共格界面，使形核容易发生。

Al-Ag、Cu-Si 及 TiC 中的 TiB$_2$，都经实验证明由堆垛层错形核。在 Al-Ag 中 Ag$_2$Al 相的沉淀过程是由层错富银，直至结构成为 Ag$_2$Al 相的结构。基体中由淬火所形成的螺旋状位错、Frank 不动位错圈上可直接观察到形核。许多单独核心在位错割阶上形成，在 {111} 面上的位错分解为层错，如

$$\frac{a}{2}[1\bar{1}0] \rightarrow \frac{a}{6}[1\bar{2}1] + \frac{a}{6}[2\bar{1}\,\bar{1}]$$

该层错的结构与 Ag$_2$Al 结构相同，当层错富银后，就形成 4 个原子厚的沉淀相。层错由扩展位错形成，在层错形核和在位错形核有相似之处。

空位促使形核往往由间接实验而不能由直接观察来证实。经辐照、淬火和时效的 Fe-C 合金，沉淀相的形核率比未经辐照的高得多。在经辐照的 16Cr-12Ni-1Nb 不锈钢中，具有比未经辐照的同样钢细得多的碳化物沉淀，这种细的碳化物均匀分布，证明由空位帮助形核。但这不能排除很小位错圈帮助形核。淬火过剩空位往往组成位错圈。

基体中预先存在的粒子，当两者界面为非共格且形成较大的界面能时，一方面界面的一边已存在较高的溶质浓度，另一方面高的界面能又是形核的有利位置，因此预先存在的粒子和基体的界面易于形核。Al-Cu 合金中 θ 粒子在 θ′ 和基体的界面上形核，已为实验证明。Ni-Cr-Ti 中 η（Ni$_3$Ti）相在过渡相 γ′ 位置上形核，这是由于空位集团崩塌，在 γ′ 中形成层错，有利于 η 相的形核。

5.3 新相长大[1,3-5]

新相晶核形成后，将向母相中长大。新相长大的驱动力也是两者之间的自由能差。当新相和母相成分相同时，新相的长大只涉及界面最近邻原子的迁移过程，这种方式的新相长大一般称为界面过程控制长大。当新相和母相成分不同时，新相的长大除需要上述的界面近邻原子的迁移外，还涉及原子的长距离扩散，所以新相的长大可能受扩散过程控制或受界面过程控制。在某些情况下，新相长大甚至受界面过程和扩散过程同时控制。下面，讨论界面过程控制和扩散过程控制两种情况。

5.3.1 界面过程控制的新相长大

根据界面两侧原子在界面推移过程中的迁移方式不同，将界面过程分为非热激活与热激活两种。

5.3.1.1 非热激活界面过程控制的新相长大

新相长大时，原子从母相迁移到新相不需要跳离原来位置，也不改变相邻的排列次序，而是靠切变方式使母相转变为新相。该过程不需要热激活，因此是一种非热激活长大。

对于某些半共格界面，可以通过界面位错的滑动引起界面向母相中迁移，这种界面一般称为滑动界面。由滑动界面的迁移所导致的新相长大也是一种非热激活长大。如图 5-15 所示，在 FCC 结构和 HCP 结构间有一由肖克莱位错构成的可滑动半共格界面。这种界面从宏观上看可以是任意面，但从微观结构看，界面由一组台阶构成。台阶高度是两个密排面的厚度，台阶的宽面保持半共格。由这种界面的特征可见，界面位错的滑移面在 FCC 结构和 HCP 结构中是连续的，位错的柏氏矢量与宏观界面成一定角度。当这组位错向 FCC 一侧推

进时，将引起 FCC-HCP 转变，反之导致 HCP-FCC 转变。

对于上述滑动界面，倘若界面位错为同一种位错，界面移动（即新相长大）时晶体会发生很大的宏观变形，从而引起很大的应变能。为了减少应变能，在界面上一般包含 FCC 结构中滑移面上的三种肖克莱位错。例如对于 FCC 中的（111）面，三种位错的柏氏矢量分别为 $\frac{a}{6}[11\bar{2}]$、$\frac{a}{6}[1\bar{2}1]$、$\frac{a}{6}[\bar{2}11]$，具有这种结构的界面滑动后不会发生大的宏观变形。

5.3.1.2　热激活界面过程控制的新相长大

这种新相的长大是靠单个原子随机地独立跳越界面而进行的。所谓热激活是指原子在跳越界面时要克服一定的势垒，需要热激活的帮助。对于一些无成分变化的转变，如块状转变、有序-无序转变等，新相长大便受这种热激活界面过程控制。

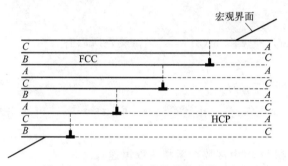

图 5-15　由一组肖克莱位错构成的 FCC 与 HCP 间可滑动界面

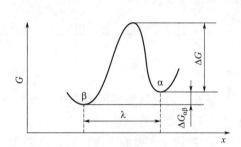

图 5-16　原子在相同成分 α、β 相中的自由能

若以 α 代表母相，β 代表新相，两者在某一温度下的自由能如图 5-16 所示。图中 ΔG 为原子由母相 α 跳到新相 β 所需要的激活能，$\Delta G_{\alpha\beta}$ 为两相的自由能差，即新相长大的驱动力。新相 β 长大过程中，母相 α 中的原子不断地跨越界面到达 β，新相中的原子也不断反向跳到 α 上，但两者的迁移频率是不同的，其差值便促使新相 β 长大。设 β 相与 α 相在单位晶体表面上的原子数均为 n_0，ν 为原子的振动频率，则在单位时间内在单位面积上由 α 相越过相界面到达 β 相的原子数 $n_{\alpha\beta}$ 为

$$n_{\alpha\beta} = n_0 \nu \exp\left(-\frac{\Delta G}{kT}\right) \tag{5-28}$$

其反向过程—原子从 β 相跨越相界面跳向 α 相的原子数 $n_{\beta\alpha}$ 为

$$n_{\beta\alpha} = n_0 \nu \exp\left[\frac{(-\Delta G + \Delta G_{\alpha\beta})}{kT}\right] \tag{5-29}$$

由式(5-28) 和式(5-29) 得到单位时间内单位面积原子从 α 相转入 β 相的净迁移数为

$$n_{\alpha\beta} - n_{\beta\alpha} = n_0 \nu \exp\left(\frac{-\Delta G}{kT}\right)\left[1 - \exp\left(\frac{-\Delta G_{\alpha\beta}}{kT}\right)\right] \tag{5-30}$$

由式(5-30) 得出，界面移动速度 u 为

$$u = \frac{n}{n_0} b = b\nu \exp\left(\frac{-\Delta G}{kT}\right)\left[1 - \exp\left(\frac{-\Delta G_{\alpha\beta}}{kT}\right)\right] \tag{5-31}$$

式中，b 为界面法线方向新相的面间距。

当相变温度很高时（ΔT 很小），由于 $\Delta G_{\alpha\beta} \ll kT$，$\exp\left(\dfrac{-\Delta G_{\alpha\beta}}{kT}\right) \approx 1 - \dfrac{\Delta G_{\alpha\beta}}{kT}$，于是可得

$$u = b\nu \frac{\Delta G_{\alpha\beta}}{kT}\exp\left(\frac{-\Delta G}{kT}\right) \tag{5-32}$$

如果原子跨越相界的扩散系数 $D \approx b^2\nu\exp\left(\dfrac{-\Delta G}{kT}\right)$，则 β 相长大速率为

$$u = \frac{D}{b}\frac{\Delta G_{\alpha\beta}}{kT} \tag{5-33}$$

由式(5-33) 可见，当 ΔT 很小时，新相长大速率正比于两相的自由能差，并且随着温度的降低而增大。

当转变温度很低，ΔT 很大时，由于 $\Delta G_{\alpha\beta} \gg kT$，$\exp\left(\dfrac{-\Delta G_{\alpha\beta}}{kT}\right) \approx 0$，所以有

$$u = b\nu\exp\left(\frac{-\Delta G}{kT}\right) \approx \frac{D}{b} \tag{5-34}$$

显然，随着转变温度的下降，长大速率明显降低。由式(5-33) 和式(5-34) 还可看出新相长大具有如下特点：

① 当转变在恒温下进行时，由于 ΔG 和 D 均为常数，新相将以恒速长大；

② 由于长大速率与时间无关，新相的线性尺寸与长大时间成正比。

当新相与母相完全共格时，单个原子随机地从母相跳到新相去会增加长大的能量，只有多个原子同时转移到新相才有可能被新相接收。但是，按这种机制长大时其长大速率将是很低的。为此，具有共格界面新相的长大通常是按台阶机制。如图 5-17，AB、CD、EF 是共格界面，BC、DE 面是长大台阶，台阶端面是非共格的。因此，原子容易被台阶端面接收而使台阶侧向移动。

当一个台阶扫过之后，便使界面沿法线方向移动了一个台阶厚的距离。新相按这种机制长大时，一个很重要的问题就是长大过程中应不断地产生新的台阶。台阶的形成与侧向伸展相比，形成新台阶是更困难的，因而台阶机制长大往往由共格宽面上产生新台阶的过程所控制。

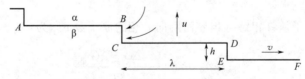

图 5-17　台阶机制长大示意图

应当指出的是，当界面按台阶机制迁移时，式(5-31) 所示的长大速度与驱动力的关系不再成立。对于一些简单情况，长大速度与驱动力的平方成正比。对于复杂情况，两者间关系更为复杂。

新相长大时台阶的形成主要有以下原因：

① 新相的二维形核形成台阶，见图 5-18(a)，如 Al-Cu 和 Al-Au 合金中的 θ' 和 η 相的长大；

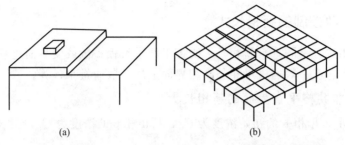

图 5-18　二维形核（a）和螺位错表面（b）形成台阶示意图

② 试样表面螺位错露头形成台阶，见图 5-18(b)，如 Al-Cu 和 Al-Au 合金中的 θ' 和 η 螺旋长大，试样表面出现螺旋线；

③ 新相片的一些边际或角上形成台阶，如 Al-Ag、Al-Cu 合金中的 γ、θ' 和 Mg_2Si 的长大；

④ 连续的补偿错配位错形成台阶。在 Al-15Ag 中，α（FCC）$\rightarrow \gamma$（HCP）时，每两层原子面上形成的 Shockley 不全位错，由 α 相的 ABCABC……面排列变为 ABAB……排列的 γ 相，同时形成台阶，如图 5-19 所示；

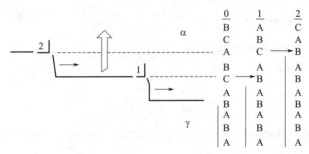

图 5-19　Al-15Ag 中 $\alpha \rightarrow \gamma$ 时 Shockley 不全位错形成台阶

⑤ 晶界新相及边片之间相碰遇，使共格或半共格相界面——宽面数量及台阶数量增加，如 Fe-C 晶界铁素体上形成台阶，见图 5-20(a)；

⑥ 相变体积变化使界面位向改变，形成台阶，见图 5-20(b)，如 Fe-C 合金中铁素体上的台阶往往由此形成；

⑦ 在相界面附近有夹杂物沉淀或沉淀相的反相界上形成台阶；所形成的小台阶随新相长大，堆积成巨型台阶，见图 5-21，这在魏氏组织铁素体中已被发现。

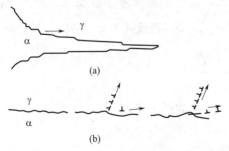

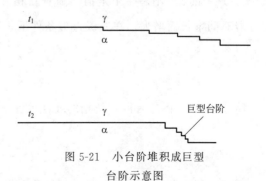

图 5-20　晶界铁素体上（a）及相变体积变化引起界面位向改变（b）形成台阶

图 5-21　小台阶堆积成巨型台阶示意图

5.3.2　长程扩散控制的新相长大

当新相与母相成分不同，且新相长大受控于原子长程扩散或受界面过程与扩散过程同时控制时，新相长大速度一般通过母相与新相界面上的扩散通量来计算。

5.3.2.1　具有非共格平直界面的新相长大

如图 5-22 所示，母相 α 的初始浓度为 C_0，析出相 β 的浓度为 C_β，当 β 相由 α 相中析出时，界面处 α 相中的浓度为 C_α。由于 $C_\alpha < C_0$，所以在母相中将产生浓度梯度 $\dfrac{\partial C}{\partial x}$。根据菲克（Fike）扩散第一定律，可求得在 $\mathrm{d}t$ 时间内，由母相通过单位面积界面进入 β 相中的溶质原子数为 $D_\alpha\left(\dfrac{\partial C}{\partial x}\right)\mathrm{d}t$。与此同时，β 相向 α 相内推进了 $\mathrm{d}x$ 距离，净输运给 β 相的溶质原子数为 $(C_\beta - C_\alpha)\,\mathrm{d}x$。上面从两个不同角度获得的溶质原子净迁移量具有相同的意义，所以有

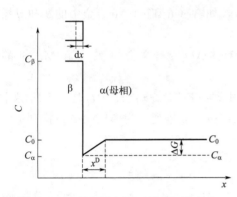

图 5-22　具有平直界面析出相长大时溶质浓度分布

$$D_\alpha\left(\frac{\partial C}{\partial x}\right)\mathrm{d}t = (C_\beta - C_\alpha)\,\mathrm{d}x \tag{5-35}$$

由此得到长大速度为

$$u = \frac{\mathrm{d}x}{\mathrm{d}t} = \frac{D_\alpha}{C_\beta - C_\alpha}\frac{\partial C}{\partial x} \tag{5-36}$$

由式（5-36）可见，新相 β 的长大速率与溶质原子在母相 α 中的扩散系数及界面处 α 相中的浓度梯度 $\dfrac{\partial C}{\partial x}$ 成正比，与两相的成分差成反比。

对于图 5-22 中所示的溶质浓度分布情况，其浓度梯度 $\dfrac{\partial C}{\partial x} \approx \dfrac{\Delta C}{x^{\mathrm{D}}}$，其中 $\Delta C = C_0 - C_\alpha$，$x^{\mathrm{D}}$ 为有效扩散距离，将此关系代入式（5-36）得

$$u = \frac{\mathrm{d}x}{\mathrm{d}t} = \frac{C_0 - C_\alpha}{C_\beta - C_\alpha} \times \frac{D_\alpha}{x^{\mathrm{D}}} \tag{5-37}$$

式（5-37）中的 x^{D} 不是一个定值，随着新相 β 的长大，需要的溶质原子数增加，为此，x^{D} 将随着时间增长而增大。在一级近似条件下，取 $x^{\mathrm{D}} = \sqrt{D_\alpha t}$，将此代入式（5-37）后得

$$u = \frac{\mathrm{d}x}{\mathrm{d}t} = \frac{C_0 - C_\alpha}{C_\beta - C_\alpha} \times \sqrt{\frac{D_\alpha}{t}} \tag{5-38}$$

将式（5-38）积分后得到新相的线性尺寸 x 与时间 t 之间的关系为

$$x = 2\left(\frac{C_0 - C_\alpha}{C_\beta - C_\alpha}\right)(D_\alpha t)^{\frac{1}{2}} \tag{5-39}$$

显然，当扩散系数为常数时，新相的大小与时间的平方根成正比。

5.3.2.2 具有台阶界面的新相长大

前面已讨论过的台阶长大是针对长大前后无成分变化的情况。若界面共格，且相变过程中伴有成分改变时，新相也可按台阶机制长大，但此时非共格的台阶面侧向移动时要伴有溶质原子长程扩散。在这种情况下，精确地解扩散方程求台阶附近的浓度场是比较复杂的，常用式(5-37)来近似估算台阶侧向移动速度。令有效扩散距离 $x^D = kh$，其中 k 是常数，h 是台阶高度，台阶侧向移动速度可表示为

$$v = \frac{C_0 - C_\alpha}{C_\beta - C_\alpha} \times \frac{D_\alpha}{kh} \tag{5-40}$$

如果台阶宽面的宽度为 λ，则新相界面的推移速度为

$$u = \frac{C_0 - C_\alpha}{C_\beta - C_\alpha} \times \frac{D_\alpha}{k\lambda} \tag{5-41}$$

式(5-41)表明，只要各个析出物的扩散场不重叠，界面推移速度便反比于台阶宽面的宽度即台阶间距。

5.3.3 析出相的聚集（粗化）

5.3.3.1 粗化问题

在通常的工艺或实验条件下，当相变过程终了时，如果系统由两个以上的相组成，则一般以所谓"机械混合物"的形式存在。如 FeC 合金奥氏体共析分解，产物由铁素体和渗碳体组成，后者以片或粒状分布在铁素体（基体）中。当考虑到相界面曲率对自由焓的影响时，上述状态仍未达到平衡，或者说，系统内各相的相对量及成分还没有达到平衡相图所规定的数值。严格的相平衡是指相界面为平面（颗粒半径为∞）时各组元化学位的平衡。不言而喻，片状或细粒状的第二相在条件允许下将发生外形及尺寸的变化，即球化和粗化。虽然此过程中相的相对量也将发生微小的调整，但一般将粗化看作是一种组织变化。

研究粗化问题的热力学基础，是关于溶解度与溶质粒子尺寸关系的吉布斯-汤姆孙（Gibbs-Thomson）方程

$$C_r = C_\infty \left[1 + \frac{2\overline{V}_P \sigma}{kTr} \right] \tag{5-42}$$

式中　C_r——曲率半径 r 的溶质（颗粒）的溶解度；

　　　C_∞——平直界面溶质的溶解度；

　　　$\overline{V}_P$——溶质原子体积；

　　　σ——表面能。

图 5-23 是方程式(5-42)的示意图。理论计算的或由平直界面测定的相平衡图上，溶解度曲线应标以 r_∞。任何实际存在的 β 相溶解度曲线皆处于其右方，$r_1 > r_2 > \cdots\cdots$。在特定温度（T^*），与之相对应的溶解度 C_{r1}、C_{r2} 等越来越大。可见，如果系统中存在一系列尺寸不同的 β 相，则相界的 α 相一侧（与之形成局部化学位平衡）的成分也各不相同，由式(5-42)确定。

5.3.3.2 颗粒粗化速度方程

颗粒粗化的驱动因素是基体中浓度的差异。为了简化，设第二相为纯 B。描述一个半径为 r 的 B 相周围基体中 B 元素浓度分布时，采用以 r 球心为原点的球坐标 ρ 系。图 5-24 是 ρ

系的一个通过原点的截面。设任意（ρ_1 和 ρ_2）球面上基体相的平均浓度等于球面截过的各个 B 相界面（基体相一侧）浓度的平均值，则有以下三种情况：

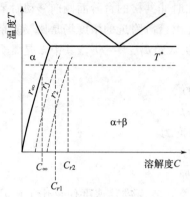

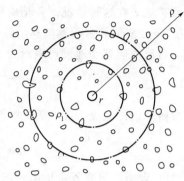

图 5-23　不同曲率半径的第二相的溶解度曲线　　图 5-24　不同尺寸的第二相在基体中的分布

① $\rho=r$，即对于 r 球周边，基体相浓度为 c_r。

② $\rho=r_1$、r_2、…，即对于截过有限个 B 颗粒的球面，对于 ρ_1 球，浓度为

$$c = \overline{c}_{\rho_1} = \frac{1}{n_1}\sum_{i=1}^{n_1} c_{r_i}$$

式中，n_1 为 ρ_1 球面截过的 B 相粒数；c_{r_i} 为第 i 个粒子界面（外侧基体相）的浓度，显然 $\overline{c}_{\rho_1}$ 值是无法确定的。其它有限大小球面，如 ρ_2，与之相同。

③ $\rho\to\infty$，即在距 r 球面很远处，或 ρ 球截过的 B 颗粒数极多。有下述关系：

$$\frac{1}{n_{\rho\to\infty}}\sum_{i=1}^{n_{\rho\to\infty}} c_{r_i} \cong \frac{1}{N}\times\sum_{i=1}^{N}\times c_{r_i} = c_{\overline{r}}$$

上式中 N 为系统中 B 相粒子的总数，故 $\cong$ 右是对全部颗粒界面（基体相）浓度取平均值，它应等于平均尺寸 $\overline{r}$ 的 B 相（基体）的平衡浓度。当 $\rho\to\infty$ 的球面截过足够多的 B 粒子时，近似等式成立。于是得出此系统中另一个可以确定 ρ 球面浓度值：$\rho\to\infty$ 时，$c=c_{\overline{r}}$。

设 dt 时间内，半径为 r 的 B 相粗化长大 dr，体积增量为 dV，若 $\overline{V}_P$ 为 B 的原子体积，n_B 为新增 B 组元原子数，则

$$dn_B = \frac{dV}{\overline{V}_P} = \frac{4\pi r^2\, dr}{\overline{V}_P}$$

或

$$\frac{dn_B}{dt} = \frac{4\pi r^2}{\overline{V}_P}\times\frac{dr}{dt} \tag{5-43}$$

上述粗化，需从系统中 r 球以外向 r 球面扩散输送的 B 元素量为

$$dn_B = -JA\,dt = D\frac{dc}{d\rho}4\pi\rho^2\,dt$$

或

$$\frac{dn_B}{dt} = D\times\frac{dc}{d\rho}\times 4\pi\rho^2 \tag{5-44}$$

式(5-44) 中 ρ 是以 r 球心为原点的球坐标系中任一球面（$\rho\geqslant r$）的半径。由于使用了

扩散方程，故 c 必须用体积浓度。合并式(5-43)和式(5-44)，得

$$D \times \frac{\mathrm{d}c}{\mathrm{d}\rho} \times 4\pi\rho^2 = \frac{4\pi r^2}{\overline{V}_P} \times \frac{\mathrm{d}r}{\mathrm{d}t}$$

或

$$\frac{\mathrm{d}\rho}{\rho^2} = \frac{\overline{V}_P \times D}{r^2 \left(\dfrac{\mathrm{d}r}{\mathrm{d}t}\right)} \times \mathrm{d}c \tag{5-45}$$

将微分方程(5-45)左边从 r 到 ∞、右边相应为 c_r 到 $c_{\overline{r}}$ 积分，

$$\int_r^\infty \frac{\mathrm{d}\rho}{\rho^2} = \int_{c_r}^{c_{\overline{r}}} \frac{\overline{V}_P \times D}{r^2 \left(\dfrac{\mathrm{d}r}{\mathrm{d}t}\right)} \times \mathrm{d}c$$

得出

$$\frac{1}{r} = \frac{\overline{V}_P \times D}{r^2 \left(\dfrac{\mathrm{d}r}{\mathrm{d}t}\right)} (c_{\overline{r}} - c_r)$$

整理，并将式(5-42)代入得

$$\frac{\mathrm{d}r}{\mathrm{d}t} = \frac{\overline{V}_P \times D}{r}(c_{\overline{r}} - c_r) = \frac{\overline{V}_P \times D}{r} \left[C_\infty \left(1 + \frac{2\overline{V}_P\sigma}{kT\overline{r}}\right) - C_\infty \left(1 + \frac{2\overline{V}_P\sigma}{kTr}\right) \right] = \frac{2C_\infty \overline{V}_P^2 D\sigma}{kTr} \left(\frac{1}{\overline{r}} - \frac{1}{r}\right) \tag{5-46}$$

作为第二相尺寸 r 的函数，粗化速度 $\dfrac{\mathrm{d}r}{\mathrm{d}t}$ 如图 5-25 所示。由图及式(5-46)可知，第二相粗化动力学具有如下 6 个基本特征：

① 小于平均尺寸的颗粒，或小于平均曲率半径的曲面，将发生溶解；大于平均尺寸的颗粒，或大于平均曲率半径的曲面，将发生长大；

② 尺寸为 $2\overline{r}$ 的颗粒具有最快的粗化速度；尺寸很大的颗粒粗化速度反而较低；

③ 由以上两条，可知粗化过程具有"自动调节尺寸（曲率）均一化和等轴化"的倾向；

④ 平均尺寸越小，从总体上说粗化速度则越快；

⑤ 粗化速度与表面能有关，由此可知共格界面的粗化速度低于非共格晶面；

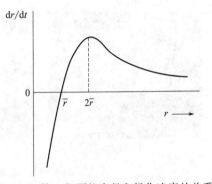

图 5-25　第二相颗粒半径和粗化速度的关系

⑥ 最后，体扩散仍然是粗化过程最重要的控制因素，溶质在基体中扩散能力强，则粗化速度快，由此可知温度对涉及粗化的工艺过程（如回火、时效）的重要性。

5.4　界面形核与长大的应用实例

具有 BCC 结构的 Mg-Li-Al 合金可以表现出卓越的比强度以及优异的延展性和耐腐蚀性。一般来说，由于会发生各种相变，这些合金的强度对加工温度非常敏感。BCC 体系镁

合金时效过程中的相变顺序及其相应的转变温度仍不明确，进而限制了该类型合金的热处理制度的设计与制定。澳大利亚新南威尔士大学辛同正博士等[6] 通过原位同步 XRD 研究了 Mg-11Li-3Al（质量分数）镁合金（LA113）铸锭升温到不同温度后的等温时效，通过原位同步 XRD 鉴定分析了 LA113 合金在各个时效温度下的各种相结构，最终确定了 BCC 结构 LA113 系列 Mg 合金在不同温度下等温时效过程中的相变演化次序为：β 固溶体→富 Al 团簇相（调幅分解产物，低温）→Mg_3Al（θ）相（中温）→AlLi 相（高温）。合金的室温硬度随着时效温度的升高而显著降低，但在高于 θ 相析出的温度时，由于富铝团簇的溶解和再析出，硬度再次增加。由于富含铝的团簇作为 θ 相的形核位置，在中温下 θ 相的形核速率非常高，θ 相和 θ/基体相界面的 TEM 表征如图 5-26 所示。θ 相 Mg_3Al 与 β 基体具有一定的共格关系：$<100>_\beta//<100>_\theta$，$110_\beta//110_\theta$，但是在 θ 相和 BCC 的 β 基体之间的界面处观察到大量纳米六方密堆积 Mg 颗粒的析出，这导致了共格关系的破坏，因此是硬度损失的主要原因。TEM-EDS 分析表明 AlLi 相具有核壳结构：内核富镁贫铝，壳层富铝贫镁。AlLi 相从 θ 相中吸收 Al，从母相 β 中吸收 Li，在 θ/β 的相界面形核。TEM 观察和计算表明，θ 相通过伪包晶反应向 AlLi 转变，如图 5-27 所示，转变式为 θ+Li（固溶原子）→AlLi+Mg。

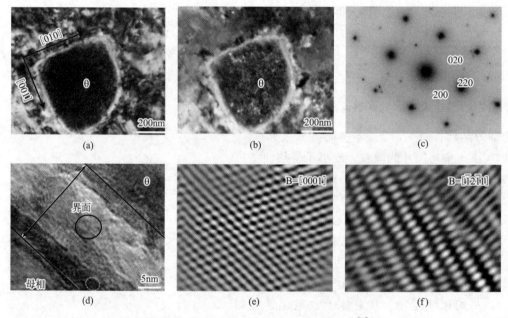

图 5-26　θ 相和 θ/基体相界面的 TEM 表征[6]

θ 相的（a）明场、（b）暗场、和（c）衍射斑点图片；
（d）θ/基体界面的高分辨 TEM 照片以及（e~f）不同选区下的快速傅里叶逆转换

图 5-27　θ 相通过伪包晶反应向 AlLi 的转变示意图[6]

　　如何获得高强度和耐腐蚀性能兼备的高性能不锈钢，是我国面临的"卡脖子"技术难题之一。传统的马氏体时效钢虽然具有较高的强度，但存在成本高、耐腐蚀性差等缺点，这一直制约着这类材料的发展。因此，如何在维持优异力学性能的前提下，降低材料成本、提高耐腐蚀性能是新一代马氏体时效钢的研究重点和难点。针对这一问题，中国科学院金属研究所王威团队和香港理工大学焦增宝团队[7]合作利用三维原子探针、透射电镜和第一性原理计算研究了 Fe-Cr-Ni-Co-Mo-Ti 系新型马氏体时效不锈钢的合金元素协同作用和纳米析出行为，发现合金中存在 Ni_3Ti、富 Mo 和富 Cr 相等多种纳米析出相，各种析出相的形成不是独立的，而是存在复杂的交互作用。研究表明，在 Ni_3Ti 析出初期，Mo 原子偏聚在 Ni_3Ti 析出相的核心，不仅增加了 Ni_3Ti 析出的化学驱动力，同时还降低了 Ni_3Ti 形核的应变能，显著加速了纳米 Ni_3Ti 的析出，在 Ti/Mo 钢中比 Ti 钢获得了高密度的 Ni_3Ti 纳米析出相，如图 5-28 所示。随着析出反应的进行，Mo 原子从 Ni_3Ti 析出相核心被排斥到 Ni_3Ti 与基体的界面处，从而促进富 Mo 相在 Ni_3Ti 与基体界面处的异质形核，获得了高数目密度的纳米富 Mo 相，如图 5-29 所示。Ni_3Ti 相的析出也间接影响富 Cr 相的析出，这是因为 Ni_3Ti 的析出消耗了大量的 Ni，影响马氏体基体的相稳定性，从而影响富 Cr 相的调幅分解。利用纳米 Ni_3Ti、富 Mo 相、富 Cr 相的复合析出强化，开发了新型超高强度不锈钢，室温下屈服强度为 1732MPa、拉伸强度为 1840MPa、伸长率为 10.8%；在 500℃ 时的屈服强度超过 1100MPa，因此在较宽的温度范围内表现出优异的力学性能。

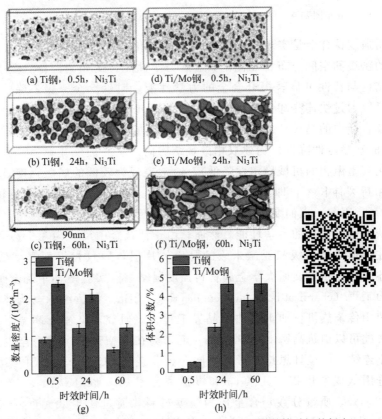

图 5-28　Ni_3Ti 型析出相在 Ti 钢（a~c）和 Ti/Mo 钢（d~f）不同时效时间的析出；

（g）和（h）Ni_3Ti 在两种钢中的数量密度和体积分数[7]

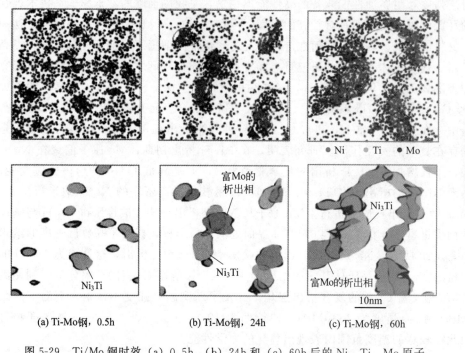

- Ni   Ti   • Mo

富Mo的
析出相

Ni₃Ti

Ni₃Ti

Ni₃Ti

富Mo的析出相

10nm

(a) Ti-Mo钢，0.5h　　　　(b) Ti-Mo钢，24h　　　　(c) Ti-Mo钢，60h

图 5-29　Ti/Mo 钢时效（a）0.5h、（b）24h 和（c）60h 后的 Ni、Ti、Mo 原子
分布图和 Ni₃Ti 相与富 Mo 的析出相中心的等浓度表面[7]

高比强度钛合金是实现节能减排以及轻量化的重要结构材料，可通过调节晶界和异相界面的密度和空间分布特征优化其宏观力学性能，例如调控钛合金中晶格不连续的 α/β相界面结构与特性可显著提升合金的力学性能。对钛合金来说，除了扩散（β→α）相变外，还可以通过快速冷却条件下的无扩散位移转变（β→α′）在钛合金中引入高密度异相界面。钛合金中的马氏体相变可以实现两方面的关键优势：一方面，通过快冷驱动相变（高温相的热稳定性降低）构建双相微观结构而产生界面硬化；另一方面，通过力致相变诱导硬化（室温相的机械稳定性降低），通常表现为较低的屈服强度，但有较高的加工硬化能力和断裂伸长率，即相变诱导塑性效应。一般来说，马氏体强化符合经典的 Hall-Petch 关系，因此，人们期望在微观组织中设计纳米马氏体，以强化合金并维持合理的延展性，从而获得优异的力学性能。然而，由于钛合金中尺寸为几十甚至几百微米的较大 β晶粒往往会形成微米级和亚微米级的马氏体片层，导致相界面密度低而屈服强度不高。针对上述问题，西安交通大学金属材料强度国家重点实验室孙军院士团队[8] 提出了采用化学界面工程（chemical boundary engineering，CBE）制造纳米马氏体的新策略，这不同于以往使用传统热机械加工方法的晶界工程。该研究团队基于高温下合金元素之间显著的扩散失配可以构筑高密度化学界面（定义为在晶格连续区域内至少一个元素存在浓度梯度的不连续）的设计思想，考虑不同合金元素在 BCC-Ti 和 HCP-Ti 基体中的扩散速率差异，选用低成本快扩散元素 Cr 和慢扩散元素 Al，以 Ti-xCr-4.5Zr-5.2Al（x=1.8%、2.3%、2.8%，质量分数）合金作为模型材料，通过快扩散元素 Cr 调控化学界面的密度。高温状态下 Cr 和 Al 元素的扩散失配形成高密度化学界面，这些化学界面可以将每个β 晶粒分割成大量的贫 Cr 和富 Al 纳米域。在随后水冷过程中，马氏体（结构转变）更容易在这些富 Al 或贫 Cr 纳米域中形核，即这些富含 Al 或贫 Cr 的纳米域作为纳米马氏体形

核位点，如图 5-30 所示。而化学界面则作为马氏体长大的壁垒，限制其快速生长，成功地创造了迄今为止最小尺寸（平均尺寸约为 20nm）的纳米马氏体。该合金具有 1.27GPa 的屈服强度，同时保持 12.6％的伸长率。屈服强度的显著提高归因于致密的纳米马氏体界面强化，而其较高延性则源于等轴初生 α（$α_p$）相辅助的分层三维 α′/β 片的多阶段应变硬化能力。这种分层纳米马氏体工程策略不仅适用于钛合金，还可以应用于其它亚稳态合金，为超强韧性结构材料的微观结构设计提供了新的思路。

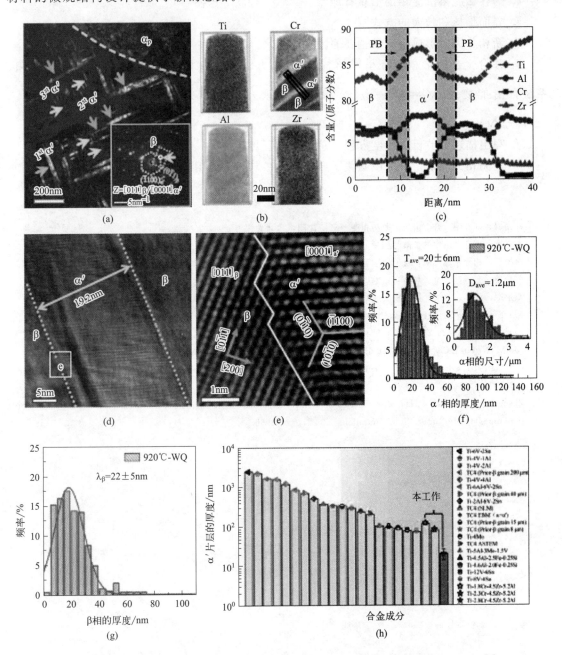

图 5-30　多层纳米马氏体 Ti-2.8Cr-4.5Zr-5.2Al 合金水冷后的微观组织与成分分布[8]

📚 思考题

1. 什么是 Gibbs-Thomson 效应？写出其表达式。

2. 什么是界面控制和扩散控制？

3. 过饱和固溶体脱溶过程中，为什么会产生中间过渡相？

4. 为什么脱溶沉淀相的形貌有球状、片状、针状等形态？

5. 界面形核和长大的方式？

6. 新相长大时形成台阶的主要原因？

7. 某合金金相形核核胚呈球形。设 ΔG^* 为临界晶核自由能，V^* 为临界晶核体积，系统自由能变化 $\Delta G = -\dfrac{4}{3}\pi r^3 \times \Delta G_V + 4\pi r^2 \sigma + \dfrac{4}{3}\pi r^3 \times \Delta G_\varepsilon$，试证明 $\Delta G^* = \dfrac{1}{2} V^* (\Delta G_V - \Delta G_\varepsilon)$

8. 写出描述颗粒粗化速度方程，总结其过程规律。

9. 查阅相关文献，举例说明关于界面的形核与长大应用研究的最新进展。

参考文献

[1] 孙振岩，刘春明. 合金中的扩散与相变 [M]. 沈阳：东北大学出版社，2002.

[2] 戚正风. 固态金属中的扩散与相变 [M]. 北京：机械工业出版社，1998.

[3] 徐祖耀. 相变原理 [M]. 北京：科学出版社，1988.

[4] 陈景榕，李承基. 金属与合金中的固态相变 [M]. 北京：冶金工业出版社，1997.

[5] 邓永端，许洋，赵清. 固态相变 [M]. 北京：冶金工业出版社，1996.

[6] Xin T Z, Tang S, Ji F, et al. Phase transformations in an ultralight BCC Mg alloy during anisothermal ageing [J]. Acta Materialia，2022，239：118248.

[7] Niu M C, Yin L C，Yang K，et al. Synergistic alloying effects on nanoscale precipitation and mechanical properties of ultrahigh-strength steels strengthened by Ni_3Ti，Mo-enriched，and Cr-rich co-precipitates [J]. Acta Materialia，2021，209：116788.

[8] Zhang C L，Bao X Y，Hao M Y，et al. Hierarchical nano-martensite-engineered a low-cost ultra-strong and ductile titanium alloy [J]. Nature Communications，2022，13：5966.

第6章
金属界面工程及应用

金属材料中的界面（如：晶界、孪晶界、堆垛层错、反向畴界、相界面、金属基复合材料界面等）对材料的力学行为以及物理与化学特性有着重要的影响。材料的腐蚀、磨损、氧化、疲劳断裂等无不与材料的界面密切相关，所以研究金属材料的界面现象具有重要的意义。近年来，金属材料界面的研究越来越受到国内外研究者的广泛重视，材料界面科学得到了迅速发展。目前，随着各类先进金属材料（包括微米、纳米尺度材料）研发的不断深入，人们发现它们的力学以及物理和化学特性常表现出与传统材料明显的偏差或不同，这往往与材料表现出的新的界面效应密切相关。本章主要介绍近年来传统金属材料和各类先进金属材料界面的一些典型工程应用案例和最新的研究进展。本章重难点是晶界工程的优化机理及其改善材料性能的微观机制。

6.1 晶界工程

金属多晶材料是材料科学的主要研究对象之一，其晶界结构与性质强烈地影响着晶界迁动、溶质原子在晶界的偏聚等现象以及材料的力学、腐蚀和物理性能等。因此，研究晶界与材料性能的关系，从而通过晶界设计与控制来改进材料性能已成为材料科学研究的一个重要领域。

晶体结构相同而取向存在差异的晶粒之间的界面即为晶界（Grain Boundaries，GBs）。晶界面上的原子从一种取向的排列关系过渡到另一种取向的排列关系，所以晶界处原子的排列处于一种过渡状态。两个晶体之间存在原子不规则排列的区域称之为晶界区，晶界区一般只有几层原子厚。根据晶粒之间取向差的不同，可将晶界分为小角晶界和大角晶界。一般晶粒间取向差小于15°时定义为小角晶界，取向差大于15°的晶界一般被称为大角晶界。

1949年Kronberg和Wilson提出了重位点阵（Coincidence Site Lattice，CSL）模型[1]。假设两个晶体具有相同的点阵结构，将其中的一个晶体相对于另一个晶体绕某一低指数的晶轴旋转某一特定角度时，这两个晶体中的部分阵点会有规律地重合起来。这些重合位置的阵点将在三维空间构成超点阵，即为重位点阵[2]。当相邻两晶粒构成重合位置点阵时，晶界上的某些原子为两晶粒所共有，这就是重合位置点阵晶界（CSL晶界）。显然，CSL晶界中重合阵点的比例越高，该晶界中原子的排列有序度就越高。为了定量表示重合位置点阵的数值，定义重合阵点数占原阵点数比例的倒数为Σ，Σ值越小，CSL晶界的原子排列有序度越高。

一般把具有特殊性能的晶界称为特殊晶界（Special Boundaries，SBs），它必须至少满足两个条件：①界面为$\Sigma \leqslant 29$的CSL晶界[3]；②重合位置点阵模型准则：取向差θ的最大偏离量$\Delta\theta$应满足Brandon标准[4]，即$\Delta\theta \leqslant 15°\Sigma^{-\frac{1}{2}}$或者Palumbo-Aust标准[5]，即$\Delta\theta \leqslant 15°\Sigma^{-\frac{5}{6}}$。目

前，绝大多数研究工作均采用 Brandon 标准对 CSL 晶界进行定义。而 $\Sigma>29$ 的 CSL 晶界和非 CSL 晶界则称为一般（随机）大角晶界（General High Angle Boundaries，GHABs）[3]。

特殊晶界，即低-ΣCSL 晶界具有以下几个特点：①相对于一般大角晶界，其结构有序度较高，晶界能较低。②由于低-ΣCSL 晶界的结构有序度高，自由体积小，通常较一般大角晶界的偏聚程度轻。③在多晶材料中，晶界本身具有"短路扩散"的特点，这主要是由于晶界结构较晶内无序程度高，自由体积大的缘故。低-ΣCSL 晶界本身的结构特点决定其扩散要比一般大角晶界慢。④晶界析出的驱动力来源于吉布斯自由能的降低，由于低-ΣCSL 晶界的自由能较一般大角晶界低，从该角度分析，沿低-ΣCSL 晶界析出率小。⑤目前提出的晶界迁移机制有两种：扩散诱发晶界迁移（DIGM）机制和应变诱发晶界迁移（SIGM）机制。由于晶界结构的原因，这类晶界的迁移速率大都低于一般大角度晶界。

6.1.1 晶界工程的定义

近几年，晶界工程（Grain Boundary Engineering，GBE）也叫晶界特征分布（Grain Boundary Character Distribution，GBCD）优化，作为解决晶间腐蚀等晶界失效问题的新方法被广泛关注。GBE 这一概念最早是由 Watanabe[6] 于 1984 年提出的，其中心思想是：在 CSL 晶界模型框架内，某些多晶材料中总是存在一些其性能或性质有别于一般大角晶界的低-ΣCSL 晶界，这类晶界比一般大角晶界具有更高的晶界失效抗力，被称作"特殊晶界"；人们总是可以通过某种适合的工艺来改变某些材料中特殊晶界的数量和分布，从而改善材料的某些与晶界相关的宏观使用性能。Watanabe 的这一思想也可以理解为通过晶界设计与晶界控制（Grain Boundary Design and Control，GBDC）的方法来改善多晶块体材料的使用性能，这就是 GBE 的意义所在。1991 年，Palumbo 等[7] 在重申 GBE 这一概念重要意义的前提下，通过数学建模的方法首次定性地指出：只有在特殊晶界占总晶界比例较高的情况下，GBE 的作用才会明显体现出来。因此，如何获得高比例的特殊晶界是 GBE 首先要解决的问题之一。1995 年 Lin 等[8] 第一次通过实验研究评估了"晶界设计和控制"对块体材料抗晶间腐蚀性能的影响，并进一步把它发展为 GBE。

除了特殊晶界的数量之外，特殊晶界所处的位置也至关重要。在多晶金属材料失效断裂过程中，裂纹往往优先形核于随机大角晶界处并沿着随机大角晶界扩展。Lehockey 等[9] 在研究低层错能 FCC 金属中特殊晶界与随机大角晶界连通性以及抗沿晶应力腐蚀性能间的联系中发现，在低层错能 FCC 金属的特殊晶界中，沿晶应力腐蚀抗力较高的共格 $\Sigma3$ 晶界占比最大；但是，其对材料整体抵抗沿晶应力腐蚀性能的改善却没有明显贡献。这主要是因为共格 $\Sigma3$ 晶界多存在于单个晶粒内部，不能影响到裂纹沿着随机大角晶界扩展所致。为此，Lehockcy 等[9] 于 2004 年首次在晶界工程中引入"有效特殊晶界"的概念，他们指出，那些处在一般大角晶界网络上的特殊晶界为"有效特殊晶界"，因为只有这类特殊晶界才能打断一般大角晶界网络的连通性，才能有效地阻断材料沿一般大角晶界失效行为的连续扩展。因此，晶界工程在追求高比例特殊晶界的同时，还应注重"有效特殊晶界"的比例[10]。

6.1.2 晶界工程的分类

根据 GBCD 优化的基本原理，王卫国和周邦新[10] 把 GBE 划分为"基于退火孪晶""基于织构""基于原位自协调"和"基于合金化改善晶界特性"四大类型。

（1）基于退火孪晶的 GBE

通过改变合金化以及选择恰当的形变和热处理在合金中引入大量退火孪晶界（或退火孪晶），即 Σ3 晶界，其中非共格 Σ3 晶界的迁移及其相互之间的一级和二级反应可生成 Σ9 和 Σ27 等低 Σ-CSL 晶界，这一过程的不断进行可最终优化合金的 GBCD。由此可以看到，基于退火孪晶的 GBE 适用于在形变退火过程中容易形成退火孪晶的中低层错能面心立方（FCC）金属。

（2）基于织构的 GBE

通过改变合金化以及选择恰当的形变和热处理在合金中引入某一种或几种强织构，并且由于同一种或不同种织构中相邻晶粒之间总是存在符合某些 CSL 位向关系的特定取向关系，织构形成的同时也就自然地在合金中引入比例较高的某些低 Σ-CSL 晶界。基于织构的 GBE 适用于高层错能的面心立方金属，如 Al 及其合金等。改变合金化以及选择恰当的形变和热处理都是为了在材料中易于形成某一种或某几种强织构，以增加某几种特殊晶界的比例并优化材料的 GBCD。由于织构的存在会导致材料宏观性能的各向异性，这在很多场合下是要尽量避免的，基于织构的 GBE 的应用受到一定限制。

（3）基于原位自协调的 GBE

在完成初次再结晶的体心立方材料中存在着大量<100>晶带内的倾侧对称或非对称一般大角度晶界 {0kl} 或 {0k$_1$l$_1$} / {0k$_2$l$_2$}，选择恰当的热处理可以使这些晶界通过局部的原位自协调转变成同样是<100>晶带内的 {001}、{011}、{013} 和 {015} 等特殊晶界[11-12]。基于原位自协调的 GBE 将在众多的体心立方材料的性能改进方面发挥重要作用。

（4）基于合金化改善晶界特性的 GBE

通过改变合金化，选择合适的元素添加到原合金中以显著改善其晶界特性，从而有效抑制合金的沿晶失效行为。基于合金化改善晶界特性的 GBE 将在脆性材料增塑和高温合金晶界强化等研究领域发挥独到作用。

6.1.3　基于退火孪晶的晶界工程及应用

本节主要介绍的是应用于中低层错能面心立方金属中基于退火孪晶的 GBE。由于这种方法可有效应用于许多重要的实际工程材料（如奥氏体不锈钢、镍基合金、铜基合金和铅基合金等）而备受关注，同时，其本身涉及诸多材料学中的重要基础科学问题，已使之成为金属界面研究领域的一个新的热点。

6.1.3.1　工艺方法

通常，形变热处理工艺是中低层错能面心立方金属材料进行优化最主要的工艺方法，实现 GBE 的形变热处理工艺由冷变形和退火两个步骤组成。晶界工程需要控制的工艺参数主要包括变形量、退火温度和退火时间等。其常规工艺路线可简单归纳为两大类：

（1）单步形变热处理

目前报道的有小变形量（变形量低于 10%）+ 较低温度下（≤0.6T_m）长时间退火[13-15]，较高温度下（0.7T_m）短时间退火[16] 和较高温度下（0.7T_m）长时间退火[17]；中等变形量（变形量在 10%~40%）+ 较高温度（≥0.8T_m）下短时间退火[18]。

（2）反复形变热处理

通常对材料施加低或中等变形量的变形（5%~30%），然后在相对较高的温度（0.7T_m

左右）做退火处理。并且将处理工艺反复多次[19-23]。

不同的形变热处理工艺分别应用在不同的金属材料中。除了冷变形＋热处理工艺之外，人们还探索了通过热变形或热变形＋热处理的方式来实现多晶金属材料的 GBE。相比于冷变形＋热处理工艺，此类工艺方法的优势主要表现在，热变形的工艺过程可以嵌入到材料的热成型过程中，无需额外的消耗及设备，且不会像冷变形＋热处理那样受到后续成型的掣肘。但遗憾的是，目前这种方法尚不成熟，是否所有的低层错能材料都可通过此法实现GBCD 优化尚不确定。

6.1.3.2　优化机理

在对材料 GBE 的研究过程中，人们除了关注上文所述的 GBE 优化工艺之外，还对材料在形变热处理或热变形过程中的 GBE 优化机理进行了细致的研究。迄今为止，低层错能FCC 金属材料实现 GBE 优化的机制主要有以下几种模型。

(1)　"Σ3 晶界再激发"模型

Randle 提出了 Σ3 再激发模型（Σ3 regeneration model）[24-25]，其示意图如图 6-1 所示。该模型涉及的是在低层错能材料中两个都含有孪晶的新再结晶晶粒的相遇，要求这两个再结晶晶粒的取向必须相同或十分相近。两个晶粒都含有孪晶是为了产生可动界面。假定图 6-1（a）左侧晶粒中与共格 Σ3 晶界相交的晶界为高度可动晶界［如图 6-1（a）中箭头所示］，其优先迁移，与右侧晶粒相遇［图 6-1（b）］，继续迁移与右侧晶粒中的共格 Σ3 晶界相遇［图 6-1（c）］，高度可动晶界再继续迁移直到左侧和右侧晶粒中的孪晶相接触，高度可动晶界与共格 Σ3 晶界相遇产生 Σ9 晶界，形成 Σ3-Σ3-Σ9 三叉晶界［图 6-1（d）］。在这三个晶界中 Σ9 晶界的可动性最高，于是可动的 Σ9 晶界在驱动力的作用下继续迁移［图 6-1（e）］，与另一个共格 Σ3 晶界反应激发出非共格的 Σ3 晶界，又形成一个新的 Σ3-Σ3-Σ9 三叉晶界［图 6-1（f）］。其中非共格 Σ3 晶界具有最高可动性，继续迁移和其它晶界相遇，反映出更多

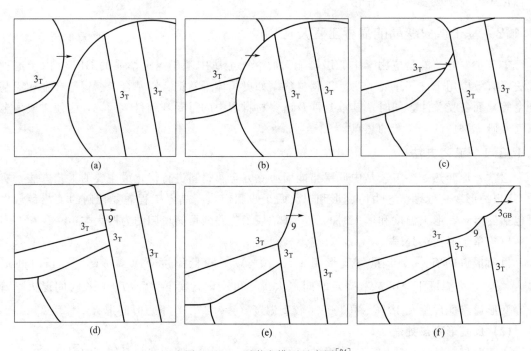

图 6-1　Σ3 再激发模型示意图[24]

的低 ΣCSL 晶界。如此进行下去从而实现材料 GBCD 的优化。

(2)"高 Σ 值 CSL 晶界分解"模型

Kumar 等根据形变 20%～30%的 600 合金和无氧铜在 0.6～0.8T_m 下退火过程的 TEM 观察提出了高 Σ-CSL 晶界分解（high Σ-CSL boundary decomposition）模型[26]。观察结果显示，经预变形处理后，低层错能金属材料的应变储能通过平面滑移型位错结构均匀地存储在各个晶粒之中。预应变材料在随后的退火过程中并不会发生再结晶形核，而会发生应变诱发高 Σ 值重位点阵晶界迁移的回复过程。如图 6-2 所示，在迁移中的高 Σ 值 CSL 晶界扫过变形组织时，由于晶界能量的影响，该晶界会分解为一 Σ3 晶界和另一可动性更强的重位点阵晶界。例如，图 6-2(c) 中所示的 Σ27a 晶界分解成 Σ3 晶界和 Σ9 晶界，Σ 值更高的 Σ51、Σ81 等重位点阵晶界分解为 Σ17 和 Σ29 等低 Σ 值的重位点阵晶界。经分解之后，共格 Σ3 晶界因能量低、可动性差的原因将被保留下来，而可动性高的另一晶界则会继续迁移，直至再次发生分解，以此提高材料中的低 Σ 值重位点阵晶界的比例，实现合金的 GBCD 优化。

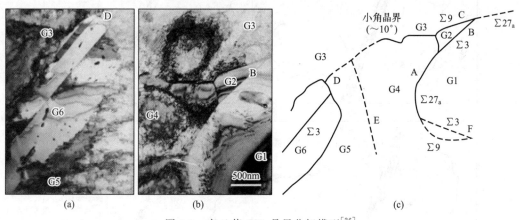

图 6-2　高 Σ 值 CSL 晶界分解模型[26]

(3)"特殊片段"模型

Shimada 等提出了特殊片段（special fragmentation）模型[13]。该模型认为合金 GBCD 的优化是通过再结晶或晶界迁移过程中，因退火孪晶激发而诱发的低能特殊晶界片段嵌入随机大角晶界网络中实现的，如图 6-3 所示，退火孪晶的出现在一般大角晶界上引入了 Σ17a。这些特殊晶界片段有效阻断了随机大角晶界的网络连通性，进而可起到阻碍裂纹沿晶扩展的作用。

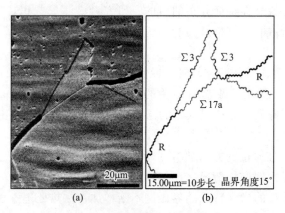

图 6-3　特殊晶界片段模型[13]

（4）"非共格 Σ3 晶界迁移与反应"模型

王卫国和周邦新等提出了非共格 Σ3 晶界的迁移与反应（migration and interaction of incoherent Σ3 boundaries）模型[10,27-28]。该模型认为，在形变退火过程中出现的大量弯曲且可迁移的非共格 Σ3 晶界（$\Sigma 3_{ic}$ 晶界）是合金 GBCD 得到优化的根源。首先，低能的共格 Σ3 晶界是稳定并难以迁移的，此类晶界不可能衍生出大量的 Σ9 和 Σ27 晶界；其次，在形变退火过程中出现的非共格 Σ3 晶界具有高度可动性，这种非共格 Σ3 晶界的迁移及彼此相遇可生成 Σ9 或 Σ1 晶界，同样 Σ9 晶界的迁移也可以和 Σ3 或 Σ9 等晶界相遇而发生反应生成 Σ27 和 Σ81 等晶界。图 6-4 演示了与基体保持 Σ3 取向关系的再结晶晶核形成并长大，并且相遇产生 Σ9 及 Σ27 晶界的过程。

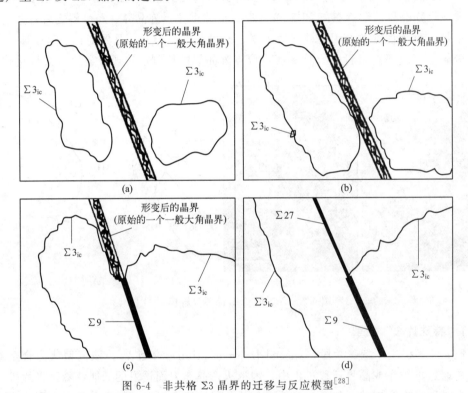

图 6-4　非共格 Σ3 晶界的迁移与反应模型[28]

（5）"TRD 长大"模型

基于退火孪晶的晶界工程主要依靠提高退火孪晶的比例来提高与孪晶相关的 $\Sigma 3^n$ 晶界比例，从而达到调整材料晶界特征分布的目的。研究者已达成共识，在 $\Sigma 3^n$ 晶界中，Σ3 晶界（即退火孪晶界）所占的比例是最高的。所以，退火孪晶的形成在晶界工程中起着至关重要的作用。

通过近些年对于晶界工程的研究，研究者们基本一致认为大尺寸的晶粒团簇[16,29-30]［或者叫做特殊晶界团[15]，或者叫做孪晶相关的区域（twin-related domains，TRD）[31-32]］是 GBCD 优化的一个基本特征。晶粒团簇指的是一个被一般大角晶界包围的一个晶粒，里面是大量的特殊晶界[16,29]。

Tokita 等[30] 通过准原位的方法研究了 304 奥氏体不锈钢的形变热处理过程中随着退火时间的增加特殊晶界比例增加情况。在热处理阶段，随着退火时间的增加，晶粒团簇尺寸不断增大，随着晶粒团簇的增大特殊晶界比例不断增加。在热处理过程中长大的晶粒团簇之间的相互碰撞会产生退火孪晶，这应该是晶界特征分布优化的又一机制。图 6-5 演示了晶粒团簇撞击过程中 Σ3 晶界的形成过程[30]。如图 6-5(a) 所示，晶粒 A 属于一个晶粒团簇，晶粒 B 和 C 属于另一个晶粒团簇，在两个晶粒团簇碰撞的过程中，晶粒 A 和晶粒 B 通过一般大角晶界连接起来，同时，退火孪晶界（Σ3）就在晶粒 B 中形成了 [图 6-5(b)]。

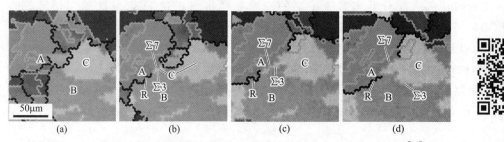

图 6-5　304 奥氏体不锈钢 3%冷变形后 1220K 退火 6h 样品的晶界演化图[30]

以上介绍的几种机理与模型都只能解释各自获得的局部实验结果，并且各个机理模型之间还存在互相矛盾的地方。要更进一步认识提高面心立方低层错能金属的低 Σ-CSL 晶界比例的机理，还需要进行更多细致的研究工作。

6.1.3.3　退火孪晶的形成机制

根据 TRD 长大模型中所述，FCC 金属材料实现 GBE 优化的关键在于尽可能降低再结晶形核率的同时大量诱发退火孪晶形成，并通过不同取向的退火孪晶界随随机大角晶界迁移并长大过程中相互反应获得其它低 Σ 值重位点阵晶界。从上述过程中可见，实现材料 GBE 优化的关键在于尽可能多地诱发退火孪晶形成。为此，弄清退火孪晶的形成机制对金属材料的 GBE 优化是至关重要的。其实，自 Cook 于 1921 年观察到退火孪晶以来，人们便针对不同晶体结构金属材料中退火孪晶的形成机制开展了大量的研究，并提出了多种可能的相关机制模型[33]。目前，人们较为认可的退火孪晶形成机制主要有三种模型，分别为"生长事故"模型、"高能晶界分解"模型以及"非共格 Σ3 晶界转化"模型。

（1）"生长事故"模型

1926 年，Carpenter 和 Tamura[34] 提出了"生长事故"模型。该模型认为，在晶界迁移过程中 FCC 金属材料的每个密排面在八面体面上都有两种可能的位置，其按照正确位置排列将会延续晶粒的初始取向，不会形成孪晶；而当密排面坐落于错误的位置则会形成第一层孪晶，如果此时孪晶附近的晶体学条件有利于原子按照刚形成的孪晶取向生长（或者说，按照孪晶取向生长有利于晶体总能量的降低），那么，在与第一个八面体平面相平行的第二个密排面也将发生错排使其还原为原来的方向，并产生一平行的孪晶带。以此，孪晶即可持续生长直至达到可观测的程度。该机理表明，孪晶的形成主要伴随于再结晶过程中，而孪晶的数量和宽度则完全由事故发生的频率所控制。

之后，Gleiter[35] 于 1969 年在 Burke[36]、Fullman 和 Fisher[37] 以及 Grube 和 Rouze[38] 等的研究基础上完善了"生长事故"模型。如图 6-6 所示，晶粒在退火生长过程中，因驱动力的作用，晶粒 I、II 之间的界面将逐渐由晶粒 II 向晶粒 I 中迁移。Gleiter 认为晶体生长方向上如果没有位错的螺型分量，则生长晶粒中形成的新晶格面可看作为二维形核。并且，此晶格面的形核过程主要是通过晶粒 I 中的原子扩散到晶粒 II 的密排面（如图 6-6 中的原子面 ab、bf、fg 等）上完成的。对于 FCC 结构材料而言，原子扩散到晶粒 II 中已存在的密排面（以 ab 为例）上时，其有两种可选择的堆垛位置与密排面 ab 相匹配。若将 ab 面定义为 FCC 材料的 B 层（FCC 材料密排面正常按照 $\cdots$ABCABC$\cdots$ 的顺序进行堆垛），则新形成密排面的位置就可能为 A 或者 C。当新形成的原子层堆垛在 C 位置时，晶粒 II 的密排原子面的堆垛顺序能够形成一正常 FCC 堆垛顺序（$\cdots$ABCABC$\cdots$型）。相反，当新形成的原子层堆垛在 A 位置时，那么晶粒 II 密排原子面的堆垛顺序将与正常 FCC 堆垛顺序相反，形成 $\cdots$CABCBAC$\cdots$型的原子堆垛。在迁移晶界附近的能量条件允许的情况下，密排原子面的反序堆垛将得以延续形成退火孪晶，密排原子面 ab 即为退火孪晶界。显然，晶粒 II 中，孪晶内的原子结构（ab 面以上的部分）与基体中的原子结构（ab 面以下的部分）是关于孪晶界（ab 面）呈镜面对称关系。这样，一方面可以提高晶体的对称性，另一方面则可最大限度地降低体系的自由能，进而提高体系的稳定性。

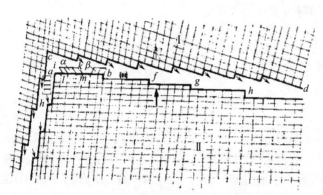

图 6-6　退火孪晶形核的"生长事故"模型示意图[35]

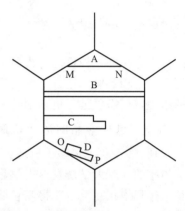

图 6-7　不同类型退火孪晶的示意图[39]

经 Gleiter 优化后的"生长事故"模型解释了退火孪晶界形成与密排原子面迁移间的依赖关系。而且，之后的许多研究结果也支持了"生长事故"模型的合理性。但是，1996 年 Mahajan 等[39] 曾指出，经 Gleiter 优化后的"生长事故"模型仅能解释极少部分退火孪晶的形成。例如，图 6-7 中所给出的不同类型的退火孪晶中，除了 D 类退火孪晶之外，A、B 以及 C 类退火孪晶的形成都很难通过"生长事故"模型得到合理的解释。为此，Mahajan 等[39] 又对"生长事故"模型进行了进一步的优化。他们认为，引起孪生的迁移晶界（一般都是弯曲的）上存在一些台阶或断层，而且存在部分台阶是坐落于密排面上的情况，如图 6-8(a) 中所示。另外，晶界由晶粒 I 向晶粒 II 迁移是通过台阶处密排原子面（即 $MNRQ$ 面）的迁移来实现的。在迁移过程中，新形成的台阶原子面就可能发生 Gleiter 所描述的堆垛"事故"，导致晶粒 I 中有层错（可看做单层原子厚的孪晶）产生，连续多次的堆垛"事故"即可诱发不同厚度的退火孪晶。须注意的是，在退火过程中，台阶迁移的速率主要由迁移晶界的曲率所决定：曲率半径越小，台阶移动速率就越大，反之则越小。Mahajan 等[39] 还指出，台阶移动速率越快，则堆垛错误形成层错的现象就越容易发生。退火孪晶形成后，由于 FCC 金属材料的 Peierls 力相对较小，故退火孪晶较容易通过台阶迁移向晶内扩展，从而形成图 6-7 中所示的贯穿整个晶粒或终止于晶内的退火孪晶（A、B、C）。此外，Mahajan 等[39] 认为，台阶原子面迁移引起的错排原子层与基体之间的不全位错的伯格斯矢量满足每三层相加为零的特点，如图 6-8(b) 中所示的肖克莱不全位错环 P_1、P_2 和 P_3。此时，退火孪晶（多层错排原子层的集合）与基体间的非共格孪晶界面上就不会出现长程的应力，催动此类非共格孪晶界迁移所用的驱动力相对较小。按照此模型生长后，晶界惯习面可能会在退火孪晶与晶界交汇的地方发生局部变化（如图中 *MNUT* 面所示），以减小体系的自由能。此变化会致使相交部分的随机大角晶界发生转变而形成特殊晶界，这也就打断了随机大角晶界的网络连通性，实现了低层错能 FCC 金属材料的 GBCD 优化。

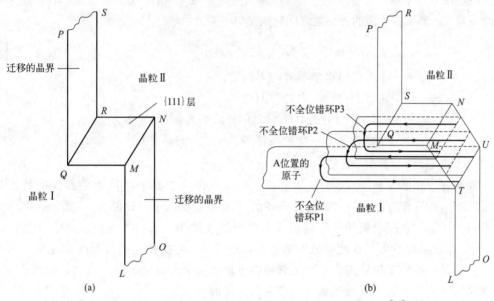

图 6-8　基于随机大角晶界上台阶迁移的"生长事故"模型[39]

(2)"高能晶界分解"模型

1978 年，Meyers 和 Murr[40] 指出退火孪晶的形成过程可分为孪晶形核和孪晶扩展两个阶段，并提出了孪晶形核的高能晶界分解模型。该模型认为，FCC 金属材料中存在取向接近孪晶关系的两相邻晶粒，且此两晶粒间的晶界不仅可任意角度倾斜而且能量接近甚至高于普通随机大角界面的能量，如图 6-9 所示。此时，若仅单独考虑此界面，那么 A、B 晶粒间的晶界 AB 则可能是处在一个非平衡的状态。这主要是因为，给晶界 AB 一个适当的改变，它就有可能发生倾斜并致使其旋转至一个共格孪晶的位置，如图 6-9(a) 中虚线所示的位置，从而降低此晶界的能量。未经退火处理时，之所以晶界 AB 未发生旋转主要是因为，常温下晶粒中的原子没

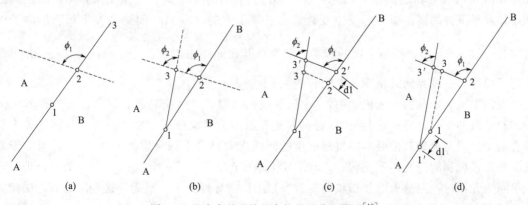

图 6-9　退火孪晶形核的高能晶界分解模型[40]

有足够的能量使之克服点阵摩擦而发生移动。此外，从整体上考虑，将晶粒等效为 14 面体处理，晶界 AB 的旋转定会影响到与之直接相联系的 20 个晶界面积和取向的改变。在这种情况下，晶界 AB 的旋转即便能降低其自身的能量，但对整个体系而言，能否降低整个体系的自由能却并未可知。但是，在适当的退火条件下，晶体中原子的能量得到提升，其会克服点阵摩擦致使晶界 AB 转动，进而诱发退火孪晶形核。如 6-9(b) 所示，原晶界转动后，其局部片段 $\overline{12}$ 会被共格孪晶界 $\overline{23}$、非共格孪晶界 $\overline{13}$ 以及新的局部片段 $\overline{12}$ 所取代。若将新形核的退火孪晶定义为晶粒 C，那么各界面的界面能之间应满足以下关系：

$$\gamma_{TB}A_{13} + \gamma_{tb}A_{23} + \gamma_{BC}A_{12} < \gamma_{AB}A_{12} \tag{6-1}$$

式中 γ_{TB}——非共格退火孪晶界的界面能；

        γ_{tb}——共格退火孪晶界的界面能；

        γ_{BC}——晶粒 B 与退火孪晶 C 之间界面的界面能；

        γ_{AB}——原始晶界（也就是晶粒 A、B 之间的晶界）的界面能；

     A_{13}，A_{23}，A_{12}——界面 $\overline{13}$、$\overline{23}$ 和 $\overline{12}$ 的面积。

通常而言，在低层错能 FCC 多晶金属材料中，界面能低于随机大角晶界的特殊晶界（即 $\gamma_{BC} < \gamma_{AB}$）是普遍存在的（如前文所述的 Σ 值小于 29 的 CSL 晶界）。而且，在常见金属以及 Cu、Cu-Al、Ni、奥氏体不锈钢等合金中 γ_{TB} 约为 $0.25 \sim 0.8\gamma_{AB}$，γ_{tb} 约为 $0.01 \sim 0.04\gamma_{AB}$。由此可以看出，在此类低层错能合金中式(6-1)所描述的能量关系是很容易得到满足的。所以，经形变热处理之后此类材料中可形成大量的退火孪晶。当然，按照式(6-1)，退火孪晶的形成是有利于降低体系的吉布斯自由能的。

Meyers 和 Murr[40] 认为退火孪晶与基体中的非共格孪晶界是由一系列规则排列的肖克莱不全位错组成，如图 6-10 所示。退火孪晶形核后的长大过程可分为，缺陷由原始晶界向新形成晶界上转移而引起的退火孪晶粗化过程，如图 6-9(c) 和图 6-9(d) 所示，以及在退火过程中肖克莱不全位错向晶内迁移而引发的孪晶伸长过程（如图 6-10 所示）。

(3)"非共格 Σ3 晶界转化"模型

2011 年，Wang 等[41] 通过对退火孪晶形成过程的分子动力学模拟提出了非共格 Σ3 晶界转化模型。该模型认为孪生过程同样需要分为两个步骤：首先，材料中需形成具有 Σ3 取向关系的晶粒对；其次，通过两晶粒间非共格 Σ3 晶界一侧原子的微调使两晶粒间的非共格 Σ3 晶界转变为共格孪晶界，从而实现两侧晶粒的位相关系由 Σ3 关系转变为孪生关系。例如，如图 6-11 所示的非共格 Σ3 晶界 $(5\,\overline{1}\,\overline{1})/(\overline{1}11)$，分子动力学模拟结果显示，在退火过程中，晶界下方的密排面并不发生变化，而晶界上方的 $(5\,\overline{1}\,\overline{1})$ 面则会发生每三层原子面合并为一层 $(11\,\overline{1})$ 密排原子面的转变，转变后其面间距由原来的 $\frac{\sqrt{3}}{9}a$ 增大到了 $\frac{\sqrt{3}}{3}a$，由此实现了原非共格晶界向共格孪晶界的转变。

在以上退火孪晶的形成机制中，"生长事故"模型和"高能晶界分解"模型均得到了大量实验结果的支持，而"非共格 Σ3 晶界转化"模型的实验证据则相对较少。目前，关于部分合金中出现退火孪晶按照不同机制形核的实验现象仍得不到合理的解释[42]，说明对于退火孪晶形成机制的研究尚不完善，未在本质上给出退火孪晶形核的统一机制。而且，现有理论机制也无法对控制退火孪晶形核的关键参数给出指导性意见。然而，这些却是对低层错能 FCC 金属材料实现 GBCD 优化至关重要的[43]。

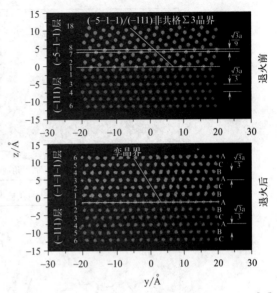

图 6-10　非共格孪晶界的界面结构[40]　　　　图 6-11　退火孪晶形成的非共格 Σ3 晶界转化模型[41]

6.1.3.4　工程应用实例

(1) 改善低层错能面心立方金属的腐蚀性能

奥氏体不锈钢性能优良，尤其是其优异的耐腐蚀性能，是它获得最广泛应用的根本原因。对于 304 和 316 奥氏体不锈钢，在高温下由于 $Cr_{23}C_6$ 在晶界上的析出，会使其晶间腐蚀（IGC）、晶间应力腐蚀开裂（IGSCC）等性能显著降低。尽管人们采取了各种合金化方法来改善其与晶界相关的各种性能，但这些方法都存在一些问题。近年来，GBE 作为解决晶间腐蚀等晶界失效问题的一种新方法被广泛关注。目前，国内外学者在传统奥氏体不锈钢 GBCD 优化方面进行了广泛的研究，取得了一定进展。对于 304 不锈钢，Shimada 等[13] 通过研究退火温度、退火时间等工艺参数对 GBCD 优化和晶间腐蚀性能的影响后发现，5％冷轧变形后在 1200K 下退火 72h（记作 r5％-1200K/72h），低 Σ-CSL 晶界比例达到 85％，优化后的 GBCD 如图 6-12 所示，各样品失重图如图 6-13 所示。Michiuchi 等[14] 对 316 不锈钢进行 3％冷轧变形后在 1240K 下退火 72h，其特殊晶界比例提高到了 86％。经 GBCD 优化后两种奥氏体不锈钢耐晶间腐蚀性能都得到了明显改善。Jin 等[44] 对 304 奥氏体不锈钢进行 5％冷轧变形后在 1200K 下退火 72h，低 Σ-CSL 晶界比例达到 85％，运用三点弯曲加载，在 288℃ 的高温高压水中浸泡腐蚀 500h，发现未经优化的样品发生了 IGSCC，并且裂纹尖端终止在低 Σ-CSL 晶界处；罗鑫等[45] 采用 C 型环样品恒定加载方法，在 pH 值为 1.5 的沸腾 25％NaCl 酸化溶液中对 304 奥氏体不锈钢进行应力腐蚀实验，低 Σ-CSL 晶界比例为 75％ 的样品在浸泡 120h 内没有发生 IGSCC，而低 Σ-CSL 晶界比例为 47％ 的试样在浸泡 24h 后就产生了应力腐蚀裂纹；West 等[46] 研究了 316L 不锈钢在超临界水中的 IGSCC 行为，结果表明，具有高比例特殊晶界样品中开裂的晶界长度含量显著降低。

对于新型先进的钢铁材料——高氮奥氏体不锈钢，在热加工、焊接和使用过程中，有限的间隙溶解度使母体晶格不允许有过多的间隙固溶，在奥氏体中会有氮化物的析出发生[16,47-48]。氮化物在晶界上的析出会导致材料的晶间腐蚀等与晶界相关的性能下降，直接限制了这种新型先进钢铁材料的发展和应用。加入合金元素或固溶处理等传统解决办法均有

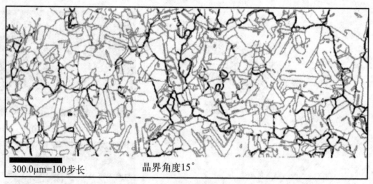

(a) 一般大角晶界和CSL晶界分别被黑色的粗线和灰色的细线标记

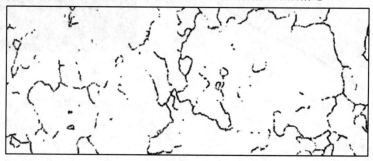

(b) 只有一般大角晶界

图 6-12　在 r5％-1200K/72h 处理后 304 不锈钢样品中优化的 GBCD[13]

一定的局限性，通过对高氮奥氏体不锈钢进行 GBE 处理，材料的耐晶间腐蚀性能得到了显著改善[16]。图 6-14 为不同变形量对 18Mn-18Cr-0.63N 高氮无镍奥氏体不锈钢 1423K 退火 10min 后特殊晶界比例的影响，7％冷变形后 1423K 退火 10min（记作 r7％-a1423K/10min）不锈钢特殊晶界的比例最高，达到了 83.3％。不锈钢 1323K 保温 1h 的固溶处理样品（记作BM，特殊晶界比例 47.3％）、10％冷变形后 1423K 退火 10min 样品（记作 r10％-a1423K/10min，特殊晶界比例 76.4％）和特殊晶界比例最高的 r7％-a1423K/10min 样品经过 12h、24h 和 48h 硫酸-硫酸铁腐蚀试验后三个样品的表面形貌如图 6-15 所示。从表面形貌中可以看到，GBCD 优化后，特殊晶界比例高的样品耐晶间腐蚀性能明显较固溶处理状态样品高，特殊晶界比例最高的样品获得了最优的耐晶间腐蚀性能。

　　晶界分布 OIM 图不能给出 GBCD 优化效果的定量评判，后来有人提出三叉结点分布的定量判据[49]。三叉晶界实际上可以分为四种类型：由三个一般大角晶界构成的三叉晶界定义为 $J0$，一条、两条特殊晶界和一般大角晶界构成的三叉晶界分别定义为 $J1$ 和 $J2$，由三条特殊晶界构成的三叉晶界定义为 $J3$。$J2$ 和 $J3$ 数量的增加，$J0$ 和 $J1$ 数量的减少表明特殊晶界的连通性提高，一般大角晶界网络的连通性被阻断得更好。

　　根据四种三叉结点的比例高低来判定晶界特征分布优化效果，即三叉晶界中特殊晶界的含量越高，对晶界失效抑制效果越明显。根据三叉晶界的比例有三种计算裂纹止裂概率公式。Kumar 等[50] 提出的渗透路径破坏条件当满足如下公式时，腐蚀和裂纹渗透通道完全被打断。

$$P_R = J2/(1-J3) \geqslant 0.35 \qquad (6-2)$$

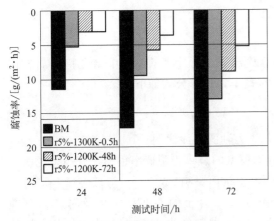

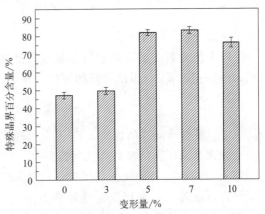

图 6-13　固溶处理（BM）和形变退火
304 不锈钢样品在硫酸-硫酸
铁测试中的腐蚀失重图[13]

图 6-14　冷轧变形量对 18Mn-18Cr-0.63N
高氮无镍奥氏体不锈钢在 1423K 退火 10min 后
特殊晶界比例的影响[16]

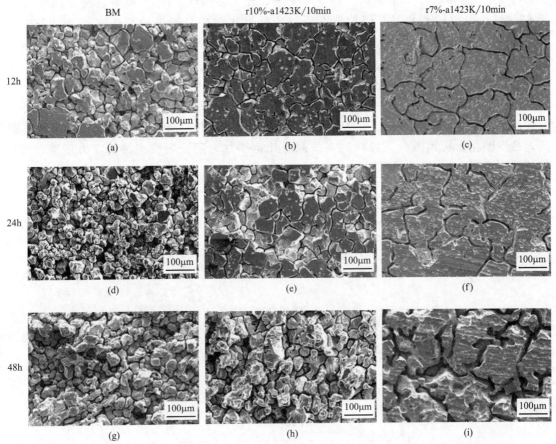

图 6-15　经过 12h、24h 和 48h 硫酸-硫酸铁腐蚀试验后三个奥氏体不锈钢样品的表面形貌[16]

Marrow 等[51] 观察了 $J1$ 和 $J2$ 型三叉晶界的止裂作用，提出了新的模型计算方法来表征三叉晶界对裂纹止裂的概率，计算公式如下：

$$P = (f_a J2 + f_b J1)/(1 - J3) \tag{6-3}$$

其中 f_a、f_b 为几何因子。

以上两种裂纹止裂概率均是从三叉晶界类型及含量进行计算的，为了结合特殊晶界比例，Palumbo 等[7] 提出了新的模型计算裂纹止裂概率，计算公式如下：

$$P = (f_{sp}^2) + 2[(f_0)(f_{sp})(1 - f_{sp})] \tag{6-4}$$

其中 f_{sp} 是特殊晶界的比例；f_0 是分布中不利于应力轴的界面比例。

综合看来，当特殊晶界比例提高时，三种计算模型的裂纹止裂概率也随之升高，说明了GBE 可以减缓裂纹的萌生和扩展，对材料的性能产生正面影响。

Telang 等[49] 利用反复冷轧和退火工艺研究了 600 合金的 GBCD 优化及对应力腐蚀开裂（SCC）的影响。固溶处理样品（记作 SA）的处理制度为 1050℃退火 10min，特殊晶界比例为 37.7%。晶界工程处理 1 样品（记作 GBE1）的处理制度为固溶处理后 10%冷变形＋1000℃/10min 退火处理（形变热处理工艺循环 3 次），处理后特殊晶界比例达到72.9%；晶界工程处理 2 样品（记作 GBE2）的处理制度为 1050℃/10min 固溶处理后10%冷变形＋900℃/10min 退火处理（形变热处理工艺循环 3 次），处理后特殊晶界比例为 65.3%。图 6-16 给出了三组具有不同特殊晶界比例样品的慢应变速率拉伸（SSRT）应力-应变曲线及其相应样品的 OIM 晶界重构图。固溶处理样品的断后伸长率仅为 15%，而 GBE1 和 GBE2 样品的断后伸长率分别为 66%和 35%。SSRT 断后 GBE 样品通过实验结果分析显示，沿晶裂纹在 J1 和 J2 型三叉晶界处被阻止。利用三种裂纹止裂概率计算公式计算了固溶态和两种 GBE 状态的裂纹止裂概率，如图 6-17 所示。特殊晶界比例最高的样品三种止裂概率都最高。与图 6-16 显示的 SCC 行为相吻合。随着特殊晶界比例的提高，晶界碳化物析出减少，特殊的三叉晶界比例增加，阻止裂纹扩展的能力增加，SCC敏感性降低。

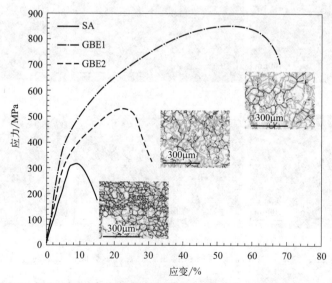

图 6-16　SA、GBE1 和 GBE2 合金样品 650℃敏化 2h 后在 0.01mol/L

$Na_2S_4O_6$ 溶液中的应力-应变曲线及其晶界 OIM 重构图[49]

（应变速率为 $2 \times 10^{-6} s^{-1}$）

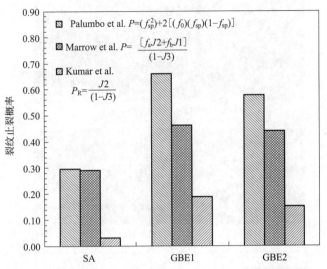

图 6-17　SA、GBE1 和 GBE2 合金样品的三种裂纹止裂概率计算结果[49]

　　上海大学"核电站关键材料的基础问题研究"课题组关于 690 合金晶界工程方面的研究在近几年也取得了一些主要成果，成功地把 GBE 处理工艺应用到 690 合金管材中，所研发的 GBE 处理工艺能够很好地与现行实际生产所用的生产工艺衔接，并且显著提高了 690 合金管材耐 IGC 性能。图 6-18 显示了 690 合金管材经过 GBE 处理和未经过 GBE 处理的腐蚀失重曲线。可以看出，在腐蚀时间相同的情况下，经过 GBE 处理的管材样品由于晶粒脱落造成的腐蚀失重均明显低于未经过 GBE 处理的样品。图 6-19 给出了经 GBE 处理后的管材样品腐蚀后管材截面的显微组织，其中图 6-19(d) 中有一个大尺寸"互有 $\Sigma 3^n$ 取向关系晶粒团簇"，图 6-19(e) 中的 R 表示一般大角晶界，$\Sigma 3_c$ 表示共格孪晶界，$\Sigma 3_i$ 表示非共格孪晶界。通过统计对比分析表明，相互连接的 $\Sigma 3^n$ 类型的三叉界角是阻止沿晶界腐蚀向材料内部扩展的关键因素[52]。

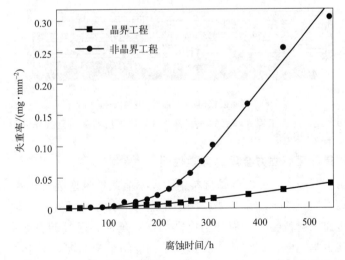

图 6-18　690 合金管材经过晶界工程处理和未经过晶界工程处理的腐蚀失重曲线[52]

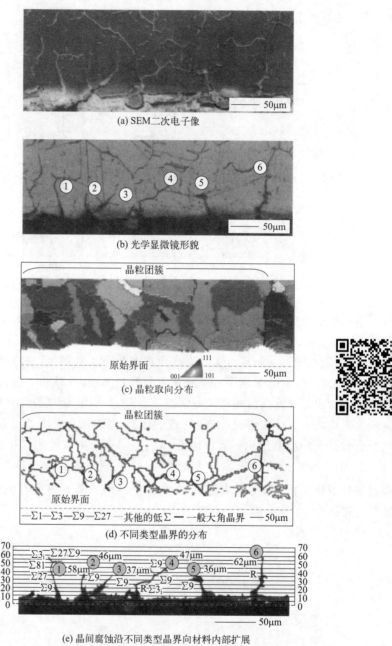

(a) SEM二次电子像

(b) 光学显微镜形貌

(c) 晶粒取向分布

(d) 不同类型晶界的分布

(e) 晶间腐蚀沿不同类型晶界向材料内部扩展

图 6-19　经过晶界工程处理后的 690 合金管材腐蚀后的截面显微分析[52]

(2) 改善低层错能面心立方金属的力学性能

大量研究表明[53-56]，在 FCC 金属材料中引入孪晶或纳米孪晶可以在不牺牲抗断裂能力的情况下大大提高强度。这一结果主要归因于孪晶界的独特性质，在变形过程中其既能阻挡入射位错，也能传递入射位错，从而分别提供强度和延性。通过调整孪晶片的间距和取向，可以进一步优化其力学性能。例如，具有梯度结构的纳米孪晶铜，由于具有额外的加工硬化能力而使强度显著增强，而高度取向的纳米孪晶铜由于具有明显的位错滑移路径而使疲劳性能得到改善。

关于一般孪晶、纳米孪晶对材料力学性能的提高，中国科学院金属研究所的卢磊研究员和张哲峰研究员课题组近年来开展了较为系统的研究，取得了一系列重要结果[53-55]。卢磊等[53-54]在电解沉积纯铜中引入了大量纳米尺度的孪晶，如图 6-20 所示。高密度纳米孪晶的引入使得纯铜在电导率不降低的条件下获得了超高的强度（图 6-21），而且随着纳米孪晶密度的增加，纯铜的抗拉强度和屈服强度显著升高（图 6-22）。

张哲峰等[55-56]的研究工作表明：孪晶界是影响材料力学性能的关键因素。在多晶铜和铜合金的各种晶界中只有孪晶界在提高材料强度的同时又能抑制疲劳裂纹的形成[55]。为了揭示疲劳断裂机制，他们选择具有高能晶界和具有平行于加载方向的共格孪晶界两种铜双晶进

图 6-20　纳米孪晶的 TEM 明场像[53]

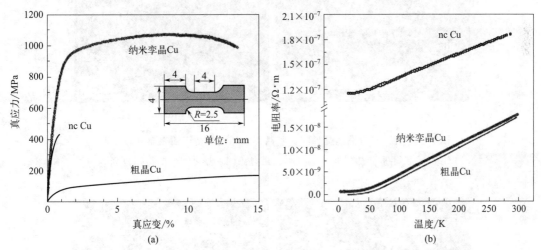

(a)　　　　　　　　　　　　　(b)

图 6-21　不同晶粒尺寸的电解沉积 Cu 样品的真应力-应变曲线（a）和电阻率随温度变化曲线（b）[53]

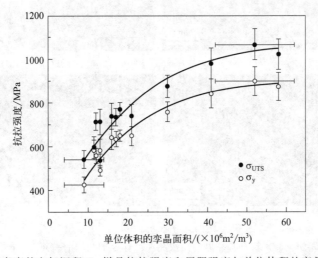

图 6-22　不同孪晶密度的电解沉积 Cu 样品抗拉强度和屈服强度与单位体积的孪晶总面积对比图[53]

行循环变形实验，研究发现，具有高能晶界的铜双晶首先出现了晶间疲劳开裂（图 6-23），而在具有孪晶界的铜双晶中驻留滑移带（PSB）成为了优先开裂的位置（图 6-24）。这些结果表明，孪晶界为低能晶界，较高能晶界具有更高的抗疲劳开裂能力[56]。

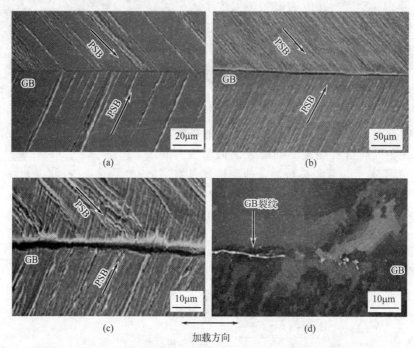

图 6-23　（a）具有高能晶界的铜双晶在循环变形初期的表面滑移形貌；
（b，c）进一步循环变形的晶间疲劳开裂；（d）晶界附近的位错排列[56]

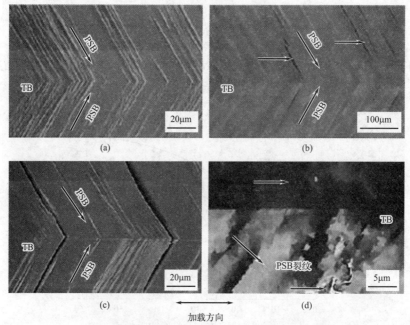

图 6-24　（a）具有孪晶界的铜双晶在循环变形初期的表面滑移形貌；
（b，c）进一步循环变形的 PSB 疲劳开裂；（d）孪晶界附近的位错排列[56]

　　卢磊研究员课题组与美国布朗大学高华健教授课题组[57] 合作，利用直流电解沉积技术成功制备了块体择优取向纳米孪晶纯铜样品（图 6-25），通过在低于金属拉伸强度的应力幅值下的拉-压变幅应变控制疲劳实验和原子模拟，报道了含有高度取向的纳米孪晶块体纯铜样品表现出的与疲劳历史无关的稳定循环应力响应行为。研究表明，当应变幅阶梯式递进增加以及随后阶梯式递进减小时，该样品的应力-应变响应完全可逆，即当应变幅恒定时，应力和应变具有一一对应关系，且循环滞后环完全重合 ［图 6-26（a）～图 6-26（f）］。也就是说，经过上万次循环加载变形之后，纳米孪晶金属的塑性变形是可逆的且没有累积损伤，表现出一种独特的与历史无关的稳定循环响应特征。微观结构分析与分子动力学计算模拟发现，这种不寻常的循环行为是由相邻的"项链"位错引起的，这种位错由孪晶中多个短的位错构成，如项链的连接 ［图 6-26（g）］，其于循环载荷作用下在高度取向的纳米尺度孪晶间大量形成，该关联项链状位错结构在往复可逆运动中承担塑性变形，但相互之间并无交互作用，有助于保持双边界的稳定性和可逆损伤，条件是纳米孪晶在加载轴线的约 15°内倾斜。这种与历史无关的稳定循环响应特征与单晶、粗晶、超细晶和纳米晶金属晶粒中不可逆显微结构损伤相关的常规循环变形行为是截然不同的。上述具有独特的稳定循环响应特征和有限累计损伤的纳米孪晶结构为发展抗疲劳损伤的高性能工程金属材料提供了新思路。

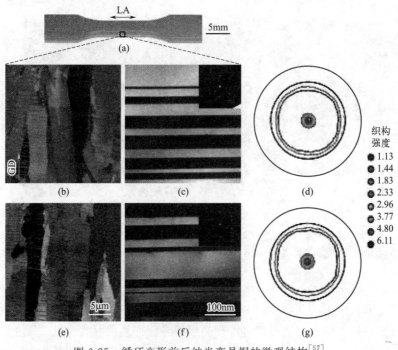

图 6-25　循环变形前后纳米孪晶铜的微观结构[57]

　　最近，东北大学李小武课题组[58] 报道了通过晶界工程改善材料疲劳性能的一个典型研究案例。他们以典型低层错能 Cu-16%（原子分数）Al 合金为研究对象系统考察了晶界工程对低层错能 FCC 金属材料拉-拉疲劳变形及损伤行为的影响。研究表明，通过对 non-GBE Cu-16%（原子分数）Al 合金进行 7%冷轧＋450℃/72h 退火的形变热处理可得到晶粒尺寸变化不大而各项晶界工程评价参数显著提升的 GBE 样品 ［如图 6-27（a）所示］。晶界工程评价参数的提升有效改善了 Cu-16%（原子分数）Al 合金在高应力幅 175MPa 下的抗疲劳性能，而对低应力幅 125MPa 下的抗疲劳性能的影响则并不显著 ［如图 6-27（b）所示］。究其

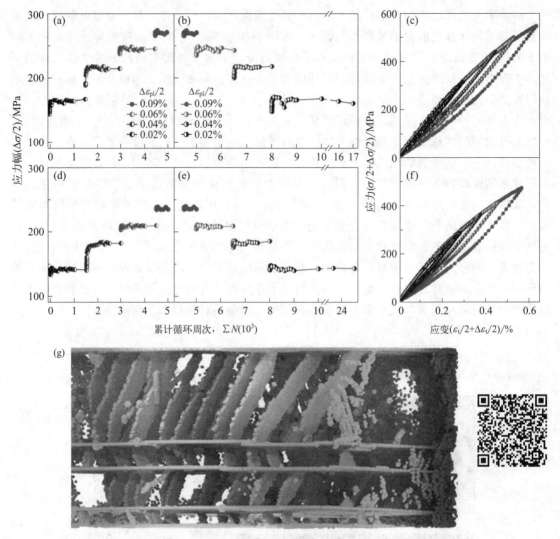

图 6-26 纳米孪晶铜与疲劳历史无关的循环变形行为[57]

在变幅疲劳实验中，具有不同孪晶片层和晶粒尺寸的两类纳米孪晶样品随塑性应变幅阶梯式递进增加时的循环响应曲线（a，d）和随塑性应变阶梯式递进减小时的循环响应曲线（b，e）；（c，f）两类样品在不同应变幅时的滞后环；（g）分子动力学计算模拟疲劳试验过程中纳米孪晶片层内形成的高度关联项链状位错及稳定孪晶界面

原因主要是晶界工程引入的高比例特殊晶界具有界面结构有序度高和界面能低的特点[59]，致使材料在变形过程中部分位错可穿过特殊晶界的界面连续滑移，有效削弱了特殊晶界处的应变集中行为。因此，随着应力幅的增大 non-GBE 样品的开裂方式明显发生了由沿滑移带开裂主导向沿晶界开裂的转变，而 GBE 样品的开裂方式则一直以滑移带开裂主导。总之，晶界工程引入的高比例特殊晶界有效抑制了 FCC 金属材料在高应力幅下的沿晶开裂行为进而提高了其抗低周疲劳性能。

孪晶界不但可以提高材料的强度和疲劳性能，还可以改善材料的塑性。白琴等[60] 把 GBE 应用到 316L 不锈钢进行 GBCD 优化，图 6-28 给出了 GBE 样品和非 GBE 样品的晶界 OIM 重构图。图 6-28（a）中 C1、C2 和 C3 为 GBCD 优化后形成的大尺寸晶粒团簇。经 GBE 处理后，低 ΣCSL 晶界的含量由非 GBE 态的 43.8% 提高到了 73.7%，其中 Σ3 晶界比例为

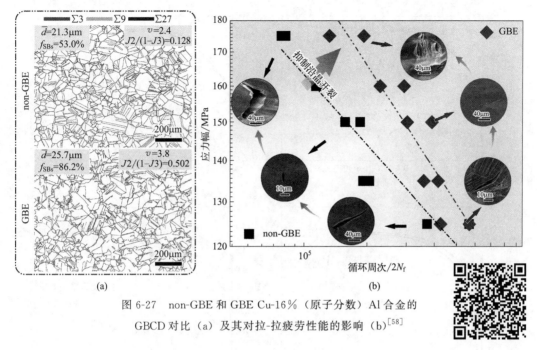

图 6-27　non-GBE 和 GBE Cu-16％（原子分数）Al 合金的
GBCD 对比（a）及其对拉-拉疲劳性能的影响（b）[58]

65％。GBCD 优化对不同应变速率下材料力学性能影响的实验结果如图 6-29 所示。从图中可以看到，GBE 处理后的样品比没有 GBE 处理的样品呈现了较高的均匀延伸率。随着应变速率的降低，GBE 样品的均匀延伸率有较大幅度的增加。GBE 样品中微区应变分布更加均匀，孪晶界能够容纳更多的位错，是材料塑性得到提高的主要原因。

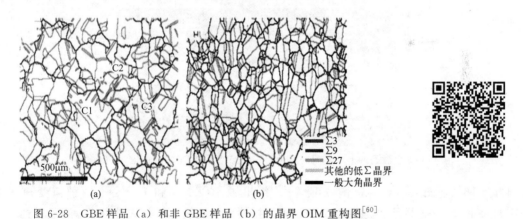

图 6-28　GBE 样品（a）和非 GBE 样品（b）的晶界 OIM 重构图[60]

　　卢磊等[61] 利用电解沉积技术成功地制备出高纯致密的三维块状纳米晶 Cu 样品，在室温下冷轧，首次发现纳米纯金属 Cu 在室温冷轧下可以得到伸长率超过 5100％的超塑延展性（图 6-30）。研究发现，冷轧变形过程中无加工硬化效应产生，纳米晶 Cu 的变形机制是由晶界运动控制而非普通粗晶体材料的位错运动（或滑移）机制。能够成功获得纳米晶 Cu 样品室温超塑延展性，主要应归功于样品中的缺陷很少，大大降低了污染及孔隙对大量纳米晶晶界运动的阻碍和钉扎。

　　李小武课题组[62] 对 Cu-16％（原子分数）Al 合金晶界特征分布优化进行了系统的研究，经 7％冷变形和 723K 退火 72h 的处理，其特殊晶界比例达到了 86.2％，其中 Σ3 晶界

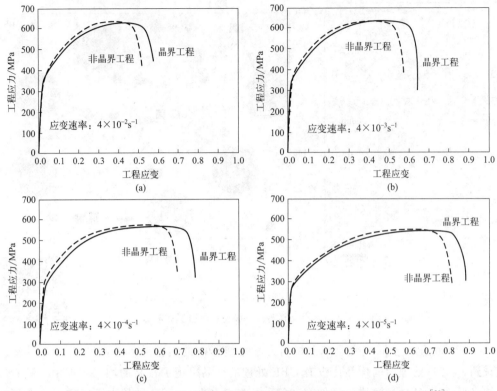

图 6-29　在不同应变速率下 GBE 样品和非 GBE 样品的应力应变曲线对照[60]

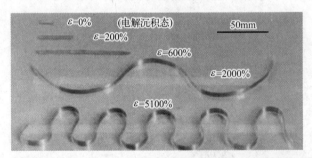

图 6-30　室温条件下，不同变形量的轧制态纳米晶 Cu 样品的宏观照片[61]

比例为 74.6% ［图 6-31（a）］。图 6-31（b）给出了 $10^{-2}s^{-1}$ 和 $10^{-4}s^{-1}$ 两种应变速率下 GBE 样品和非 GBE 样品的高温（723K）单向拉伸力学性能对照。从图中可以明显看到，高温下 GBE 处理样品塑性得到了显著提高；而且，在较低 $10^{-4}s^{-1}$ 应变速率下 GBE 处理样品的强度也显著高于非 GBE 样品的强度，实现了高温强度和塑性的同步提高。主要原因在于 ［图 6-31(c)］：GBE 处理增强了变形的均匀性，提高了断裂抗力，从而有效地改善了高温塑性；而高温强度提高的原因则在于，GBE 样品在变形过程中其动态再结晶因吉布斯自由能的降低而被抑制，因而减弱了材料的高温软化。

Was 等[63] 的研究结果表明，GBE 处理后 304 不锈钢表现出了非常优异的蠕变性能和晶间腐蚀性能。这是因为形变热处理过程能够使一般大角晶界的比例减少，同时产生大量孪晶界和其它低能量晶界等特殊晶界，从而抑制了碳化铬在晶界上的沉淀析出，进而阻止了晶间腐蚀裂纹的扩展，最终使材料的抗蠕变和晶间腐蚀性能得到提高。

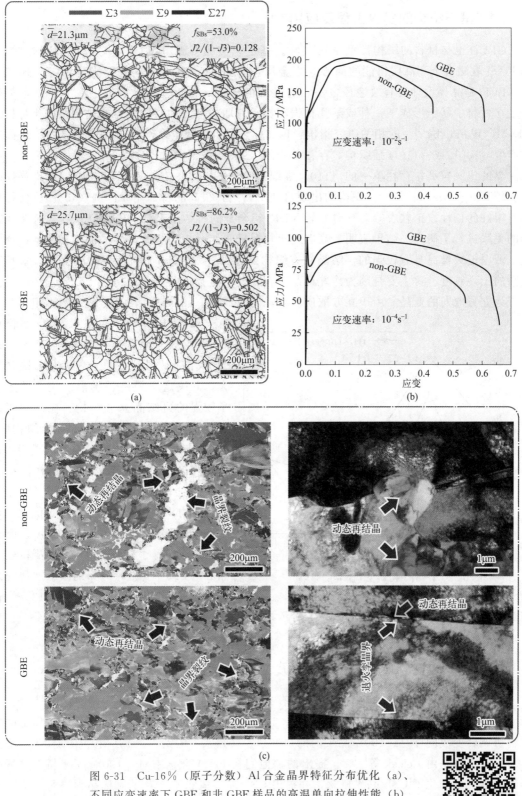

图 6-31　Cu-16％（原子分数）Al 合金晶界特征分布优化（a）、
不同应变速率下 GBE 和非 GBE 样品的高温单向拉伸性能（b）
及其变形微观结构（c）的对比[62]

6.1.4 基于织构的晶界工程及应用

GBCD 也与材料的织构类型密切关联。基于织构的 GBE 可适用于一些体心立方材料，如 Fe-Si 软磁合金和高层错能的面心立方金属，如 Al 及其合金等。利用织构调控上述材料的 GBCD 是晶界设计的有效途径之一。通过合金化设计以及选择恰当的形变和热处理都是为了在材料中易于形成某一种或某几种强织构，以增加某几种特殊晶界的比例并优化材料的 GBCD。Watanabe[64] 的相关研究指出：Fe-6.5%（质量分数）Si 合金在快速凝固和退火后会产生 {100} 或 {110} 强织构，存在单一的 {100} 强织构时，Σ1、Σ5、Σ13 和 Σ15 等特殊晶界的比例较高；存在单一的 {110} 强织构时，Σ1、Σ3、Σ9、Σ17 和 Σ19 等特殊晶界的比例较高。{100} 和 {110} 织构的出现可使材料达到很高的特殊晶界比例（45%），使材料具有很好的韧性。王轶农等[65] 对冷轧 YL12 铝合金的再结晶织构、GBCD 及其与抗腐蚀性能的关系进行了研究。结果表明，高温退火样品的再结晶织构与冷轧样品的织构相似；预回复＋低温退火样品具有较强的再结晶立方织构 {001} <100>，重位晶界（尤其 Σ7）具有较高的出现频度。这主要是因为冷轧样品中存在着一定强度的立方织构组分，它们在微观上表现为立方取向的亚晶。由于立方取向的亚晶与 {123}<634>S 取向的形变基体相邻时具有 <111>40°的位向关系（即 Σ7 重位点阵晶界），因此，立方取向的亚晶将以"微区择优生长"的方式优先形核和长大，并决定了最终再结晶织构，即形成了较强的再结晶立方织构。样品中当同时存在强的立方织构和强的 S 织构时，材料中 Σ7 这一特殊晶界的比例很高，重位点阵晶界出现的频度愈高的样品抗腐蚀性能也愈好[10]。Rath 等[66] 研究了体心立方 IF 钢的晶界特征分布优化，他们在较低的应变量（5%）后低温退火（923K）获得了较好的特殊晶界和三叉晶界（J2、J3 型）分布的改善。研究表明，{111}<110> 和 {111}<112>织构与 Σ3 晶界有很强的相关性，如图 6-32 所示，在 Σ3 晶界最高的样品中{111}<110>＋{111}<112>织构组分也最高。

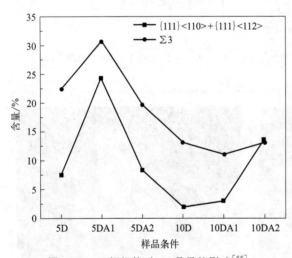

图 6-32 IF 钢织构对 Σ3 晶界的影响[66]

6.1.5 基于原位自协调的晶界工程及应用

在完成初次再结晶的体心立方材料中存在着大量<100>晶带内的倾侧对称或非对称一般大角度晶界 {0kl} 或 {0k₁l₁}/{0k₂l₂}，选择恰当的热处理可以使这些晶界通过局部的原位自协调转变成同样是<100>晶带内的 {001}、{011}、{012}、{013} 和 {015} 等特殊晶界。这一原理是由 Lejček 等[11-12] 提出的，他们在 Fe-Si 合金中对 [100] 倾侧晶界进行了详细的分类，细化了 CSL 晶界概念，并提出 CSL 晶界概念不能对不对称晶界进行分类。在Fe-Si 合金中，对称的 {012}、{013}、{015} 晶界以及非对称的 (001)/(013) 和所有的(011)/(0kl) 都是特殊晶界。特殊晶界附近和其它的 (001)/(0kl) 界面以及它们附近的界面均为邻晶界，所有其它的大角晶界都是一般晶界，如图 6-33 所示。这种分类方法对于 BCC 基金属和合金，如铁素体钢和难熔金属（钼、钨）更为普遍和有效。这些特殊晶界可以显著改善材料的脆性。考虑到晶界的原位自协调不仅取决于晶界本身的迁移能力，而且还受到诸如三叉晶界特征分布的影响，基于原位自协调的 GBE 尚有许多基础性问题需要研究。可以预见，基于原位自协调的 GBE 将在众多的体心立方材料的性能改进方面发挥重要作用[10]。

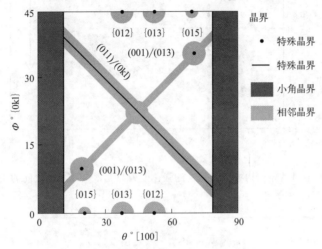

图 6-33　α-Fe 中 [100] 倾侧晶界内的特征示意图

（黑线和点指的是特殊晶界；暗灰色区域指的是邻晶界；

亮灰色区域指的是小角晶界；所有白色区域的晶界都是一般晶界[11-12]　）

6.1.6　基于合金化改善晶界特性的晶界工程及应用

如果跳出 CSL 晶界模型框架，单从特殊晶界与改善多晶块体材料使用性能的角度考虑，"晶界工程"所涵盖的研究工作早在 20 世纪 60 年代就开始了，并且已经取得了巨大的成功。不锈钢中添加 Ti 避免了晶界贫 Cr，显著改善了材料的沿晶腐蚀行为；在 NiAl 金属间化合物中添加 B 或 Zr 可改善晶界塑性，增加金属间化合物的塑性[10,67]。微合金化和晶界优化设计是提高材料力学性能的重要途径，通过添加一些有益的合金元素来强化界面，可有效提高材料的强度与韧性。中国科学院固体物理研究所刘长松研究员课题组[68]基于第一性原理研究了 19 种过渡族合金元素在一系列典型钨晶界中的偏聚和强化/脆化效应。结果表明，合金元素强化/脆化晶界能力与晶界结构密切相关。合金元素易强化晶界能较大的晶界，而易脆化晶界能较小的晶界。此外，合金元素强化晶界能力与元素自身的金属半径成正相关，如图 6-34 所示。尺寸效应在其偏聚强化界面过程中起主导作用，即金属半径比钨小的合金元素，易在晶界面处偏聚并能强化界面。在晶界处添加 Zr、Hf、Ta、Re 及 Ru 等元素可有效提高晶界的结合强度，从而改善材料的力学性能。镁合金作为最轻的金属结构材料，在航空航天、武器装备、汽车、3C 电子等领域具有巨大的应用潜力。然而，高强度和高塑性难以协调一直是限制镁合金广泛应用的主要阻碍。哈尔滨工程大学张景怀教授课题组[69]基于负混合焓和最小化晶界位错弹性应变原则，发现添加微量 Re 元素可以显著提高镁合金中常用元素（Zn 和 Ca）的晶界偏聚浓度，如图 6-35 所示，有效抑制退火过程中的晶粒长大。另外，也证实晶界偏聚浓度的增加可以提高挤压合金的屈服强度。利用微量稀土元素添加提高晶界偏聚水平，为设计和开发低合金化高性能镁合金提供了新思路。

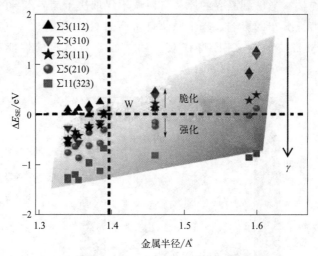

图 6-34 不同晶界结构中合金元素的强化能力与元素金属半径之间的关系图[68]

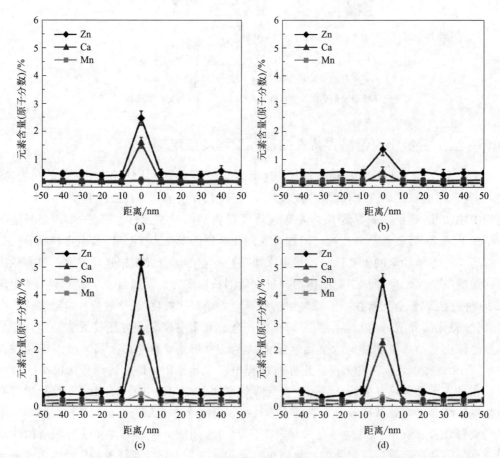

图 6-35 无稀土镁合金（a，b）和含稀土镁合金（c，d）中元素分别在挤压态（a，c）和退火态（b，d）晶界偏聚的含量[69]

6.1.7　其它类型的晶界工程及应用

金属材料的强化是长期以来材料科学与工程领域的核心研究方向。细晶强化（即 Hall-Petch 强化，包括晶界强化/孪晶界强化）是目前最常用且有效的强化手段之一，其内在机制源于晶界/孪晶界对位错运动的阻碍。然而，当晶粒尺寸（d）和孪晶片层厚度（λ）达到某个临界尺寸（10～15nm）时，材料的主导变形机制将转变为晶界运动或退孪生，从而使其表现出 Hall-Petch 关系失效或软化效应（即材料强度随着 d/λ 的降低而不再增加甚至降低），成为材料强度提升的瓶颈问题。纳米孪晶结构普遍存在于低层错能金属材料中，而在高层错能金属 Ni（$\gamma_{sf}=128mJ/m^2$）中引入高密度生长孪晶，特别是极小片层厚度的孪晶结构至今鲜有报道。段峰辉等[70] 采用直流电沉积技术，首次在高层错能金属 Ni 中实现了超细纳米孪晶结构的可控构筑，实现了孪晶片层厚度从 2.9nm 到 81.0nm 的可控调节。研究表明，当 $\lambda<10$nm 时，纳米孪晶 Ni 的强度和硬度仍然随着片层厚度的减小而增加，表现出持续强化和硬化行为。最小片层厚度（$\lambda=2.9$nm）的纳米孪晶 Ni 表现出最高的屈服强度（～4.0GPa），约是目前报道的纳米晶 Ni 最高强度（～2.2GPa）的 2 倍。图 6-36 为 $\lambda=2.9$nm 的纳米孪晶 Ni 的微观结构。微合金化的纳米孪晶 NiMo 合金片层厚度甚至能够达到 1.9nm 以及更高的强度 4.4GPa，实现了纳米孪晶 Ni 在 10nm 片层厚度以下的持续强化。图 6-37 显示了纳米孪晶 Ni 的持续强化行为，纳米孪晶 Ni 的强度随孪晶片层厚度的变化关系。作为对比，图中不仅包含了文献中不同晶粒尺寸或孪晶片层厚度纯 Ni 强度值，还包含了纳米孪晶铜的强度随孪晶片层厚度的变化关系。这些强度值都是通过单轴拉伸和压缩实验获得的。可以清楚地看到，在片层厚度小于 10～20nm 时，纳米孪晶 Ni 表现出持续强化现象，而纳米孪晶铜表现出软化行为。

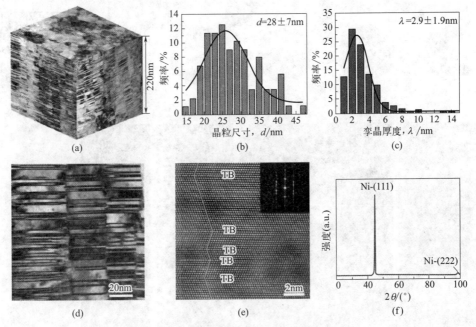

图 6-36　$\lambda=2.9$nm 的纳米孪晶 Ni 的微观结构

（a）典型的三维结构，包括平面图和截面图；（b）和（c）分别为孪晶片层厚度和柱状晶粒宽度的分布图；（d）高倍 TEM 截面图像；（e）高分辨 TEM 图（插图为相应的选取电子衍射花样）；（f）XRD 曲线，表现为强烈的（111）织构[70]

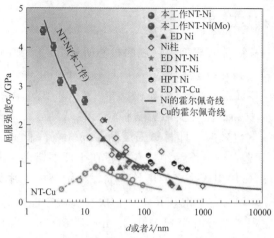

图 6-37 纳米孪晶 Ni 的屈服强度随孪晶片层厚度的变化

（当片层厚度小于 10nm 时，随着片层厚度的减小，纳米孪晶 Ni 表现出持续强化行为[70]）

美国加州大学伯克利分校、北京航空航天大学等单位的研究者[71] 在超低 O 含量的纯 Ti（名义成分质量分数：99.95% Ti 和 0.05% O）中，通过低温力学过程诱导的大量机械孪生，构建了层级纳米孪晶结构。图 6-38 为低温力学制备的纳米孪晶 Ti 的层级结构。在密排六方、无溶质、粗晶钛中产生多尺度、分级孪晶结构，显著提高了抗拉强度和延展性。纯钛达到了接近 2GPa 的极限拉伸强度和 77K 下接近 100% 的真实失效应变，如图 6-39 所示。多尺度孪晶结构的热稳定性可达 873K，这高于极端环境中许多应用的临界温度。

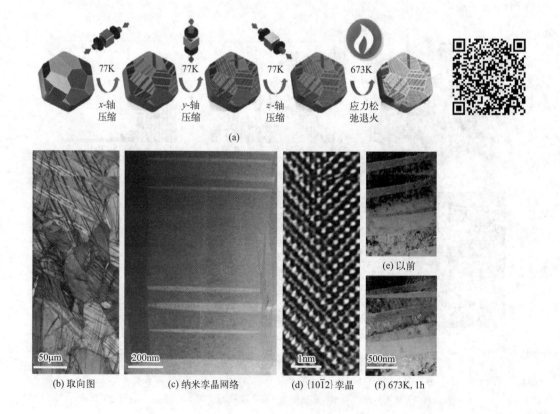

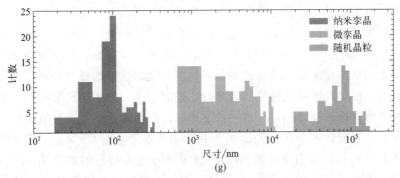

图 6-38　低温力学制备的纳米孪晶 Ti 的层级结构[71]

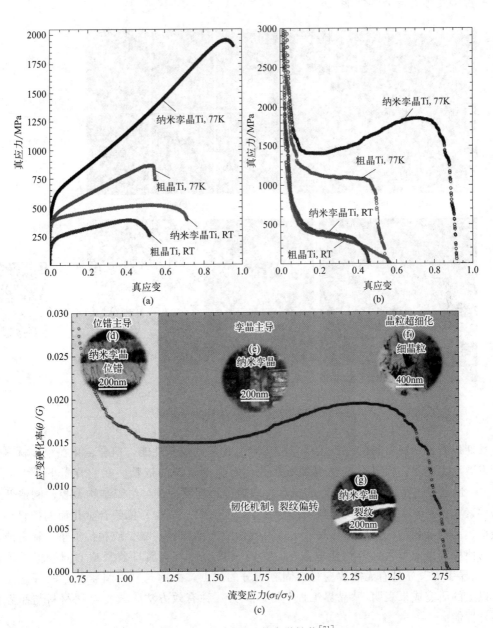

图 6-39　纳米级 Ti 的力学性能[71]

在常温下，增加晶界是强化金属材料的一个重要手段，但在高温下，晶界迁移、晶界滑动、晶界扩散等失稳机制会导致晶界软化，晶界强化效应消失。此外，增加晶界密度会加剧晶界扩散（Coble）蠕变，合金晶粒尺寸越小，抗蠕变性能越差。如何有效提升热-力-时间耦合作用下晶界的结构稳定性，进而抑制晶界高温软化和扩散蠕变是长期以来材料领域的一个重大科学难题，也是发展高性能高温合金的主要瓶颈之一。中国科学院金属研究所卢柯课题组与武汉大学梅青松教授合作，在这一科学难题研究上取得了重要突破。研究团队利用自主研发的特种塑性变形技术，在一种商用单相高温合金 Ni-Co-Cr-Mo（MP35N）中将晶粒细化至 9nm，晶界结构发生明显弛豫。图 6-40 为具有弛豫晶界的纳米晶 MP35N 合金的结构。研究发现，弛豫态晶界在热及热/力耦合下均保持稳定，大幅提升了高温合金的高温强度、高温蠕变等关键力学性能[72]。

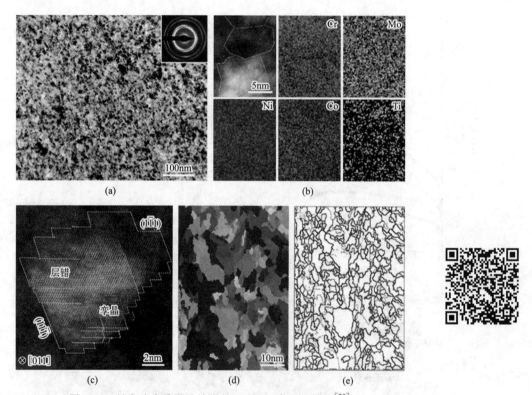

图 6-40　具有弛豫晶界的纳米晶 MP35N 合金的结构[72]

长期以来，金属材料的发展主要依赖于合金化来调控其性能，但合金化在很多材料体系中的发展潜力将尽，而且合金化也加重了我们对自然资源的依赖。在此背景下，卢柯课题组[73-74]最近提出了"材料素化"的概念，即通过跨尺度构筑与组织结构调控，制造低合金化的"素"材料，大幅度提高材料的综合性能，实现不（或少）依赖合金化而调控材料的电子结构、晶格及相结构、形态与尺寸，以及界面表面结构等，减少或替代贵重、稀有或有毒元素的使用。由此可大大节约能源成本，为解决目前稀有金属日益紧缺的问题提供了新思路。"晶界工程"亦具有无需改变材料固有成分的优点，因此与"材料素化"的理念完全吻合。以上的研究成果表明，"晶界工程"可以作为一种有效方法，改善金属材料与晶界相关的各种性能。

6.2 相界面及应用

相界面是指两个不同相之间的界面，包括气/固、气/液、液/液、液/固和固/固等界面。本章节重点关注的是金属材料中的固/固相界面。各种相界面在金属材料中所占的比例虽然不大，但对材料的许多性能和其中发生的过程却有很大影响，因而是凝聚态物理及材料科学中普遍关注的一个重要问题。研究表明，材料中不同类型的相变就是相界面的形成与运动过程。例如相界面处某些组元的富集和贫化将引起材料的脆化和韧化。相界面的研究不但对改进现有材料的某些性能有重要意义，而且对发展新材料以及今后的材料界面设计具有指导意义[75]。

6.2.1 相界面分类

固/固相界面只包含把两个紧密接触的固相分开的几个原子层，其结构、成分、性质都不同于两侧相。可按不同的方式对固/固相界面进行分类，在相界面处晶体内部某些参量会发生不连续。如果把一种参量的不连续看作是一类相界，则相界可分为：只有化学成分不连续的相界（例如失稳分解形成的相界面）、只有晶体结构不连续的相界（例如马氏体/奥氏体界面）等。实际上不少相界面处可能有两种或更多的参量发生不连续。也可按两相结合键的特性分为金属/金属、金属/半导体、金属/绝缘体等相界面，本章仅讨论金属/金属界面。相界面还可分为热力学上达到平衡或亚稳平衡的静态相界面和远离平衡态的动态相界面[75]。

6.2.2 镁合金相界面应用

镁合金具有质量轻、比强度和比刚度高，减震性能好以及易于回收等优点，因此被认为是 21 世纪最具开发和应用潜力的"绿色材料"[76]，是实现航空航天、交通运输、民用建筑等轻量化、缓解日益严重的能源问题的重要材料之一。然而，无论作为结构材料还是功能材料，镁合金的大规模应用还面临一些主要问题。师昌绪院士指出，镁合金的发展存在三大瓶颈，即缺乏有效析出相、易腐蚀和难变形。瓶颈问题的核心点都是相及其物理化学性质。其实，界面也对镁合金的性能起着极其重要的作用[77]。研究相界面的结构有助于了解相变的机理、相变的动力学以及相变产物的形态等，从而有助于控制材料的性能。

Celotto[78] 用 TEM 研究了热处理后的 AZ91 镁合金在不同时效温度下各析出相的形貌及与母相的位向关系等对时效硬化的影响。结果表明，大多数平行于基面的析出相在析出早期是细盘片状或菱形的，随着析出时间的增加变成板条状，这些析出相和母相都呈 Burgers 位向关系：$(0001)_m // (110)_p$ 和 $[1\bar{2}10]_m // [1\bar{1}1]_p$。图 6-41 为不同时效温度下 AZ91 镁合金的时效硬化曲线。图 6-42 为 100℃、150℃、250℃和 300℃四个温度下峰值硬度对应的 TEM 形貌照片。这几个图中析出相均为板条状和不对称菱形或者不规则的盘片状的混合。硬度提高主要是由于在时效过程中这些析出相由不对称的菱形转变成板条状。当板条长到最大长度时，材料达到其峰值硬度。

在 AZ91 镁合金中，除了 Burgers 位向关系，还有两种其它的位向关系：$(1\bar{1}00)_m // (1\bar{1}0)_p$ 和 $[0001]_m // [111]_p$、$(1\bar{1}00)_m // (1\bar{1}0)_p$ 和 $[0001]_m // [115]_p$。对于前者的位向关系，析出相为长轴平行于 $[0001]_m$ 的棒状形貌。$[0001]_m$ 的棒具有六角形的横截面。对于后者的位向关系，棒状析出相的长轴相较于 $[0001]_m$ 方向是倾斜的[79]。

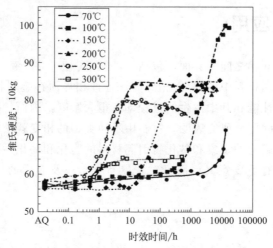

图 6-41　AZ91 镁合金在不同温度下的时效硬化曲线[78]

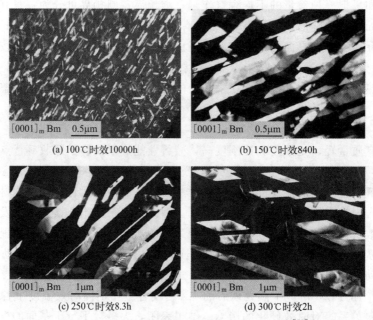

图 6-42　AZ91 镁合金连续析出形貌的暗场像[78]

AZ91 合金的时效强化效果不显著，与析出相的形态和晶体学位向关系有关[80-81]。具有 Burgers 位向关系，形态为板条状的析出相时效强化效果远不如第二、三种棒状的析出相。但是后两类析出相的数量却太少。究其原因，析出相的界面结构和晶体学特征均有利于第一种析出相的析出，不利于第二、三种棒状析出相的析出。因此，如何通过合金化和热处理等手段增加第二、三种析出相的析出密度，同时抑制第一种具有 Burgers 位向关系的板条状析出相的析出，应是提高这类合金强化效果的有效途径[79,82]。

近年来的研究发现，在镁合金中加入稀土元素，可改善镁合金的力学、耐热和阻燃、抗疲劳、耐摩擦磨损、耐腐蚀及储氢等性能，还能提高镁基生物医用材料的生物相容性。镁与稀土元素结合，有望形成中国"王牌"[83]。Mg 合金中添加稀土和其它合金元素如 Al、Zn

等可显著改善其性能：①形成一系列有效的有序金属间化合物，在镁基体中起到析出强化和弥散强化的作用；②它们易与氢形成一系列新的氢化物相，作为活性催化剂提高吸放氢速率，同时延长循环寿命；③细化晶粒，改善组织和织构；④使镁表面的氧化膜和腐蚀产物膜变得致密，可提高镁的耐蚀性[76]。

常见的稀土元素 Y、La、Ce、Pr、Nd 等可与 Mg 形成一系列结构相似的金属间化合物，如图 6-43 所示[77,84-86]。镁合金中加入稀土元素引起合金性能的改善归根结底是由于各类关键相对合金性能的改善，而各种关键相的形成与基体和析出相之间的相界面密切相关。

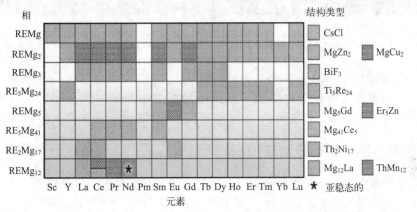

图 6-43　Mg-RE 体系中的金属间化合物及其结构类型[77,84-86]

Zhu 等[87] 在研究 Mg-RE 二元合金时发现：在同样的铸造条件下 Mg-3.44％La（质量分数）和 Mg-2.87％Ce（质量分数）合金中凝固形成的是 $Mg_{12}La$ 和 $Mg_{12}Ce$，而 Mg-2.60％Nd（质量分数）合金中形成的却是 Mg_3Nd。在沙铸 Mg-2.7％Nd-1.2Gd 合金中也发现了 Mg_3Nd。$Mg_{12}RE$ 和 Mg_3RE 对材料的性能影响是不同的。对于富 Ce 和富 Nd 的 Mg 基合金，在时效过程中有着相似的析出序列，首先是 GP 区，然后是 β''、β' 和稳定的 β 相。在 Mg-Nd 合金中，在形成更稳定的 $Mg_{12}RE$ 之前，Mg_3Nd 是作为共格和半共格的亚稳相形成的，所以与基体具有最优匹配关系的 Mg_3RE 最容易优先形核，其次是 $Mg_{12}RE$ 和 $Mg_{41}RE_5$。在 Mg-Y-Gd 和 Mg-Y-Nd 合金中也发现了相似的析出序列。析出早期惯习面会影响后续的相选择[88]。

因此，在 Mg-RE 中相选择是非常有趣的，热力学稳定性和界面能两个关键因素都需考虑。图 6-44 给出了高压压铸 Mg-8.05％Nd（质量分数）合金不同状态的金属间相的 TEM 明场像和微区衍射斑点。图 6-44(a) 为铸态的金属间相，衍射斑点标定为 Mg_3Nd。图 6-44 (b) 为 500℃退火 96h 的金属间相，衍射斑点标定为 $Mg_{41}Nd_5$。结果表明，Mg_3Nd 是亚稳相，而 $Mg_{41}Nd_5$ 是平衡的稳定相[88]。

Nie[79] 详细总结了镁合金中各体系的析出序列和强化机理。无论是长周期堆垛有序结构（LPSO）相，还是亚稳相 β''（D019）、β'（Mg_7RE，体心正交结构）和 β1（Mg_3RE，面心立方结构），都是 Mg-RE 基合金中的强化相，但各相对力学性能的贡献不同，β'' 相和 β' 相的形成一般可使稀土镁合金强度达到峰值[89]，含 14H 型 LPSO 的铸态合金展现较强的抗磨损能力[85]。这与析出相的结构、析出相/基体界面结构以及析出相在基体的析出位置有关。通过分析 Mg-RE 体系中 β'' 和 β' 亚稳结构相的形成能、弹性模量和共格应变发现：Mg-Ce/Pr/Nd 合金的 Mg/β'' 界面是稳定的，允许平板状的 GP 区存在于时效早期，但对于其它稀土

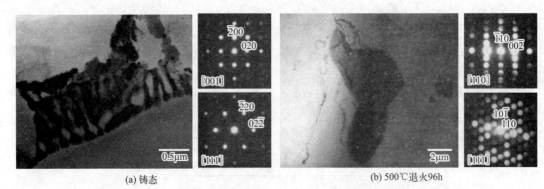

(a) 铸态   (b) 500℃退火96h

图 6-44　高压压铸 Mg-8.05％Nd 合金金属间相的 TEM 明场像和微区衍射斑点[88]

合金，Mg/β″之间的界面是不稳定的，α-Mg 和 β″之间的有序化原子排列使能量降低，可促进更稳定的 β′相形成。由此可以看出，界面能对析出相的异质形核和析出形貌都有重要影响[77]。

6.2.3　镍基高温合金相界面应用

镍基高温合金由于在高温条件下具有高强度、高韧性、良好的蠕变性能和断裂韧性、出色的抗疲劳、抗氧化等优点，而广泛应用于制造航空发动机、燃气轮机等热端关键部件。航空航天、兵器等国防工业领域的飞速发展，对镍基高温合金的综合性能提出了更高的要求，其主要强化相会直接影响到合金的综合机械性能。而母相与强化相之间的界面性质（界面结构、界面能和界面各向异性等）会强烈影响合金的成核密度、成核速率和沉淀结构，而界面上的溶质偏析会显著影响沉淀粗化和沉淀位错的交互作用，进而对合金的性能产生重要的影响[87]。董卫平等[90] 用分子动力学方法研究 Ni-Al-V 高温合金中 γ/θ-DO₂₂ 相不同成分下的界面结构发现，随着 Al 原子浓度增大，界面能增大，界面分离能减小；随着 V 原子浓度增大，界面能先增大后减小，对高温合金的设计有一定的指导意义。

镍基单晶高温合金是先进航空发动机涡轮叶片不可替代的关键材料，单晶涡轮叶片在高温服役条件下，受到 [001] 方向轴向离心力作用发生蠕变是其主要的失效机制之一，因此单晶高温合金的蠕变行为受到越来越多研究者的关注，以期进一步改善合金的性能。黄鸣等[91] 利用 TEM 研究了 DD6 单晶高温合金在高温低应力蠕变初期的蠕变行为和强化机制。图 6-45 为 DD6 合金 1100℃/140MPa 蠕变 15min 时 γ/γ′界面位错的 TEM 照片。观察方向与 [001] 方向近似平行。由于 DD6 合金错配度为负，拉伸蠕变初期位错主要在与拉伸轴垂直的水平 γ 基体通道中运动，最终大部分位错运动到与 [001] 方向垂直

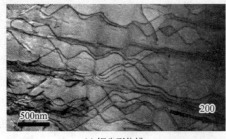　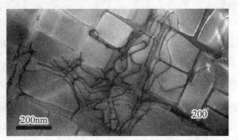

(a) 锯齿形位错   (b) 局部区域形成位错网络

图 6-45　DD6 合金 1100℃/140MPa 蠕变 15min 时 γ/γ′界面位错的 TEM 照片[91]

的 γ/γ′界面上。图 6-46 给出了 DD6 合金蠕变 15min 时的 γ/γ′界面结构。图 6-46(a) 为台阶状凸起结构，台阶两侧 γ/γ′界面较为平坦且存在一个明显的高度差，可能是位错沿 γ/γ′界面运动的结果；图 6-46(b) 为 V 形凸起结构，凸出方向与 [001] 方向平行。蠕变初期研究结果表明，界面凸起结构是由于蠕变过程中界面位错运动形成的，凸起结构的数量和种类与蠕变过程密切相关。因此，关于界面结构和界面位错运动的研究对改善合金的高温蠕变性能至关重要。

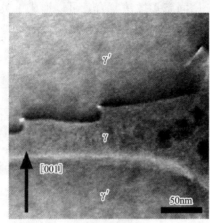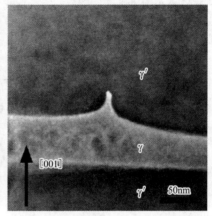

(a) 台阶状凸起结构　　　　　　　　　(b) V形凸起结构

图 6-46　DD6 合金蠕变 15min 时 γ/γ′界面 V 形和台阶状凸起结构 STEM-HAADF 照片[91]

6.3　金属基复合材料界面及应用

界面是复合材料特有的而且是极其重要的组成部分。正因为界面的存在及其在物理或化学方面的作用，才能把两种或两种以上异质、异形和异性的材料（即增强体和基体）复合起来形成性能优良的"复合材料"[92]。

金属基复合材料品种繁多，有碳（石墨）、硼、碳化硅、氧化铝等高性能连续纤维增强铝基、镁基、钛基等复合材料，碳化硅晶须、碳化硅、氧化铝颗粒、氧化铝短纤维增强铝基、镁基复合材料，以及钍钨丝增强超合金等高温金属基复合材料等。在金属基复合材料的设计和制备过程中，增强体、制备方法及工艺参数的选择是多种多样的，同时这些因素相互作用、相互影响，共同决定了材料的性能。其中界面性质是影响复合材料内载荷传递、微区域应力分布、残余应力、变形断裂过程以及物理性能和力学性能的重要因素[92]。例如，适当的界面结合强度不仅有利于提高复合材料的整体强度，而且便于将基体所承受的载荷通过界面传递给增强材料，以充分发挥其增强作用。如果界面结合强度太低，界面难以传递载荷，从而影响复合材料的整体强度；但结合强度太高则会遏制复合材料断裂对能量的吸收，易发生脆性断裂。因此，深入研究和掌握界面反应和界面对性能的影响规律，有效地控制界面的结构和性能是获得高性能金属基复合材料的关键。近年来，研究者们对金属基体与增强体之间的界面反应规律、控制界面反应的途径、界面微结构、界面结构性能对材料整体性能的影响、界面结构与制备工艺过程的关系等进行了大量的研究工作，并取得了许多重要结果，极大地推动了金属基复合材料的发展与应用[93]。

6.3.1 金属基复合材料界面类型

金属基复合材料的界面类型可以归纳成如表 6-1 所示的三种类型。Ⅰ类界面是平整的而且只有分子层厚度，界面除了原组成物质外，基本上不含其它物质；Ⅱ类界面为原组成物质构成的犬牙交错的溶解扩散界面；Ⅲ类界面则有亚微级左右的界面反应物层。应当指出，在不同条件下同样的组成物质可以构成不同类型的界面。例如在类型Ⅰ一栏里上标为①的组成，从热力学观点来看它们是可能产生反应的，用固态扩散法复合，可以形成Ⅰ类界面。如果采用熔融体浸入复合法，则将成为典型的Ⅲ类界面，即存在明显反应层。所以把Ⅰ类中上标为①的体系称之为准Ⅰ类界面[92]。

表 6-1　金属基复合材料界面的类型[92]

类型Ⅰ	类型Ⅱ	类型Ⅲ
增强体与基体互 不反应亦互不溶解	增强体与基体不 反应但能互相溶解	增强体与基体互相 反应生成界面反应物
Cu(基体)-W 丝(增强体)	Cu-镀 Cr 的 W 丝	Cu-Ti 合金-W 丝
Cu-Al_2O_3 纤维	Ni-C 纤维	Al-C 纤维(>580℃)
Ag-Al_2O_3 纤维	Ni-W 丝	Ti-Al_2O_3 纤维
Al-B 纤维(表面涂 BN)	合金-其共晶体的丝	Ti-B 纤维
Al-不锈钢丝		Ti-SiC 纤维
Al-SiC 纤维(CVD 法①)		Al-SiO_2 纤维
Al-B 纤维①		
Mg-B 纤维①		

① 为准Ⅰ类界面，详见文献 [92]。

6.3.2 金属基复合材料界面结合形式

要使复合材料具有良好的力学性能，需要在界面上建立一定的结合力，金属基复合材料界面的结合形式可分为五种[92]。

(1) 机械结合

这种结合即为无化学作用的Ⅰ类界面。它是依靠粗糙表面的机械铆合，另外还有基体的收缩应力包紧纤维或丝时所产生的摩擦结合。这种情况下增强体（纤维或丝）的粗糙度是对上述二种结合的关键影响因素，所以经过表面刻蚀的增强体要比光滑的表面所构成的复合材料的强度大 2~3 倍。但是这种结合仅限载荷应力平行于界面时才能承载，而当应力垂直于界面时承载能力很小，因此这是一种不可取的结合形式。

(2) 溶解和浸润结合

这种结合形式是上述类型的Ⅱ类结合，它的相互作用力是极短程的，只有几个原子间距，但是由于增强体表面经常存在氧化膜，因而基体的溶体不能浸润。这种情况下需要加一种机械摩擦力去破坏氧化膜才能发生浸润，通常采用超声波方法是有效的。在增强体的表面能很小而不可能被基体润湿时，就需要经过表面镀层处理（如 CVD 法或其它沉积方法后才能实现）。总之，首要条件是使两相之间的接触角小于 90°才能发生润湿，同时希望润湿之后能够产生局部互溶才能有一定的结合力。

(3) 反应结合

这种结合无疑就是形成Ⅲ类界面，其特征就是在界面上生成新的化合物层，例如 B 纤

维增强钛则能生成 TiB_2 化合物层，碳纤维增强 Al 则能生成 Al_4C_3 化合物等等。实际上，界面反应层不仅仅是一种单纯的化合物，而且是非常复杂的，有时会产生交换反应结合，即发生两个或多个反应。例如 B 纤维增强钛铝合金，则可发现在界面反应层内有多种反应产物。一般情况下，随反应程度的增加其结合强度亦随之增高，但到一定程度后反而有所减弱，这是因为反应产物大多是一种脆性物质，当其达到一定厚度时，界面上的残余应力可使其发生破裂。

（4）氧化结合

这是一种特殊的化学反应结合，因为它是增强体表面吸附的空气所带来的氧化作用。例如硼纤维增强铝时，先由硼纤维上吸附的氧与之生成 BO_2，当这层氧化物与铝接触时由于铝的反应性很强，它可以还原 BO_2，生成 Al_2O_3 形成氧化结合。但是在某些情况下，如 Al_2O_3 纤维增强镍时，由于氧化作用会产生 $NiO \cdot Al_2O_3$ 层，这样会大大地削弱 Al_2O_3 纤维的强度，而且无益于界面结合，这就要尽量避免发生氧化反应。

（5）混合结合

这是一种非常重要的结合，因为在实际情况中经常会发生这种结合，例如用机械结合的方式把假Ⅰ类的体系进行复合，在某些使用的环境下Ⅰ类界面局部转变为Ⅲ类界面，从而发生了混合结合。硼纤维增强铝在 500℃下热处理，就会在原来机械结合的界面上发生化学反应生成 AlB_2。

不论是何种结合方式，基体和增强体之间的界面都要完成载荷从基体向增强体的传递。因此界面状况研究一直是复合材料领域极为重要的研究课题，也就是说金属基复合材料界面特性对性能有着决定性的作用。对于颗粒、晶须等非连续增强金属基复合材料，主要是基体承载，增强体的分布基本上是随机分布，因此要求界面结合良好，才能充分发挥增强效果[94]。

6.3.3　金属基复合材料界面反应

金属基复合材料的制备方法包括：液态金属压力浸渗、挤压铸造、真空吸铸、液态金属搅拌等液相法和热等静压、高温热压、粉末冶金等固态法。它们都需在高温下进行，基体合金和增强体不可避免地发生程度不同的界面反应及元素扩散、偏聚等。界面反应程度决定了界面结构和性能。界面反应所造成的主要结果如下[93]：

① 促进增强体与金属液的浸润。增强金属基体与增强体的界面结合，提高界面结合强度，较严重的界面反应将造成强界面结合。界面结合强度对复合材料内残余应力、应力分布、断裂过程有重要的影响，直接影响复合材料的性能。

② 产生界面反应产物——脆性相。界面反应结果形成各种类型的化合物，如 Al_4C_3、AlB_2、AlB_{12}、Al_2MgO_4、MgO、Ti_5Si_3、TiC 等，这些化合物呈块状、棒状、针状、片状等。

③ 造成增强体损伤和改变基体成分。严重的界面反应使高性能纤维损伤。界面反应还可能改变基体的成分，如碳化硅颗粒或晶须与铝液反应：$SiC + 4Al \longrightarrow Al_4C_3 + Si$。碳化硅表面 SiO_2 层与铝液的反应：$3SiO_2 + 4Al \longrightarrow 2Al_2O_3 + 3Si$、$SiO_2 + 3Mg \longrightarrow 2Mg + Si$、$2SiO_2 + 2Al + Mg \longrightarrow MgAl_2O_4 + 2Si$。反应使基体中的 Si 增多，Mg 减少，导致基体中强化相减少，降低了基体的性能。此外，在界面区的元素还可能偏聚和析出新相如 $Mg_{17}Al_{12}$，这对界面结构和性能也有影响。

对于制备高性能金属基复合材料，控制界面反应程度到形成合适的界面结合强度极为重要。按界面反应程度对形成合适界面结构和性能的影响，可将它分为三类[93]：

第一类：有利于基体与增强体浸润、复合和形成最佳界面结合。如 SiC 颗粒增强铝基复合材料。铝基体中的 Mg 与 SiC 表面的 SiO_2 作用适度时，可明显改善 SiC_p 与 Al 的浸润性[95]。这类界面反应轻微，纤维、晶须、颗粒等增强体无损伤和性能下降，不生成大量界面反应产物，界面结合强度适中，能有效传递载荷和阻止裂纹向增强体内部扩展。界面能起调节复合材料内应力分布的作用。

第二类：有界面反应产物。增强体虽有损伤但性能不下降。形成强界面结合，在应力作用下不发生界面脱粘，裂纹易向纤维等增强体内部扩展，呈现脆性破坏，结果造成纤维增强金属的低应力破坏。但对晶须、颗粒增强复合材料，这类反应则是有利的。

第三类：有严重界面反应。有大量反应产物，形成聚集的脆性相和脆性层，造成增强体严重损伤和基体成分改变、强度下降，同时形成强界面结合。复合材料的性能急剧下降，甚至低于基体性能，这类反应必须避免。

6.3.4 金属基复合材料界面工程应用

（1）碳化物增强金属基复合材料

界面对金属基复合材料的性能起着极其重要的作用，有时甚至能起控制作用。因此，只有深入了解界面的几何特征、化学键合、界面结构、界面的化学缺陷与结构缺陷、界面稳定性与界面反应及其影响因素，才能在更深的层次上理解界面与材料性能之间的关系，进一步达到利用"界面工程"发展新型高性能金属基复合材料的目的[96]。

确定界面上有无新相形成是界面表征的主要内容之一，界面上的析出相不可避免地会对复合材料性能产生影响。上海交通大学金属基复合材料国家重点实验室[97] 利用电子能量损失谱仪（PEELS），研究了 TiC 粒子增强 IMI-829 金属基复合材料。图 6-47 给出了样品 A（800℃处理 1h）和样品 B（1000℃处理 1h）的成分分析结果，发现在两种样品中 TiC 粒子表面均存在一个明显的成分梯度区。根据平衡 C-Ti 相图，Ti 和 TiC 之间发生的溶解型反应导致了一个连续的贫碳区。贫碳区厚度取决于加工和热处理参数，基体和增强体之间 C 和 Ti 的互相扩散建立理想的溶解型结合使得该复合材料获得了良好的力学性能。

界面区近基体侧的位错分布是界面表征的又一重点，它有助于了解复合材料的强化机制。采用高压电镜对 SiCw/Al 复合材料界面的原位观测证明：由于两种异质材料热膨胀系数不同，在复合制备冷却中界面处形成的位错，在加热到一定温度后会自行消失，但在重新冷却下来时又会再次产生。这种复合材料中位错密度可高达 $10^{13} \sim 10^{14}\ m^{-2}$，是造成这类复合材料高强度的重要原因之一[96,98]。

（2）陶瓷-金属叠层复合材料

将陶瓷与金属以一定顺序逐层叠加，可制成叠层结构的复合材料，兼具陶瓷高强度、高硬度、低密度及金属强延展性的特点，从而应用于防弹装甲材料。

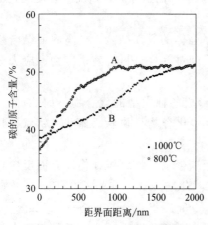

图 6-47 通过 PEELS 测得的远离母相和粒子之间界面距离样品 A 和 B TiC 粒子实验成分的变化[97]

但叠层材料存在界面结合弱，受冲击时裂纹易在界面处产生，且裂纹尖端应力集中导致界面处材料易脱黏等问题。Wu 等[99] 的研究结果表明，增强相富集区分层分布可降低裂纹尖端的应力强度因子和三向应力集中水平，并通过隧道裂纹、裂纹偏转和压缩应力增韧等方式，大大提高材料韧性和抗冲击性。图 6-48 是 Ti/Al_2O_3 叠层复合材料的横截面及裂纹扩展路径示意图。可以看出，Ti 与 Al_2O_3 陶瓷层界面区过渡晶粒的出现使各层界面的结合更加紧密，过渡区使裂纹扩展方式由单一扩展向混合扩展模式转变，从而使叠层材料力学性能优于均质材料。

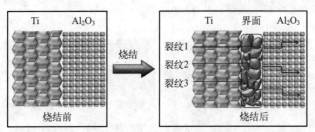

图 6-48　Ti/Al_2O_3 叠层复合材料的横截面及裂纹扩展路径示意图[99]

Han 等[100] 采用真空热压烧结和热等静压工艺制备了连续的 Al_2O_3 陶瓷纤维增强 Ti/Al_3Ti 金属间化合物叠层复合材料。对 Ti 与 Al_3Ti 界面进行能谱（EDS）分析发现，经过热等静压后的复合材料 Ti、Al、V 等活性元素在 Ti 与 Al_3Ti 界面层中的含量均存在波动。Ti 和 V 原子从 Ti 层扩散到 Al_3Ti 金属间化合物层，而 Al 原子沿相反方向扩散。但 Al 并没有完全扩散到界面反应区，在 Ti 和 Al_3Ti 之间的界面上观察到 Al_2Ti 亮灰色均匀致密区域，表明界面处具有很好的结合。

(3) 碳材料-金属复合材料

热物理性质不同的材料之间存在界面热阻，界面热阻对热传输过程可产生极大的影响，并在很大程度上决定了复合材料的导热性能。碳材料（如金刚石、碳纳米管和石墨烯等）由于拥有优异的综合性能，与金属复合在金属基复合材料领域有着巨大的发展和应用潜力[101]。金刚石颗粒增强金属基复合材料充分发挥了金刚石的高热导率和低热膨胀系数的优点，可满足现代电子设备在散热能力上提出的越来越高的要求，作为新一代电子封装材料已引起广泛关注。李建伟等[102] 利用聚焦离子束（focused ion beam，FIB）技术制备出金刚石/Zr 合金化的铜复合材料的 TEM 样品，系统研究了界面层厚度对热导率的影响，如图 6-49 所示。他们发现，当铜基体中 Zr 的质量分数在 $0.0\%\sim1.0\%$ 范围内变化时，随着 Zr 质量分数的增加，热导率先增加后降低，当质量分数为 0.5% 时，对应的 ZrC 厚度为 400nm，此时复合材料热导率达到最高值 930W/(m·K)，如此高的热导率是由于优化了 Cu 和金刚石之间形成的界面 ZrC 层厚度。界面层厚度是提高 Cu/金刚石复合材料热导率的关键因素[103]。

石墨烯（graphene）弹性模量约为 1TPa，断裂强度高达约 130GPa，是目前强度最高的材料。而且，石墨烯还具有高的面内载流子迁移率 [约 $2\times10^5 cm^2/(V·s)$] 和面内热导率 [约 5000W/(m·K)]。由此可见，将碳材料与金属复合有望显著提高其结构性能和功能特性。Mu 等[104] 通过放电等离子烧结（SPS）和热轧（HR）工艺制备了多层石墨烯（MLG）/纯 Ti 复合材料，并研究了其界面结构及力学性能。热轧温度设定在 823K、1023K 和 1223K 时，TEM 揭示了三种界面形貌和特征：TiC 的形核、TiC 颗粒的生长和 TiC 片层

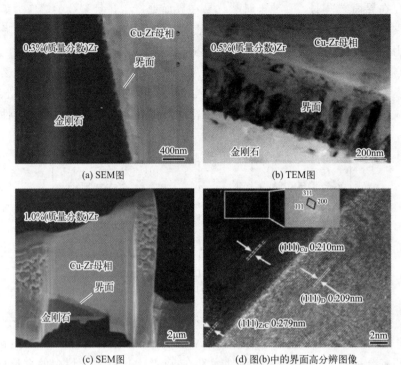

(a) SEM图　　　　(b) TEM图

(c) SEM图　　　　(d) 图(b)中的界面高分辨图像

图 6-49　金刚石颗粒与 Cu-Zr 基体之间界面的微观结构[102]

的形成，如图 6-50 所示。拉伸试验结果表明，MLG/Ti 复合材料具有优异的力学性能，0.2%（质量分数）MLG/Ti 抗拉强度达到 1050MPa，高出纯 Ti 基体约 2 倍。TiC 层对抗拉强度的提高起了关键的作用。

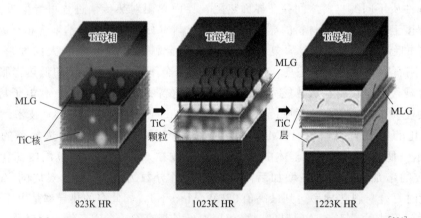

图 6-50　不同温度下多层石墨烯（MLG）/纯 Ti 界面结构演变机制示意图[104]

　　Mu 等[105] 还通过电镀法在石墨烯纳米片（graphene nanoflakes，GNFs）表面均匀负载 Ni 纳米颗粒，结合后续的短时球磨、SPS 和热轧工艺，制备了 Ni-GNFs/Ti 复合材料。通过对复合材料界面结构分析发现，GNFs 与 Ti 基体间反应生成了厚度在 100～150nm 的 TiC$_x$ 层，Ni 纳米颗粒与 Ti 基体间同样生成了 Ti$_2$Ni 产物，如图 6-51 所示。整个复合材料界面组成为 Ti/Ti$_2$Ni/nano-TiC$_x$/Ni-GNFs［图 6-51(e)］。由于纳米 TiC$_x$ 和 Ti$_2$Ni 产物的生成提高了复合材料的界面载荷传递效率，只有 0.05%（质量分数）GNFs 的 Ni-GNFs/Ti

复合材料的抗拉强度达到 793MPa，高出纯 Ti 基体 40％以上。

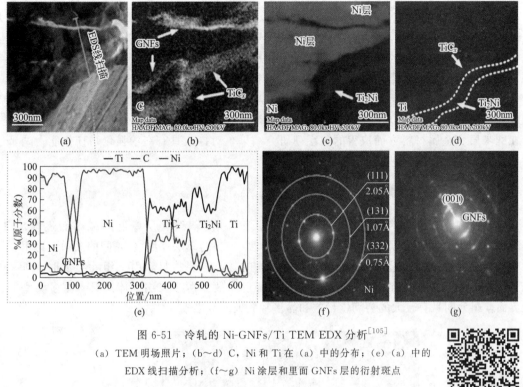

图 6-51　冷轧的 Ni-GNFs/Ti TEM EDX 分析[105]
（a）TEM 明场照片；（b～d）C，Ni 和 Ti 在（a）中的分布；（e）（a）中的
EDX 线扫描分析；（f～g）Ni 涂层和里面 GNFs 层的衍射斑点

6.4　纳米层状金属材料界面及应用

　　众所周知，在一定的晶粒尺寸（d）范围内，金属材料的屈服强度（τ_y）与 d 之间服从 Hall-Petch（H-P）关系[106-107]：

$$\tau_y = \tau_0 + kd^{-\frac{1}{2}} \tag{6-5}$$

　　这一经典关系的意义为：减小晶粒尺寸能够有效地提高多晶金属材料的强度。为了实现材料晶粒尺寸的细化，近年来，人们采用严重塑性变形技术（如等通道转角挤压、高压扭转和累积叠轧等）显著地将晶粒细化至亚微米甚至纳米尺度，多数材料在提高强度性能的同时，其塑性变形能力却往往随之下降。

　　值得注意的是，当材料晶粒尺寸减小至纳米尺度时，晶内位错的活动能力明显减弱，而晶界因其体积分数的不断增加，在材料的强化甚至变形中的作用愈来愈突出。回顾 H-P 关系式，除了晶粒尺寸的影响外，须重新审视式(6-5)中 H-P 斜率（k）的物理含义，即：

$$k \propto \sqrt{\tau^*} \tag{6-6}$$

式中，τ^* 代表了位错塞积引起临近晶粒滑移系统开动所需的临界切应力，反映了晶界对位错跨越的阻挡能力。因此，k 代表了具有某一特定晶界特性的材料能够通过晶粒细化而实现强化的能力。在纳米尺度下，界面类型将强烈影响材料的变形能力。上述分析表明，由不同尺度组元层和异质界面类型组成的层状金属材料在纳米尺度下应该具有高的强化能力，甚至可能具有一定的韧化潜力。

早在 20 世纪 20 年代初，科研人员就已经开始对亚微米尺度层状金属材料产生了极大的兴趣。随着真空技术的进步，人们普遍采用物理气相沉积方法制备了各种体系的纳米尺度层状金属材料，其中尤以铜基（Cu-X，X＝Ni，Ag，Nb 和 Cr 等）的层状材料最为普遍。大量研究[108-110] 表明，当层状金属材料的组元层厚度减小至纳米尺度时，其具有非常高的强度和硬度，然而其稳定的塑性变形能力并不理想。

本节系统地总结近年来国内外关于纳米层状金属材料（为了便于分析，这里仅选取 Cu 与另一组元金属组成的层状材料）的强化能力与塑性变形能力的研究进展，并就其中的材料尺度与界面的作用规律以及强韧化物理机制进行了分析与探讨。最后，结合近年来一些研究者在纳米层状金属材料方面取得的一系列研究结果，对探索具有高的强化与韧化能力纳米层状金属材料的未来研究进行了展望。

6.4.1 纳米层状金属材料强化能力

大量研究[110-116] 表明，层状金属材料的强度/硬度随组元层厚度的减小而逐渐增加。图 6-52 给出了不同界面类型 Cu 基层状材料的强度（σ）与单层厚度（λ）间的关系（这里，层状材料组元层的厚度比通常为 1∶1）。值得注意的是，当层状材料由三组元组成时（如 Cu/Ni/W 层状材料），其具有极高的强度。这种高强度主要来源于三组元体系具有更多类型的组元界面，组元间具有较大的剪切模量差和晶格常数失配等因素[116]。

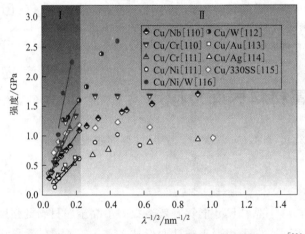

图 6-52　铜基层状材料的强度与组元层单层厚度之间的关系[110-116]

由图 6-52 可以看出：

① 当 λ 在亚微米及以上尺度时（图中的阴影区域Ⅰ），层状材料的强度与单层厚度之间符合传统的 H-P 关系，即强度与单层厚度的平方根倒数成正比，$\sigma \propto k\lambda^{-\frac{1}{2}}$。

② 在该尺度范围内，不同组元组成的层状材料除强度大小不同以外，其 k 值也不同。由面心立方（FCC）-体心立方（BCC）组元组成的层状材料的 k 值通常要高于 FCC-FCC 组元体系。

③ 当单层厚度进一步减小到纳米尺度时（图中的阴影区域Ⅱ），层状材料的强度与单层厚度之间偏离了 H-P 关系，甚至出现了强度的平台或下降趋势。

（1）界面强化能力

借助于块体多晶金属 H-P 关系式中 k 值的物理含义，层状材料中的 k 值体现了组元层界面对位错跨越这一界面的阻碍作用的能力。Misra 等[117] 根据位错塞积理论，给出了斜率 k 的表达式：

$$k = \sqrt{\frac{\mu b \tau^*}{\pi(1-\nu)}} \tag{6-7}$$

式中，μ，ν 和 b 分别为较软组元层的剪切模量、泊松比和全位错 Burgers 矢量的大小；τ^* 为层内位错滑移穿过组元层异质界面的障碍强度。Li 等[113] 总结了一系列 Cu 基二组元层状材料的 k 值，在不考虑界面晶体取向影响的条件下，根据界面失配位错的分布特性，基于组元晶格参数失配（δ_L）建立了一个描述 k 值的统一模型，发现归一化 k 值与 δ_L 呈正相关性，说明层状材料的界面强化能力与组元层间晶格失配程度密切相关。当通过选择不同组元种类组成层状材料时，可以使界面两边组元层间的晶格失配最大，从而有效地通过界面进行强化。基于此，Yan 等[116] 进一步提出了同时引入 FCC-FCC 和 FCC-BCC 界面结构来进一步提高层状材料界面强化能力的思想。为此，他们研究了 Cu/Ni/W 三组元层状材料的界面强化能力，并与二组元层状材料进行了对比。图 6-53 给出了部分 Cu 基层状材料归一化 k 值（$k/\mu b^{1/2}$）与 δ_L 间的关系。可以看出，二组元层状材料的 k 与 δ_L 之间呈现很好的正比关系，而 Cu/Ni/W 三组元层状材料的 k 值则明显高于 Cu/Ni 和 Cu/W 二组元的 k 值，说明多组元层状材料的强化能力并不是二组元体系强化能力的简单叠加[116]。

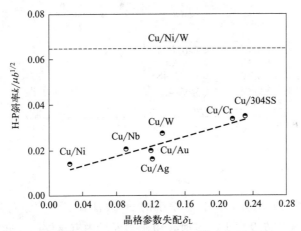

图 6-53　Cu-X 层状材料归一化的 Hall-Petch 斜率（$k/\mu b^{1/2}$）与点阵失配（δ_L）之间的关系[116]

Clemens 等[109] 认为，层状材料的 k 值与纯金属组元的 k 值之间没有确定关系，因此，k 值反映的并非单组元的性能而是组元体系的整体性能。Yan 等[116] 在比较一些具有 FCC 结构和 BCC 结构的典型纯金属及其组合的层状材料的 k 值时发现，三种类型材料 k 值的大小顺序为：BCC 纯金属＞层状金属材料＞FCC 纯金属；而且这些层状金属材料和 FCC 结构纯金属的 k 值约为 $0.18\mu b^{1/2}$，但 BCC 结构纯金属的 k 值远高于 $0.18\mu b^{1/2}$。这表明，FCC/FCC 异质界面的强化能力要大于 FCC 晶界，但 FCC/BCC 异质界面的强化能力要小于 BCC 晶界。对块体材料来说，k 值代表的是通过晶界传递塑性流变时材料在微观结构上的应力集中能力。因此，k 既反映了材料的本征性能，也受到外部条件等诸多因素的影响，如变形机制、温度和材料的微观结构。例如，低温下变形金属的 k 值高于室温下变形金属的 k 值，通过孪生变形金属的 k 值大于位错滑移变形金属。对于 FCC 结构的金属，由于滑移系较多，需要的应力集中相对较低，使得 k 值较小；而异质界面两侧组元的性质和结构的差异会对塑性变形造成额外的阻碍，使得异质界面具有更高的强化能力。

（2）极值强度

在图 6-52 中的阴影区 Ⅱ，可以清楚地看到，层状材料的强度随单层厚度的减小逐渐到达一个平台或呈下降趋势。为了进一步考察二组元纳米层状金属的强化能力，将一些层状金属的净强度（$\sigma-\sigma_0$）（σ_0 为 H-P 关系拟合直线与纵轴截距）与单层厚度关系[54,110,112-113,118-120] 总结在双对数坐标的图 6-54 中。可以清楚地看出，当层状材料 λ 小于某一临界尺度范围（几纳米至 20nm 左右），材料强度达到一个平台值，即在该临界尺度以下，强度不再随 λ 而变化。为此，将该尺度范围下的强度定义为层状材料的极值强度（σ_M）。另外，由图 6-54 还可发现，FCC-BCC 结构的层状材料不仅强化能力比 FCC-FCC 结构的层状材料高，而且其极值强度也高于 FCC-FCC 体系，说明层状材料在纳米尺度下呈现的极值强度受组元层界面性质的控制。

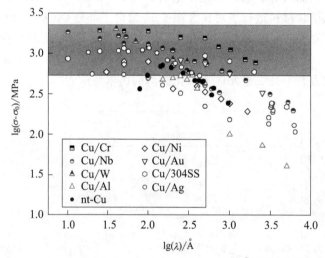

图 6-54　Cu 基层状材料强度与单层厚度关系[54,110,112-113,118-120]

由式(6-6) 和式(6-7) 可知，H-P 斜率中的 τ^* 表征了层内位错跨过层界面时的界面障碍强度。当 λ 在亚微米尺度及以上尺度时，由于组元层内有足够的空间容纳位错，大量位错在界面处塞积引起应力集中克服 τ^*，使临近层位错开动，发生滑移。当组元厚度在临界尺度以下时，此时层状材料的强度将由单个位错跨越界面所需克服的障碍强度所决定，此时 $\sigma_M \propto M\tau^*$，其中 M 为 Taylor 因子。在纳米尺度范围内，层状材料的界面障碍强度 τ^* 主要由以下的因素决定：

① 界面结构与滑移连续性。在层状金属材料中，组元层-层界面往往由 FCC-FCC 或FCC-BCC 构成，一些微观结构观察和分析表明，在纳米尺度范围内的 FCC-FCC 界面结构通常为立方-立方（Cube-on-Cube）取向[109]，界面两侧组元层中的滑移面不但是连续的，且滑移方向也连续，这种类型的界面称为透明界面。具有该类界面的层状材料中位错开动后可以跨越多个组元层运动，这也是文献中报道的具有小于临界尺度单层厚度的层状材料强度减小的可能原因之一。对于 FCC-BCC 界面，界面取向可以为 Kurdjumov-Sachs（K-S）或Nishiyama-Wassermann（N-W）等关系，界面两侧的滑移面和滑移方向都有一定的取向差[109]，位错穿过界面时需要克服较大的能垒，该类界面也称为模糊界面。这将对 τ^* 产生

贡献。

② 模量失配。在临界尺度以下，组元之间由于弹性模量差异引起的位错镜像力也是影响层状材料极值强度的因素之一。两组元模量差异越大，位错镜像力越强。Koehler 的理论计算表明[121]，当 λ 足够薄时，开动 Cu/Ni 多层材料中的位错所需要的剪切应力为 $\mu/102$（μ 是 Cu 的剪切模量），约为 Cu 组元理论剪切强度的 1/3。

③ 晶格常数失配和共格应力。在由异质组元组成的层状材料中，由于组元之间晶格常数不同，当位错穿过界面时，通常在界面上留下一个残余位错，该位错的 Burgers 矢量为两组元位错 Burgers 矢量的矢量差。两组元晶格常数差异越大，界面失配位错的柏氏矢量数值越大，导致位错跨越界面的能量增加。对于由晶格常数差异较小的组元组成的层状材料来说，当 λ 较小时，组元在界面处形成完全共格关系，界面存在共格应力，它对位错跨越界面起阻碍或协助作用。当 λ 大于某一临界尺度时，将在层界面处形成失配位错，部分释放组元层中的共格应力。另外，组元层的位错与界面失配位错的交互作用也影响了界面障碍强度。

④ 层错能。由于组元材料层错能的差异，当位错跨过界面进入相邻组元时，位错扩展的程度将发生改变，这也会影响到位错跨越界面的能垒。位错跨越界面时，在界面形成台阶，这需要消耗一部分能量，从而增加了界面对位错运动的阻碍能力。理论计算[122] 表明，对于 Cu/Ni 层状材料，因组元层错能差异引起的界面障碍强度可达 0.0064μ。

关于界面障碍强度的理论分析，Zhu 等[122-123]、Li 等[124] 和 Yan 等[116] 针对 Cu-X（$X=$Au，Nb，Ni 和 Ta）二元体系和 Cu/Ni/W 三元体系开展了系统的研究工作，阐明了上述影响因素在界面障碍强度中的作用。值得注意的是，图 6-52 还给出了纳米孪晶 Cu(nt-Cu) 的强度与孪晶片层厚度间关系[54]。可以看出，nt-Cu 的强度随孪晶片层厚度变化趋势与 FCC-FCC 界面二组元体系相似。孪晶界面可以看成是由同组元构成的共格界面。根据前面界面障碍强度的分析，滑移不连续性和模量失配可能是影响 nt-Cu 极值强度的主要因素，而共格孪晶界不存在（或具有很少的）界面失配位错和共格应力的影响。Li 等[125] 发现，当孪晶界间距（片层厚度）达到某一临界值时，材料强度达到极值，对应的变形机制由经典的 H-P 强化引起的位错塞积及切过孪晶面向位错萌生控制的软化机制转变，此时，不全位错萌生并平行孪晶面运动引起孪晶界迁移。

6.4.2　层状金属材料塑性变形能力

(1) 强度与塑性关系

对于多数的层状金属材料来说，在通过减小层状材料组元层的单层厚度来提高材料强度的同时，塑性变形能力却明显下降。图 6-55 给出了一些层状金属材料的强度与断裂伸长率的关系。与多晶金属材料类似，大多数层状金属材料的强度与断裂伸长率间也表现出倒置关系[119,126-133]。这主要是由于在微/纳米尺度层状材料中，组元层内部容纳位错的能力随着层厚度的不断减小而降低，材料通过剪切带变形的应变局部化倾向增加，并且这些异质界面的塑性协调能力也不足。最近，Wang 等[131] 制备出一种金属/非晶复合的层状材料。研究发现，通过选择合适的金属层/非晶层的厚度比，该层状材料在获得高强度的同时，也能保持良好的拉伸塑性。因此认为，纳米尺度非晶层不仅本身承担了较大的拉伸塑性，且在变形过程中可以容纳和吸收金属层中的位错，协调非弹性剪切/滑移的传递，从而避免了由于位错塞积导致的过高应力集中所诱发的裂纹萌生。

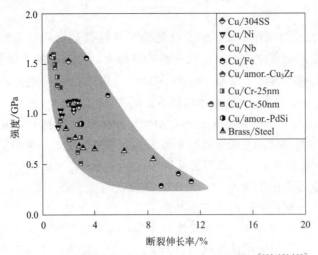

图 6-55　层状金属材料的强度与断裂伸长率关系[119,126-133]

（2）塑性变形行为

大量的研究表明，纳米/超细晶金属在塑性变形过程中，往往出现应变局部化的剪切带，从而降低了其均匀塑性变形的能力。同样，纳米尺度层状金属材料也容易出现剪切带行为。Zhang 等[134] 采用纳米压痕变形技术研究了不同 λ 的 Cu/Au 层状材料的变形行为。他们发现，随着 λ 从 250nm 减小到 25nm，材料倾向于以剪切带的形式发生塑性失稳。Li 等[135] 在 $\lambda=25$nm 的 Cu/Au 层状材料中发现剪切带中 Cu 和 Au 组元层均发生显著薄化的大应变变形，甚至有局部界面消失或互混现象。随后，在其它层状金属材料体系中，研究人员也相继发现，当 λ 减小到纳米量级时，材料在纳米/显微压痕实验中均有剪切带形成。需要指出的是，压痕下剪切带的形成，不但与组元材料的尺度相关，还与施加载荷相关；外加载荷越大，加载速率越快，材料越容易形成丰富的剪切带。近年来，聚焦离子束（FIB）微加工与TEM 观察的结合成为纳米层状材料变形行为一个更有效的手段。Bhattacharyya 等[136] 利用 FIB 制备的 TEM 样品观察表明，在 $\lambda=5$nm Cu/Nb 层状材料中，压头正下方与压头某一锥面平行的方向出现了宽度 $15\sim20$nm 的剪切带。最近，Knorr 等[137] 对 Cu/非晶-PdSi 纳米层状材料进行了压痕实验，除了观察到与 Zhang 等[134] 在 Cu/Au 层状材料中观察相类似的多重剪切带外，还观察到二次剪切带的形成。在剪切带内发生了与 Li 等[135] 观察到的组元层薄化现象。微观结构观察表明，剪切带内部的组元层发生了严重的塑性变形，剪切带内的应变值通常可高达到 $70\%\sim170\%$[135,137]。

通过对不同尺度压痕下应力状态以及组元微观结构的分析，Li 等[138] 提出了压痕下Cu/Au 层状材料的微观形变机制。当 λ 为纳米尺度时，压痕作用下的材料通过层内的非均匀离散位错滑移产生屈曲，之后在局部剪切应力及压头的约束作用下形成剪切带。当 λ 为亚微米量级时，材料通过晶粒内部位错间的交互作用产生有效硬化，从而发生均匀变形。如果层中晶粒取向合适，且应力集中足够大，则有可能产生滑移面剪切行为。无论哪种变形过程，层状材料的组元层都会发生或多或少的弯曲变形，因此，界面/晶界滑移在变形过程中可能起着非常关键的协调作用[136,139]。此外，还有研究[139-140] 表明，晶粒的形态对多层材料剪切带形成也有重要的影响。

为了能够更好地揭示层状材料的变形行为，最近，人们采用微柱样品对纳米尺度层状材料进行了压缩实验研究。这些研究发现，单层厚度是决定层状材料强度的主要因素，强度-

单层厚度关系与压痕实验结果相似。随着 λ 的减小，纳米层状材料的强度逐渐增加；当 λ 小于某一临界尺度以后，材料强度表现出不同变化趋势，如图 6-56 所示。通过选择合适的界面，纳米层状材料的强度可以接近或达到组元材料的理论强度[137]。例如，λ ＝ 100nm 的 Ni/Graphene 层状材料的强度可以到达 4GPa，约为 Ni 理论剪切强度的 1/2。Zhang 等[141] 的实验结果表明，当 λ 小于临界尺度时，Cu/Zr 纳米层状材料的屈服强度取决于材料的界面障碍强度。

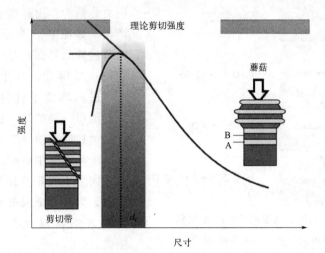

图 6-56　纳米尺度金属多层材料微柱压缩强度与失效机制和尺度的关系示意图

当单层尺度较厚时，组元层中有足够空间可以容纳位错运动和反应，组元层间可以协调变形。由于加载过程中各组元层承受的应力相同，从而导致强度较小（塑性较好）的组元层从强度高的组元层间挤出，如图 6-56 所示。FIB 制备的微柱通常会有一定的锥度，在变形过程中端部所受应力较大，先发生应变硬化，然后逐渐向下传递，最终导致层状材料在变形中形成"蘑菇"状形貌。随着 λ 的减小，位错层内运动逐渐受到抑制，此时材料的本征塑性变形能力是影响纳米层状材料塑性变形稳定性的重要因素。Chen 等[142] 指出，组元层的屈服强度差值越大，层状材料压缩变形过程中也容易发生失稳。当组元的面内剪切强度小于面外强度时，层状结构任何小的转动都可能引起材料发生几何软化，最终导致层状材料中剪切带的形成[137]。

最近，Zhang 等[141] 利用微柱压缩实验研究了 Cu/Zr 层状材料的应变硬化率和应变硬化指数。结果表明，随着 λ 的减小，Cu/Zr 多层膜的应变硬化指数逐渐减小，即材料均匀延伸率随组元尺度减小而减小，这与图 6-55 给出的趋势一致。

(3) 原子尺度下的微观机制

与纳米晶/亚微米晶金属相类似，纳米层状金属材料（尤其是 FCC-FCC 结构层状材料）也容易发生剪切带失稳变形（特别是在压痕和压缩加载下）。目前关于剪切带中，受约束的组元层是以何种方式协调如此之高的局部应变以及组元层界面参与和协调剪切带中这种高度应变局部化塑性变形原子尺度的微观机制都不是十分清楚。Li 等[135] 提出了"位错诱发界面粗糙化"的机制来理解组元层薄化变形和界面不稳定行为。但是，这一机制尚不能从根本上澄清剪切带内组元层变形机制。最近，Yan 等[143] 利用高分辨透射电镜研究了压痕诱发 λ ＝ 25nm Cu/Au 层状材料的剪切带变形行为。研究发现，压痕下约束变形区内的 Cu 层薄化程度比 Au 层薄化程度大。原子尺度的界面结构观察表明，Cu/Au 界面出现了点阵位错与

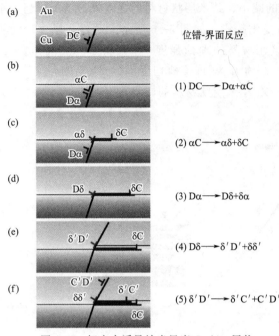

图 6-57 切应力诱导纳米尺度 Cu/Au 层状
材料塑性变形能力再生的物理机制[143]

层界面反应引起的周期性台阶。理论计算与实验观察证明，沿 Cu/Au 层界面的切应力是导致 Cu 层薄化程度大的根本原因。为此，他们提出了"切应力诱导纳米层状材料塑性变形能力再生"的物理机制。这一机制揭示，正是由于切应力分量的作用解锁了位错-界面的反应产物（如图 6-57 所示），从而促进了位错跨过异质界面，导致剪切带内组元层能够连续薄化，发生大的局部塑性变形，进而降低了材料宏观塑性变形能力。值得一提的是，Yan 等[143] 提出的这一"切应力诱导"机制还很好地解释了纳米晶金属中剪切带内晶粒能够在剪切方向发生明显拉长与薄化塑性行为的原因，为多晶金属材料在高应变变形下的纳米结构演化与加工提供了理论依据。

更重要的是，Yan 等[143] 提出的"切应力诱导"机制预示了层状材料中某些异质界面除了具有极强的阻碍位错运动能力外，该类界面在切应力诱导下有可能成为像纳米尺度共格孪晶界那样具有吸收甚至容纳位错，从而协调塑性变形的能力[54]。因此，这一机制为人们发掘纳米尺度异质层界面的潜在协调变形能力提供了理论基础。

总之，纳米尺度层状金属材料中组元层厚度（晶粒尺寸）、组元种类及异质层界面结构的改变对其强化能力和塑性变形稳定性具有强烈的影响。对于层状金属材料的强韧化问题，有些方面仍需开展深入系统的研究工作，如：①进一步寻找、选择组元种类，并优化各组元材料间纳米尺度下的组合，探索新的强化思路；②进一步探索挖掘异质界面吸收与容纳位错能力的途径与方法，优化层状材料中各组元层的尺度，实现材料更优异的强韧性匹配；③随着原子尺度分析技术的发展与大规模多尺度计算能力的不断提高，可在原子尺度下对纳米层状材料变形机制开展深入的探究。另外，基于纳米尺度层状材料的现有认识与相关原理，有必要探索设计、制备高性能新型块体层状金属材料，甚至层状非金属材料。例如，Liu 等[144] 提出的"颈缩延迟"方法已在 Cu/Al 块体层状材料中获得了良好的效果，他们最近提出的"同材结构层状化"概念为探索高强、高韧及高疲劳性能块体层状金属材料提供了新思路。

思考题

1. 简述基于退火孪晶的晶界工程优化机制的几种模型。

2. 什么是基于退火孪晶的晶界工程？基于退火孪晶的晶界工程能提高材料的哪些性能？简述其机理。

3. 晶界工程中相较于一般大角晶界，特殊晶界的主要特征是什么？何为有效特殊晶界？

4. 简述退火孪晶形成机制的几种模型。

5. 简述金属材料中的固/固相界面的定义与分类，以及固体界面在材料科学与工程中的应用。

6. 金属基复合材料界面的结合形式可分为哪几种？各有何主要特点？

7. 纳米层状金属材料的界面障碍强度主要由哪些因素决定？如何提高层状金属材料的界面强化能力？

8. 查阅相关文献，举例说明关于界面及其工程应用研究的最新进展。

参考文献

[1] Kronberg M L，Wilson F H. Secondary recrystallization in copper [J]. Transactions of the American Institute of Mining and Metallurgical Engineers，1949，185：501-514.

[2] 宋余九. 金属的晶界与强度 [M]. 西安：西安交通大学出版社，1988.

[3] Randle V. The coincidence site lattice and the 'sigma engima' [J]. Materials Characterization，2001，47（5）：411-416.

[4] Brandon D G. The structure of high-angle grain boundaries [J]. Acta Materialia，1966，14（11）：1479-1484.

[5] Palumbo G，Aust K T，Lehockey E M，et al. On a more restrictive geometric criterion for 'special' CSL grain boundaries [J]. Scripta Materialia，1998，38（11）：1685-1690.

[6] Watanabe T. An approach to grain boundary design for strong and ductile polycrystals [J]. Res Mechanica，1984，11（1）：47-84.

[7] Palumbo G，King P J，Aust K T，et al. Grain boundary design and control for intergranular stress-corrosion resistance [J]. Scripta Metallurgica & Materialia，1991，25（8）：1775-1780.

[8] Lin P，Palumbo G，Erb U，et al. Influence of grain boundary character distribution on sensitization and intergranular corrosion of alloy 600 [J]. Scripta Metallurgica & Materialia，1995，33（9）：1387-1392.

[9] Lehockey E M，Brennenstuhl A M，Thompson I. On the relationship between grain boundary connectivity, coincident site lattice boundaries, and intergranular stress corrosion cracking [J]. Corrosion Science，2004，46（10）：2383-2404.

[10] 王卫国，周邦新. "晶界工程"若干关键问题 [C]. 第十一届中国体视学与图像分析学术年会论文集，2006，241.

[11] Lejček P，Hofmann S，Paidar V. Solute segregation and classification of [100] tilt grain boundaries in α-iron：consequences for grain boundary engineering [J]. Acta Materialia，2003，51（13）：3951-3963.

[12] Lejček P，Paidar V. Challenges of interfacial classification for grain boundary engineering [J]. Materials Science and Technology，2005，21（4）：393-398.

[13] Shimada M，Kokawa H，Wang Z J，et al. Optimization of grain boundary character distribution for intergranular corrosion resistant 304 stainless steel by twin-induced grain boundary engineering [J]. Acta Materialia，2002，50（9）：2331-2341.

[14] Michiuchi M，Kokawa H，Wang Z J，et al. Twin-induced grain boundary engineering for 316 austenitic stainless steel [J]. Acta Materialia，2006，54（19）：5179-5184.

[15] 方晓英. 基于退火孪晶的304不锈钢晶界特征分布优化及其机理研究 [D]. 上海：上海大学，2008.

[16] Shi F，Tian P C，Jia N，et al. Improving intergranular corrosion resistance in a nickel-free and manganese-bearing high-nitrogen austenitic stainless steel through grain boundary character distribution optimization [J]. Corrosion Science，2016，107：49-59.

[17] Shi F，Gao R H，Guan X J，et al. Application of grain boundary engineering to improve intergranular corrosion resistance in a Fe-Cr-Mn-Mo-N high-nitrogen and nickel-free austenitic stainless steel [J]. Acta Metallurgica Sinica

(English Letters)，2020，33：789-798.

[18] 王卫国，周邦新，冯柳，等. 冷轧变形 Pb-Ca-Sn-Al 合金在回复和再结晶过程中的晶界特征分布 [J]. 金属学报，2006，42（7）：715-721.

[19] Lee D S，Ryoo H S，Hwang S K. A grain boundary engineering approach to promote special boundaries in Pb-base alloy [J]. Materials Science & Engineering A，2003，354（1-2）：106-111.

[20] Randle V，Davies H. Evolution of microstructure and properties in alpha-brass after iterative processing [J]. Metallurgical & Materials Transactions A，2002，33（6）：1853-1857.

[21] Palumbo P. International Patent Classification C21D 8/00 8/10，C22F 1/10 1/08，No. WO 94/14986 [P]，1994.

[22] Palumbo G. U. S. Patent No. 5702543，1997 and 5817193 [P]，1998.

[23] 夏爽. 690 合金中晶界特征分布及其演化机理的研究 [D]. 上海：上海大学，2007.

[24] Randle V. Mechanism of twinning-induced grain boundary engineering in low stacking-fault energy materials [J]. Acta Materialia，1999，47（15-16）：4187-4196.

[25] Randle V. Twinning-related grain boundary engineering [J]. Acta Materialia，2004，52（14）：4067-4081.

[26] Kumar M，Schwartz A J，King W E. Microstructural evolution during grain boundary engineering of low to medium stacking fault energy fcc materials [J]. Acta Materialia，2002，50（10）：2599-2612.

[27] Wang W G. Grain boundary engineering：progress and challenges [J]. Materials Science and Forum，2007，539-543：3389-3394.

[28] Wang W G，Guo H. Effects of thermo-mechanical iterations on the grain boundary character distribution of Pb-Ca-Sn-Al alloy [J]. Materials Science & Engineering A，2007，445-446：155-162.

[29] Xia S，Li H，Liu T G，et al. Appling grain boundary engineering to alloy 690 tube for enhancing intergranular corrosion resistance [J]. Journal of Nuclear Materials，2011，416（3）：303-310.

[30] Tokita S，Kokawa H，Sato Y S，et al. In situ EBSD observation of grain boundary character distribution evolution during thermomechanical process used for grain boundary engineering of 304 austenitic stainless steel [J]. Materials Characterization，2017，131：31-38.

[31] Randle V. The influence of grain junctions and boundaries on superplastic deformation [J]. Acta Metallurgica & Materialia，1995，43（5）：1741-1749.

[32] Reed B W，Kumar M. Mathematical methods for analyzing highly-twinned grain boundary networks [J]. Scripta Materialia，2006，54（6）：1029-1033.

[33] Dash S，Brown N. An investigation of the origin and growth of annealing twins [J]. Acta Metallurgica，1963，11（9）：1067-1075.

[34] Carpenter H C H，Tamura S. The formation of twinned metallic crystals [J]. Proceedings of the Royal Society of London. Series A，Containing Papers of a Mathematical and Physical Character，1926，113（763）：161-182.

[35] Gleiter H. The formation of annealing twins [J]. Acta Metallurgica，1969，17（12）：1421-1428.

[36] Burke J E. The formation of annealing twins [J]. Journal of Metals，1950，2（11）：1324-1328.

[37] Fullman R L，Fisher J C. Formation of annealing twins during grain growth [J]. Journal of Applied Physics，1951，22（11）：1350-1355.

[38] Grube W L，Rouze S R. The origin，growth and annihilation of annealing twins in austenite [J]. Canadian Metallurgical Quarterly，1963，2（1）：31-52.

[39] Mahajan S，Pande C S，Imam M A，et al. Formation of annealing twins in F. C. C. crystals [J]. Acta Materialia，1997，45（6）：2633-2638.

[40] Meyers M A，Murr L E. A model for the formation of annealing twins in F. C. C. metals and alloys [J]. Acta Metallurgica，1978，26（6）：951-962.

[41] Wang W G，Dai Y，Li J H，et al. An atomic-level mechanism of annealing twinning in copper observed by molecular dynamics simulation [J]. Crystal Growth and Design，2011，11（7）：2928-2934.

［42］ 李志刚 . 一种镍铁基变形高温合金中退火孪晶界的演变与力学行为 ［D］. 上海：上海交通大学，2015.

［43］ 管现军 . 两种低层错能合金的晶界工程优化及其对力学性能的影响研究 ［D］. 沈阳：东北大学，2021.

［44］ Jin W Z，Yang S，Kokawa H，et al. Improvement of intergranular stress corrosion crack susceptibility of austenite stainless steel through grain boundary engineering ［J］. Journal of Materials Science& Technology，2007，23（006）：785-789.

［45］ 罗鑫，夏爽，李慧，等 . 晶界特征分布对 304 不锈钢应力腐蚀开裂的影响 ［J］. 上海大学学报（自然科学版），2010，16（2）：177-182.

［46］ West E A，Was G S. IGSCC of grain boundary engineered 316L and 690 in supercritical water ［J］. Journal of Nuclear Materials，2009，392（2）：264-271.

［47］ Shi F，Li X W，Qi Y，et al. Effects of cold deformation and aging process on precipitation behavior and mechanical properties of Fe-18Cr-18Mn-0. 63N high-nitrogen austenitic stainless steel ［J］. Steel Research International，2013，84（10）：1034-1039.

［48］ Ogawa M，Hiraoka K，Katada Y，et al. Chromium nitride precipitation behavior in weld heat-affected zone of high nitrogen stainless steel ［J］. ISIJ International，2002，42（12）：1391-1398.

［49］ Telang A，Gill A S，Kumar M，et al. Iterative thermomechanical processing of alloy 600 for improved resistance to corrosion and stress corrosion cracking ［J］. Acta Materialia，2016，113：180-193.

［50］ Kumar M，King W E，Schwartz A J. Modifications to the microstructural topology in fcc materials through thermomechanical processing ［J］. Acta Materialia，2000，48（9）：2081-2091.

［51］ Marrow T J，Babout L，Jivkov A P，et al. Three dimensional observations and modelling of intergranular stress corrosion cracking in austenitic stainless steel ［J］. Journal of Nuclear Materials，2006，352（1-3）：62-71.

［52］ 夏爽，李慧，周邦新，等 . 核电站关键材料中的晶界工程问题 ［J］. 上海大学学报（自然科学版），2011，17（4）：522-528.

［53］ Lu L，Shen Y F，Chen X H，et al. Ultrahigh strength and high electrical conductivity in copper ［J］. Science，2004，304（5669）：422-426.

［54］ Lu L，Chen X H，Huang X X，et al. Revealing the maximum strength in nanotwinned copper ［J］. Science，2009，323（5914）：607-610.

［55］ Zhang Z F，Li L L，Zhang Z J，et al. Twin boundary：Controllable interface to fatigue cracking ［J］. Journal of Materials Science & Technology，2017，33（7）：603-606.

［56］ Li L L，Zhang Z J，Zhang P，et al. Higher fatigue cracking resistance of twin boundaries than grain boundaries in Cu bicrystals ［J］. Scripta Materialia，2011，65（6）：505-508.

［57］ Pan Q S，Zhou H F，Lu Q H，et al. History-independent cyclic response of nanotwinned metals ［J］. Nature，2017，551：214-217.

［58］ Guan X J，Jia Z P，Liang S M，et al. A pathway to improve low-cycle fatigue life of face-centered cubic metals via grain boundary engineering ［J］. Journal of Materials Science & Technology，2022，113：82-89.

［59］ Shibata N，Oba F，Yamamoto T，et al. Structure，energy and solute segregation behaviour of ［110］ symmetric tilt grain boundaries in yttria-stabilized cubic zirconia ［J］. Philosophical Magazine，2004，84（23）：2381-2415.

［60］ Zhuo Z，Xia S，Bai Q，et al. The effect of grain boundary character distribution on the mechanical properties at different strain rates of a 316L stainless steel ［J］. Journal of Materials Science，2018，53：2844-2858.

［61］ Lu L，Sui M L，Lu K. Superplastic extensibility of nanocrystalline copper at room temperature ［J］. Science，2000，287（5457），1463-1466.

［62］ Guan X J，Shi F，Ji H M，et al. A possibility to synchronously improve the high-temperature strength and ductility in FCC metals through grain boundary engineering ［J］. Scripta Materialia，2020，187，216-220.

［63］ Was G S，Alexandreanu B，Andersen P，et al. Role of coincident site lattice boundaries in creep and stress corrosion cracking ［J］. Materials Research Society Symposium -Proceedings，2004，819：87-100.

［64］ Watanabe T. Texturing and grain boundary engineering for materials design and development in the 21st century ［C］. Materials Science Forum，2002，408-412：39-48.

［65］ 王轶农，武保林，王刚，等 . LY12 铝合金的再结晶织构、晶界特征分布及抗腐蚀性能［J］. 金属学报，2000，36：1085-1088.

［66］ Rath D，Setia P，Tripathi N，et al. Outstanding improvement in the CSL distribution in interstitial free（IF）steel via strain annealing route ［J］. Materials Characterization，2022，186：111817.

［67］ 李玉芳，郭建亭，周兰章，等 . Ni₃Al（Z）合金室温拉伸性能及 Zr 韧化机制的探讨［J］. 稀有金属材料与工程，2004，33（10）：1061-1064.

［68］ Wu X B，You Y W，Kong X S，et al. First-principles determination of grain boundary strengthening in tungsten：Dependence on grain boundary structure and metallic radius of solute ［J］. Acta Materialia，2016，120：315-326.

［69］ Zhang Z，Zhang J H，Xie J S，et al. Signiffcantly enhanced grain boundary Zn and Ca co-segregation of dilute Mg alloy via trace Sm addition ［J］. Materials Science & Engineering A，2022，831：142259.

［70］ Duan F H，Lin Y，Pan J，et al. Ultrastrong nanotwinned pure nickel with extremely fine twin thickness ［J］. Science Advances，2021，7（27）：1-7.

［71］ Zhao S T，Zhang R P，Yu Q，et al. Cryoforged nanotwinned titanium with ultrahigh strength and ductility ［J］. Science，2021，373（6561）：1363-1368.

［72］ Zhang B B，Tang Y G，Mei Q S，et al. Inhibiting creep in nanograined alloys with stable grain boundary networks ［J］. Science，2022，378：659-663.

［73］ Li X Y，Lu K. Playing with defects in metals ［J］. Nature Materials，2017，16：700-701.

［74］ 杨乐，李秀艳，卢柯 . 材料素化：概念、原理及应用［J］. 金属学报，2017，53（11）：1413-1417.

［75］ 叶恒强 . 材料界面结构与特性［M］. 北京：科学出版社，1999.

［76］ 刘正，王越，王中光，等 . 镁基轻质材料的研究与应用［J］. 材料研究学报，2000，14（5）：449-456.

［77］ 李谦，周国治 . 稀土镁合金中关键相及其界面与性能的相关性［J］. 中国有色金属学报，2019，29（9）：1934-1952.

［78］ Celotto S. TEM study of continuous precipitation in Mg-9wt％Al-1wt％Zn alloy ［J］. Acta Materialia，2000，48：1775-1787.

［79］ Nie J F. Precipitation and hardening in magnesium alloys ［J］. Metallurgical & Materials Transactions A，2012，43（11）：3891-3939.

［80］ Clark J B. Age hardening in a Mg-9wt. ％ Al alloy ［J］. Acta Materialia，1968，16（2）：141-152.

［81］ 肖晓玲，罗承萍，聂建峰，等 . AZ91 Mg-Al 合金中 β-（Mg₁₇Al₁₂）析出相的形态及其晶体学特征［J］. 金属学报，2001，37（1）：1-7.

［82］ 肖晓玲，罗承萍，刘江文，等 . AZ91 镁铝合金中 HCP/BCC 相界面结构［J］. 中国有色金属学报，2003，13（1）：15-20.

［83］ Wu Z X，Ahmad R，Yin B L，et al. Mechanistic origin and prediction of enhanced ductility in magnesium alloys ［J］. Science，2018，359（6374）：447-452.

［84］ 刘楚明，朱秀荣，周海涛 . 镁合金相图集［M］. 长沙：中南大学出版社，2006.

［85］ Saccone A，Delfino S，Borzone G，et al. The samarium-magnesium system：A phase diagram ［J］. Journal of the Less-Common Metals，1989，154（1）：47-60.

［86］ Denys R V，Poletaev A A，Solberg J K. LaMg11 with a giant unit cell synthesized by hydrogen metallurgy：Crystal structure and hydrogenation behavior ［J］. Acta Materialia，2010，58（7）：2510-2519.

［87］ Zhu S M，Gibson M A，Easton M A，et al. The relationship between microstructure and creep resistance in die-cast magnesium-rare earth alloys ［J］. Scripta Materialia，2010，63：698-703.

［88］ Easton M A，Gibson M A，Qiu D，et al. The role of crystallography and thermodynamics on phase selection in binary magnesium -rare earth （Ce or Nd）alloys ［J］. Acta Materialia，2012，60：4420-4430.

[89]　Issa A，Saal J E，Wolverton C. Formation of high-strength β' precipitates in Mg-RE alloys：the role of the Mg/β'' interfacial instability [J]. Acta Materialia，2015，83：75-83.

[90]　董卫平，王琳琳，王晓明，等. 镍基高温合金中 γ/θ 相界面性能的数值模拟 [J]. 稀有金属材料与工程，2019，48（5）：1529-1533.

[91]　黄鸣，朱静. 含 Re 镍基单晶高温合金高温低应力蠕变初期 γ/γ' 界面结构研究 [J]. 中国科学：技术科学，2016，46（1）：54-60.

[92]　李恒德，肖纪美. 材料表面与界面 [M]. 北京：清华大学出版社，1990.

[93]　张国定. 金属基复合材料界面问题 [J]. 材料研究学报，1997，11（6）：649-657.

[94]　曾美琴，欧阳柳章. 复合材料界面研究进展 [J]. 中国铸造装备与技术，2002，(6)：23-26.

[95]　李建平. 可重熔回收 SiCp/Al 复合材料研究 [D]. 上海：上海交通大学，1997.

[96]　梅志，顾明元，吴人洁. 金属基复合材料界面表征及其进展 [J]. 材料科学与工程，1996，14（3）：1-5.

[97]　Gu M Y，Jiang W J，Zhang G D. Quantitative-analysis of of interfacial chemistry in TiC/Ti composite using electron-energy-loss spectroscopy [J]. Metallurgical & Materials Transactions A，1995，26（6）：1595-1597.

[98]　Vogelsang M，Arsenault R J，Fisher R M. An in situ HVEM study of dislocation generation at Al/SiC interfaces in metal matrix composites [J]. Metallurgical & Materials Transactions A，1986，17（3）：379-389.

[99]　Wu C，Li Y K，Wang Z. Evolution and mechanism of crack propagation method of interface in laminated Ti/Al_2O_3 composite [J]. Journal of Alloys and Compounds，2016，665：37-41.

[100]　Han Y Q，Lin C F，Han X X，et al. Fabrication，interfacial characterization and mechanical properties of continuous Al_2O_3 ceramic fiber reinforced Ti/Al_3Ti metal-intermetallic laminated (CCFR-MIL) composite [J]. Materials Science & Engineering A，2017，688：338-345.

[101]　范同祥，刘悦，杨昆明，等. 碳/金属复合材料界面结构优化及界面作用机制的研究进展 [J]. 金属学报，2019，55（1）：16-32.

[102]　Li J W，Wang X T，Qiao Y，et al. High thermal conductivity through interfacial layer optimization in diamond particles dispersed Zr-alloyed Cu matrix composites [J]. Scripta Materialia，2015，109：72-75.

[103]　常国，段佳良，王鲁华，等. 新一代高导热金属基复合材料界面热导研究进展 [J]. 材料导报，2017，31（4）：72-78.

[104]　Mu X N，Cai H N，Zhang H M，et al. Interface evolution and superior tensile properties of multi-layer graphene reinforced pure Ti matrix composite [J]. Materials & Design，2018，140：431-441.

[105]　Mu X N，Cai H N，Zhang H M，et al. Uniform dispersion and interface analysis of nickel coated graphene nanoflakes/pure titanium matrix composites [J]. Carbon，2018，137：146-155.

[106]　Hall E O. The Deformation and Ageing of Mild Steel：Ⅲ Discussion of Results [J]. Proceedings of the Physical Society. Section B，1951，64（9）：747-753.

[107]　Petch N J. The cleavage of polycrystals [J]. Journal of the Iron and Steeel Institute of Japan，1953，174：25-28.

[108]　Was G S，Foecke T. Deformation and fracture in microlaminates [J]. Thin Solid Films，1996，286（1-2)：1-31.

[109]　Clemens B M，Kung H，Barnett S A. Structure and Strength of Multilayers [J]. MRS Bulletin，1999，24（02）：20-26.

[110]　Misra A，Hirth J P，Kung H. Single-dislocation-based strengthening mechanisms in nanoscale metallic multilayers [J]. Philosophical Magazine A，2002，82（16）：2935-2951.

[111]　Misra A，Verdier M，Lu Y C，et al. Structure and mechanical properties of Cu-X（X=Nb，Cr，Ni) nanolayered composites [J]. Scripta Materialia，1998，39（4-5)：555-560.

[112]　Wen S P，Zong R L，Zeng F，et al. Evaluating modulus and hardness enhancement in evaporated Cu/W multilayers [J]. Acta Materialia，2007，55（1）：345-351.

[113]　Li Y P，Zhang G P，Wang W，et al. On interface strengthening ability in metallic multilayers [J]. Scripta materialia，2007，57（2）：117-120.

[114] McKeown J，Misra A，Kung H，et al. Microstructures and strength of nanoscale Cu-Ag multilayers [J]. Scripta Materialia，2002，46（8）：593-598.

[115] Zhang X，Misra A，Wang H，et al. Enhanced hardening in Cu/330 stainless steel multilayers by nanoscale twinning [J]. Acta Materialia，2004，52（4）：995-1002.

[116] Yan J W，Zhang G P，Zhu X F，et al. Microstructures and strengthening mechanisms of Cu/Ni/W nanolayered composites [J]. Philosophical Magazine，2013，93（5）：434-448.

[117] Misra A，Hirth J P，Hoagland R G. Length-scale-dependent deformation mechanisms in incoherent metallic multi-layered composites [J]. Acta Materialia，2005，53（18）：4817-4824.

[118] Lehoczky S L. Strength enhancement in thin-layered Al-Cu laminates [J]. Journal of Applied Physics，1978，49（11）：5479-5485.

[119] Zhang X，Misra A，Wang H，et al. Strengthening mechanisms in nanostructured copper/304 stainless steel multi-layers [J]. Journal of Materials Research，2003，18（7）：1600-1606.

[120] Huang H B，Spaepen F. Tensile testing of free-standing Cu，Ag and Al thin films and Ag/Cu multilayers [J]. Acta Materialia，2000，48（12）：3261-3269.

[121] Koehler J S. Attempt to design a strong solid [J]. Physical Review B，1970，2（2）：547-551.

[122] Zhu X F，Li Y P，Zhang G P，et al. Understanding nanoscale damage at a crack tip of multilayered metallic composites [J]. Applied Physics Letters，2008，92（16）：161905.

[123] Zhu X F，Zhang G P，Yan C，et al. Scale-dependent fracture mode in Cu-Ni laminate composites [J]. Philosophical Magazine Letters，2010，90（6）：413-421.

[124] Li Y P，Zhu X F，Tan J，et al. Two different types of shear-deformation behaviour in Au-Cu multilayers [J]. Philosophical Magazine Letters，2009，89（1）：66-74.

[125] Li X Y，Wei Y J，Lu L，et al. Dislocation nucleation governed softening and maximum strength in nano-twinned metals [J]. Nature，2010，464（7290）：877-880.

[126] Mara N A，Bhattacharyya D，Hoagland R G，et al. Tensile behavior of 40 nm Cu/Nb nanoscale multilayers [J]. Scripta Materialia，2008，58（10）：874-877.

[127] Tench D M，White J T. Tensile properties of nanostructured Ni-Cu multilayered materials prepared by electrodeposition [J]. Journal of the Electrochemical Society，1991，138（12）：3757-3758.

[128] Mara N A，Misra A，Hoagland R G，et al. High-temperature mechanical behavior/microstructure correlation of Cu/Nb nanoscale multilayers [J]. Materials Science & Engineering A，2008，493（1-2）：274-282.

[129] Lewis A C，Eberl C，Hemker K J，et al. Grain boundary strengthening in copper/niobium multilayered foils and fine-grained niobium [J]. Journal of Materials Research，2008，23（2）：376-382.

[130] Huang B，Ishihara K N，Shingu P H. Preparation of high strength bulk nano-scale Fe/Cu multilayers by repeated pressing-rolling [J]. Journal of Materials Science Letters，2001，20（18）：1669-1670.

[131] Wang Y M，Li J，Hamza A V，et al. Ductile crystalline-amorphous nanolaminates [J]. Proceedings of the National Academy of Sciences，2007，104（27）：11155-11160.

[132] Zhang J Y，Zhang X，Liu G，et al. Scaling of the ductility with yield strength in nanostructured Cu/Cr multilayer films [J]. Scripta Materialia，2010，63（1）：101-104.

[133] Donohue A，Spaepen F，Hoagland R G，et al. Suppression of the shear band instability during plastic flow of nanometer-scale confined metallic glasses [J]. Applied Physics Letters，2007，91（24）：241905.

[134] Zhang G P，Liu Y，Wang W，et al. Experimental evidence of plastic deformation instability in nanoscale Au/Cu multilayers [J]. Applied Physics Letters，2006，88（1）：013105.

[135] Li Y P，Tan J，Zhang G P. Interface instability within shear bands in nano scale Au/Cu multilayers [J]. Scripta Materialia，2008，59（11）：1226-1229.

[136] Bhattacharyya D，Mara N A，Dickerson P，et al. Transmission electron microscopy study of the deformation

behavior of Cu/Nb and Cu/Ni nanoscale multilayers during nanoindentation [J]. Journal of Materials Research, 2009, 24 (03): 1291-1302.

[137] Knorr I, Cordero N M, Lilleodden E T, et al. Mechanical behavior of nanoscale Cu/PdSi multilayers [J]. Acta Materialia, 2013, 61 (13): 4984-4995.

[138] Li Y P, Zhu X F, Zhang G P, et al. Investigation of deformation instability of Au/Cu multilayers by indentation [J]. Philosophical Magazine, 2010, 90 (22): 3049-3067.

[139] Wang F, Huang P, Xu M, et al. Shear banding deformation in Cu/Ta nano-multilayers [J]. Materials Science & Engineering A, 2011, 528 (24): 7290-7294.

[140] Wen S P, Zong R L, Zeng F, et al. Nanoindentation investigation of the mechanical behaviors of nanoscale Ag/Cu multilayers [J]. Journal of Materials Research, 2007, 22 (12): 3423-3431.

[141] Zhang J Y, Lei S, Liu Y, et al. Length scale-dependent deformation behavior of nanolayered Cu/Zr micropillars [J]. Acta Materialia, 2012, 60 (4): 1610-1622.

[142] Chen I W, Winn E J, Menon M. Application of deformation instability to microstructural control in multilayer ceramic composites [J]. Materials Science & Engineering A, 2001, 317 (1-2): 226-235.

[143] Yan J W, Zhu X F, Yang B, et al. Shear stress-driven refreshing capability of plastic deformation in nanolayered metals [J]. Physical Review Letters, 2013, 110 (15): 155502.

[144] Liu H S, Zhang B, Zhang G P. Delaying premature local necking of high-strength Cu: A potential way to enhance plasticity [J]. Scripta Materialia, 2011, 64 (1): 13-16.

蒸汽相饱和蒸汽压与界面曲率半径的关系

当固相 S 和蒸汽相 V 平衡时，蒸汽相饱和蒸汽压与界面曲率的关系式（即开尔文公式）的推导过程如下。

设弯曲界面的曲率为 C，界面主曲率半径为 r_1 和 r_2，由式（1-63）可以写出固相和蒸汽相平衡的条件为

$$\mu^{S}(P_{(C)}^{S}, T) = \mu^{V}(P_{(C)}^{V}, T) \tag{1-116}$$

对于固-汽平衡体系，式（1-55）可写成

$$P_{(C)}^{S} = P_{(C)}^{V} + \gamma \left(\frac{1}{r_1} + \frac{1}{r_2} \right) \tag{1-117}$$

将式（1-117）代入式（1-116），得

$$\mu^{S} \left[P_{(C)}^{V} + \gamma \left(\frac{1}{r_1} + \frac{1}{r_2} \right), T \right] = \mu^{V}(P_{(C)}^{V}, T) \tag{1-118}$$

将式（1-118）左边的化学位按 P 用级数展开，略去高阶项。

$$\mu^{S} \left[P_{(C)}^{V} + \gamma \left(\frac{1}{r_1} + \frac{1}{r_2} \right), T \right] = \mu^{S}(P, T) + \left[P_{(C)}^{V} - P + \gamma \left(\frac{1}{r_1} + \frac{1}{r_2} \right) \right] v^{S} \tag{1-119}$$

当压强改变时，固相的性质一般变化不大。P 和 $P_{(C)}^{V}$ 分别为平界面体系和界面曲率为 C 体系相平衡时蒸汽相的压强。对于固-汽平衡，由于压强差 $\Delta P = P_{(C)}^{S} - P_{(C)}^{V}$ 较大，因此对于蒸汽相，式（1-119）不再适用。

设蒸汽相为理想气体，则其化学位表示为

$$\mu^{V}(P, T) = \mu^{0}(T) + RT \ln P \tag{1-120}$$

式中 $\mu^{0}(T)$——蒸汽相在标准状态下的化学位；

$\mu^{V}(P, T)$——蒸汽相在压强 P 和温度 T 时的化学位。

由式（1-120）可得

$$\mu^{V}(P_{(C)}^{V}, T) = \mu^{V}(P, T) + RT \ln \frac{P_{(C)}^{V}}{P} \tag{1-121}$$

当固相与蒸汽相平衡时，将式（1-119）和式（1-121）代入式（1-118），得

$$\left[P_{(C)}^{V} - P + \gamma\left(\frac{1}{r_1} + \frac{1}{r_2}\right) \right] v^{S} = RT\ln\frac{P_{(C)}^{V}}{P} \tag{1-122}$$

实际上，对于蒸汽相曲率造成的压强差不大，故 $P_{(C)}^{V} - P$ 可略去，式(1-122) 变成

$$RT\ln\frac{P_{(C)}^{V}}{P} = \gamma v^{S}\left(\frac{1}{r_1} + \frac{1}{r_2}\right) \tag{1-123}$$

对于球面界面，$r_1 = r_2 = r$，式(1-123) 化为

$$RT\ln\frac{P_{(C)}^{V}}{P} = \frac{2\gamma v^{S}}{r} \tag{1-124}$$

式(1-123) 和式(1-124) 称为开尔文公式。

当固相 S 和溶液 L 平衡时，平界面体系相平衡条件为

$$\mu^{S}(P,T) = \mu^{L}(P,T,N^{L}) \tag{1-125}$$

弯曲界面体系的相平衡条件为

$$\mu^{S}(P^{S}_{(C)},T) = \mu^{L}(P^{L}_{(C)},T,N^{L}_{(C)}) \tag{1-126}$$

式中 N^{L}、$N^{L}_{(C)}$ ——平界面体系和弯曲界面体系溶液中溶质的平衡浓度。

对于固-液平衡体系，式(1-55) 可写成

$$P^{S}_{(C)} = P^{L}_{(C)} + \gamma\left(\frac{1}{r_1} + \frac{1}{r_2}\right) \tag{1-127}$$

将式(1-127) 代入式(1-126)，得

$$\mu^{S}\left[P^{L}_{(C)} + \gamma\left(\frac{1}{r_1} + \frac{1}{r_2}\right),T\right] = \mu^{L}(P^{L}_{(C)},T,N^{L}_{(C)}) \tag{1-128}$$

将式(1-128) 左边的化学位按 P 用级数展开，略去高阶项。

$$\mu^{S}\left[P^{L}_{(C)} + \gamma\left(\frac{1}{r_1} + \frac{1}{r_2}\right),T\right] = \mu^{S}(P,T) + \left[P^{L}_{(C)} - P + \gamma\left(\frac{1}{r_1} + \frac{1}{r_2}\right)\right]v^{S} \tag{1-129}$$

平界面体系和弯曲界面体系中溶质在溶液中的化学位

$$\mu^{L}(P,T,N^{L}) = \mu^{L}(P,T) + RT\ln N^{L} \tag{1-130}$$

$$\mu^{L}(P^{L}_{(C)},T,N^{L}_{(C)}) = \mu^{L}(P^{L}_{(C)},T) + RT\ln N^{L}_{(C)} \tag{1-131}$$

式中 $\mu^{L}(P,T)$、$\mu^{L}(P^{L}_{(C)},T)$ ——平界面体系和弯曲界面体系中，溶质浓度 $N=1$ 时溶质在溶液中的化学位。

由式(1-130) 和式(1-131) 相减，得

$$\mu^{L}(P^{L}_{(C)},T,N^{L}_{(C)}) = \mu^{L}(P,T,N^{L}) + \mu^{L}(P^{L}_{(C)},T) - \mu^{L}(P,T) + RT\ln\frac{N^{L}_{(C)}}{N^{L}} \tag{1-132}$$

对于液相，还能得到下面的关系式

$$\mu^{L}(P^{L}_{(C)},T) = \mu^{L}(P,T) + [P^{L}_{(C)} - P]v^{L} \tag{1-133}$$

将式(1-133) 代入式(1-132)，得

$$\mu^{L}(P^{L}_{(C)},T,N^{L}_{(C)}) = \mu^{L}(P,T,N^{L}) + (P^{L}_{(C)} - P)v^{L} + RT\ln\frac{N^{L}_{(C)}}{N^{L}} \tag{1-134}$$

将式(1-134) 和式(1-129) 代入式(1-128)，并利用式(1-125)，得

$$RT\ln\frac{N^{L}_{(C)}}{N^{L}}+(P^{L}_{(C)}-P)(v^{L}-v^{S})=\gamma v^{S}\left(\frac{1}{r_1}+\frac{1}{r_2}\right) \tag{1-135}$$

通常
$$RT\ln\frac{N^{L}_{(C)}}{N^{L}}\gg(P^{L}_{(C)}-P)(v^{L}-v^{S})$$

故式（1-135）可以近似地简化为

$$RT\ln\frac{N^{L}_{(C)}}{N^{L}}=\gamma v^{S}\left(\frac{1}{r_1}+\frac{1}{r_2}\right) \tag{1-136}$$

对于球面界面，$r_1=r_2=r$，式（1-136）变为

$$RT\ln\frac{N^{L}_{(C)}}{N^{L}}=\frac{2\gamma v^{S}}{r} \tag{1-137}$$

式（1-136）和式（1-137）表明，固相 S 和溶液 L 平衡时，溶质饱和浓度随着界面曲率半径减小而提高。

附录 Ⅲ
立方晶系一些不同 Σ 值的CSL转换矩阵

Σ	[hkl]	θ/(°)	Σ×R			Σ	[hkl]	θ/(°)	Σ×R		
			2	−1	2				5	0	0
3	[111]	60.00	2	2	−1	5	[100]	36.87	0	4	−3
			−1	2	2				0	3	4
			6	−2	3				8	1	4
7	[111]	38.21	3	6	−2	9	[110]	38.94	1	8	−4
			−2	3	6				−4	4	7
			9	2	6				13	0	0
11	[110]	50.48	2	9	−6	13	[100]	22.62	0	12	−5
			−6	6	7				0	5	12
			12	−3	4				14	2	5
13	[111]	27.80	4	12	−3	15	[210]	48.19	2	11	−10
			−3	4	12				−5	10	10
			17	0	0				12	−1	12
17	[100]	28.07	0	15	−8	17	[221]	61.93	9	12	−8
			0	8	15				−8	12	9
			18	1	6				15	−6	10
19	[110]	26.53	1	18	−6	19	[111]	46.83	10	15	−6
			−6	6	17				−6	10	15
			20	−4	5				19	−4	8
21	[111]	21.97	5	20	−4	21	[211]	44.42	8	16	−11
			−4	5	20				−4	13	18
			22	−3	6				25	0	0
23	[311]	40.46	6	18	−13	25	[100]	16.26	0	24	−7
			−3	14	18				0	7	24
			20	0	15				25	2	10
25	[331]	51.68	9	20	−12	27	[110]	31.59	2	25	−10
			−12	15	16				−10	10	23
			26	2	7				29	0	0
27	[210]	35.43	2	23	−14	29	[100]	43.60	0	21	−20
			−7	14	22				0	20	21
			24	−3	16				30	−5	6
29	[221]	46.40	11	24	−12	31	[111]	17.90	6	30	−5
			−12	16	21				−5	6	30

续表

Σ	[hkl]	θ/(°)	Σ×R			Σ	[hkl]	θ/(°)	Σ×R		
31	[211]	52.20	27　6　14 14　21　−18 −6　22　21			33	[110]	20.05	32　1　8 1　32　−8 −8　8　31		
33	[311]	33.56	32　−4　7 7　28　−16 −4　17　28			33	[110]	58.99	25　8　20 8　25　−20 −20　20　17		
35	[211]	34.05	33　−6　10 10　30　−15 −6　17　30			35	[331]	43.23	30　−1　18 10　30　−15 −15　18　26		
37	[100]	18.92	37　0　0 0　35　−12 0　12　35			37	[310]	43.14	36　3　8 3　28　−24 −8　24　27		
37	[111]	50.57	28　−12　21 21　28　−12 −12　21　28			39	[111]	32.20	35　−10　14 14　35　−10 −10　14　35		
39	[321]	50.13	34　−2　19 14　29　−22 −13　26　26			41	[100]	12.68	41　0　0 0　40　−9 0　9　40		
41	[210]	40.88	39　4　12 4　33　−24 −12　24　31			41	[110]	55.88	32　9　24 9　32　−24 −24　24　23		
43	[111]	15.18	42　−6　7 7　42　−6 −6　7　42			43	[210]	27.91	42　2　9 2　39　−18 −9　18　38		